500kV交联聚乙烯(XLPE)
绝缘海底电缆工程技术

国网浙江省电力有限公司　组编

中国电力出版社
CHINA ELECTRIC POWER PRESS

内 容 提 要

本书依据世界第一条交流 500kV 交联聚乙烯（XLPE）海底电缆工程的研发、设计、建设、施工、运维等方面的成果，全面介绍了海底电缆工程技术的发展趋势，500kV XLPE 海底电缆的选型设计技术、制造工艺技术、安装敷设技术和试验运维技术。全书共 9 章，包括海底电缆发展现状、海底电缆选型设计、海底电缆附件选型设计、制造装备及工艺、工程设计、敷设施工、试验、运维技术、架空—海底电缆混合线路继电保护。本书理论与工程实践相结合，图表等工程技术资料翔实。

本书可供从事海底电缆研发、设计、生产、建设、施工、运维的相关技术人员阅读使用，也可供电力专业广大师生阅读。

图书在版编目（CIP）数据

500kV 交联聚乙烯（XLPE）绝缘海底电缆工程技术 / 国网浙江省电力有限公司组编 . —北京：中国电力出版社，2020.10
ISBN 978-7-5198-4515-5

Ⅰ . ①5… Ⅱ . ①国… Ⅲ . ①交联聚乙烯电缆–塑料绝缘电缆–海底电缆–工程技术–研究 Ⅳ . ①TM247

中国版本图书馆 CIP 数据核字（2020）第 055804 号

出版发行：中国电力出版社
地 址：北京市东城区北京站西街 19 号（邮政编码 100005）
网 址：http://www.cepp.sgcc.com.cn
责任编辑：崔素媛（010-63412392） 李文娟 孟花林 贾丹丹
责任校对：黄 蓓 常燕昆
装帧设计：郝晓燕
责任印制：杨晓东

印 刷：三河市航远印刷有限公司
版 次：2020 年 10 月第一版
印 次：2020 年 10 月北京第一次印刷
开 本：787 毫米×1092 毫米 16 开本
印 张：19.75
字 数：375 千字
印 数：0001—2500 册
定 价：118.00 元

序

21 世纪以来整个世界的连接愈加紧密。除了信息、交通的飞速发展之外，未来能源互联网将成为连接世界的又一纽带，并通过区域电网互联、大规模新能源开发等方式为社会经济发展注入更充足的动力。随着国内制造业的技术水平不断发展，向高精尖技术的卡脖子问题发起冲击，对国内产业发展、参与国际竞争意义重大。对于能源互联网产业而言，海底电缆是提升国内产业技术水平的一个重要切入口。

海底电缆是实现能源互联的关键基础装备，按照绝缘型式分为充油、交联聚乙烯绝缘两种。交联聚乙烯海底电缆在落差适应性、运行维护便利性等方面优于充油海底电缆，已成为海底电缆未来的技术发展方向。在 2016 年之前，交流海底电缆电压等级最高为 500kV，其产品只有充油一种型式且掌握在耐克森等少数国外厂商手中。随着我国电缆产业的发展，截至 2015 年，国内制造企业、试验单位已经掌握了交流 220kV 交联聚乙烯绝缘海底电缆的完整技术，逐步具备了进军交流 500kV 交联聚乙烯绝缘海底电缆技术的条件。2016 年，以舟山 500kV 联网输变电工程（简称舟联工程）为契机，国网浙江省电力有限公司牵头与中国电力科学研究院有限公司、西安交通大学、南瑞集团有限公司及国内知名制造企业组成技术攻关团队，开展交流 500kV 交联聚乙烯绝缘海底电缆的研制及工程应用，攻克了被誉为海底电缆产业明珠的 500kV 交联聚乙烯绝缘海底电缆工厂接头（软接头）技术，解决了 18.15km 大长度 500kV 交联聚乙烯绝缘海底电缆的连续制造难题，成功研制世界首回 500kV 交联聚乙烯绝缘海底电缆。创建大截面大吨位海底电缆敷设技术，打破了国外对 2200t 以上大吨位海底电缆敷设技术的垄断，建立了交流 500kV 交联聚乙烯绝缘海底电缆的试验体系与标准体系，确保了首回交流 500kV 交联聚乙烯绝缘海底电缆的顺利投运，并带动了我国海底电缆制造、敷设、试验整体产业链的快速发展。2019 年 1 月 16 日，世界首条交流 500kV 交联聚乙烯绝缘海底电缆在舟联工程投入运行。工程投运以来保持安全稳定运行，标志着我国在超高压海底电缆领域成功占领技术制高点。

　　本书作者以舟联工程世界首条交流 500kV 交联聚乙烯绝缘海底电缆的研制与工程应用为基础，重点对交流 500kV 交联聚乙烯绝缘海底电缆的结构设计、材料选型、附件设计、绝缘配合、载流量提升、敷设、试验等方面加以系统介绍，体现了我国在海底电缆技术方面取得的重大成果。本书是第一本针对交流 500kV 交联聚乙烯绝缘海底电缆的专业图书，填补了国内外交流超高压交联海底电缆技术书籍的空缺，可为国家相关主管部门、电力及其他能源行业从业者、海底电缆工程建设及运维单位、科研工作者提供有益参考。

中国科学院院士

2020 年 6 月

前　言

　　能源是经济社会发展的基本保障和重要物质基础。习近平新时代中国特色社会主义思想及"四个革命、一个合作"的能源战略思想，为中国能源发展提出了明确的新思维和新安全战略。国家电网有限公司作为国家能源电力供应与安全保障的主体，牢记使命责任，顺应能源革命和数字革命融合发展的战略机遇，提出了"建设具有中国特色国际领先的能源互联网企业"的战略目标。充分消纳水电、风电、太阳能发电等清洁能源，保障能源安全、优质、高效、清洁供应是电网企业的责任与担当。构建全球能源互联网是共建共享的系统工程，是能源电力领域创新发展的新机遇。海底电缆系统将是实现跨海跨洲际能源电力互联的最佳供电网络平台。

　　海底电缆系统是技术非常复杂的大型系统工程，是电气、化工、机械、海洋和气象等多专业的集成。随着海洋经济的快速发展和新能源的开发应用，世界各国对海底电缆需求快速增长。海底电缆系统技术在我国研究与应用发展起步较晚，与世界先进水平相比有较大差距，尤其超高压海底电缆系统技术基本被国外几家大制造公司所垄断。我国海域辽阔，海岸线长，岛屿众多，海洋资源丰富。岛屿与大陆、岛屿与岛屿之间的供电，海底油田和天然气开采，海上风电场建设与电能输出，都要靠海底电缆来完成电力供应和输送。沿海地区是我国主要的 GDP 贡献者，占中国经济总量的 70% 左右，电力需求持续较快增长，对供电可靠性提出了更高的要求。

　　为实现南方电网主网与海南电网的首次跨海互联及海南昌江核电站电量的输出，先后建成的两回 500kV 交流海底电缆线路，分别于 2009 年和 2019 年投入运行，总输电容量达到 1200MW，敷设 500kV 交流海底电缆总长度约 225km。当时我国超高压海底电缆系统领域存在产品研发、生产制造、敷设安装等技术瓶颈，只能投巨资采用进口耐克森（Nexans）的纸绝缘自容式充油电缆产品，一旦出现故障，因备品备件、抢修技术等均受制于人，恢复供电时间无法得到保证。与此同时，国家电网有限公司为配合浙江石油化工有限公司4000万t/年炼化一体化项目供电需求，亟须建设宁波—舟山本岛—鱼山岛的跨海输电线路，近期需求为四回220kV、两回500kV约360km的超高压海底电缆，攻克具有我国自主知识产权的超高压海底电缆系统技术迫在眉睫。国家电网有限公司抓住契机，委托国网浙江电力有限公司牵头中国电科院、南瑞集团、西安交通大学以及宁波东方、江苏中天、江苏亨通、青岛汉缆等海缆制造企业开展联合攻关，完成了世界第一条大长度交流500kV交联聚乙烯绝缘海底电缆系统的设计制造和输变电工程建设。宁波—舟山500kV海底电缆联网工程一回、二回已于2019年投入运行，总输送容量达到2200MW，敷设500kV交联聚乙烯绝缘海底电缆总长度约105km。该工程的成功投运打破了超高压海底电缆系统领域长期被国外垄断的局面，技术水平达到国际领先，标志着我国大长度、大容量超高压海底电缆系统产业核心制造能力取得重大突破，为全球能源互联网的建设奠定坚实的技术基础。

为全面总结在舟山500kV海底电缆联网工程中有关超高压电缆系统的技术攻关研究成果和实践经验，组织参与技术攻关和工程建设的部分专家编写了《500kV交联聚乙烯（XLPE）绝缘海底电缆工程技术》一书，分享成果和经验，希望能为今后大型海底电缆联网工程建设提供有益参考。

全书共分为9章。

第1章介绍了海底电缆发展现状。

第2章介绍了海底电缆选型设计，包括交流500kV交联聚乙烯绝缘海底电缆导体、半导电层、主绝缘、金属套、铠装等各个结构层的材料选择、结构设计。

第3章介绍了海底电缆附件选型设计，包括交流500kV交联聚乙烯绝缘海底电缆工厂接头、修理接头、终端的电气和结构设计。

第4章介绍了海底电缆制造装备及工艺，对包括导体绞制、绝缘挤出等本体制造全套工序涉及的制造装备类型、特点进行了介绍，指出了交流500kV交联聚乙烯绝缘海底电缆制造工艺关键点。

第5章介绍了舟联工程海底电缆工程设计，包括路由选择、载流量、线路参数、过电压及绝缘配合、线路保护等。

第6章从施工装备、敷设工法、施工关键技术方面介绍了舟联工程500kV交联聚乙烯绝缘海底电缆的敷设。

第 7 章从原材料试验、半成品试验、成品试验、安装后电气试验等全面介绍了 500kV 交联聚乙烯绝缘海底电缆从生产到敷设各个环节基于试验的质量控制手段。

第 8 章介绍了海底电缆的运维技术，包括智能监测、巡视检查、故障检测和定位、应急处置等方面内容。

第 9 章从混合线路继电保护存在的问题出发，结合智能重合闸、保护行波测距、动模试验介绍了舟联工程架空—海底电缆混合线路的继电保护技术。

本书结合舟山 500kV 联网工程，系统阐述了交流 500kV 交联聚乙烯绝缘海底电缆系统的选型、设计、制造、敷设、试验、运维、继电保护等方面的科研成果和实践经验，可供工程设计、生产制造、敷设安装、运行维护和现场试验等技术人员参阅。海底电缆系统技术涉及多学科知识，参编专家的水平和经验有限，书中难免存在不足之处，恳请广大读者批评指正。

感谢所有在本书编写过程中提供帮助的人。

编　者

2020 年 4 月

目　录

第1章
海底电缆发展现状

海底电缆是敷设在海底及河流水下的电缆线路,简称海缆,用于电力传输及通信、监测等信号传输。按传输的电能类别,海缆可分为交流海缆和直流海缆。按海缆中绝缘线芯的根数可将海缆分为单芯海缆和多芯海缆。海缆按绝缘类型又可分为充油海缆、黏性浸渍纸绝缘海缆、挤出绝缘海缆。黏性浸渍纸绝缘海缆受水深与敷设落差限制,不适用于高落差路由环境。高落差条件对充油海缆的供油系统要求苛刻,维护难度大。随着高分子材料的发展,交联聚乙烯(crosslinked polyethylene, XLPE)绝缘电缆的应用成为新的方向。

1.1 海缆输电技术发展历程

海缆研发、生产、敷设已有近170年历史,世界上已经敷设了相当数量的海缆。1954年世界上第一条商业运行的直流充油海缆敷设于瑞典本土与哥特兰岛之间,电压等级100kV,电缆长度98km。1973年,世界上第一条400kV交流充油海缆诞生于丹麦与瑞典的厄勒海峡(也称松德海峡),输送容量为870MW;1983年,在加拿大大陆西海岸和温哥华岛之间敷设并投运了双回路500kV交流充油海缆,电缆由意大利普睿司曼(Prysmian)和挪威的SKT公司生产。

海缆工程的建设,受地域建设、海洋工程、施工设备等条件的限制,工程建设涉及技术领域广泛,投资规模较大,施工技术复杂。工程建设期分为两个阶段:施工前期工作主要涉及工程设计、海缆路由选择、海缆制造及运输;工程施工阶段则主要包含海缆路由定位、海缆敷设、海缆保护、陆地设备安装、检测与调试、工程验收。

海缆输电工程应用领域主要有区域电网跨海域互联、向海洋孤岛及石油钻探平台供电、输送海上可再生能源的发电并网。近年来,随着国内外输变电技术的发展,在经济一体化、能源优化配置、减少环境影响等因素的推动下,跨海域输电技术、海缆制造技术、海缆工程技术不断提升，海缆工程建设也进一步得到发展。

在全球各区域海缆输电工程中，据不完全统计，以交流电压输电方式的工程有13个，其中电压等级500kV及以上的工程有5个。资料显示，近年来投入运行的500kV交流海缆输电工程仅海南联网项目，其他交流输电方式工程项目均为20世纪90年代前投运的工程。以直流电压输电方式的工程有63个，其中8个高压直流输电（high voltage directcurrent transmission，HVDC）项目（包括正在建设和规划的项目）。

海缆输电工程中，荷兰—挪威海缆输电工程跨海域长度580km。美国塞尔维尔至莱维顿海缆敷设于最大水深2600m处。目前这些海缆项目之最的工程均采用直流输电方式，显示了直流海缆输电工程发展的优势与倾向性。

截至2015年，世界各区域海缆工程主要指标见表1-1。

表1-1　　　　　　　　　　世界各区域海缆工程主要指标

编号	区域名称	设计容量（MW）	回路数	电压形式			海缆长度（km）
				HVDC	DC	AC	
1	欧洲地区	22 430	60	10	41	9	10 173
1.1	北欧地区	5670	15		15		2140
1.2	波罗的海沿岸地区	2900	7		7		958
1.3	欧洲大陆地区	6146	16	10	6		3538
1.4	地中海沿岸地区	2100	7		7		1482
1.5	欧洲与北非地区	5300	15		6	9	2065
2	海湾阿拉伯地区	1500	3		3		约600
3	亚洲地区	4640	11		7	4	587
4	北美地区	5762	14	1	11	2	1718
5	大洋洲地区	1600	7	2			530

注　数据源自《世界各国海缆输电工程发展综述》。

截至2017年，世界各国（地区）部分典型交直流海缆工程汇总见表1-2。

表1-2　　　　　　世界各国（地区）部分典型交直流海缆工程汇总表

序号	海缆工程名称	电缆类型	电压等级（kV）	海缆长度（km）	投运时间（年）
1	英国—法国1期 英国—法国2期	充油海缆 充油海缆	±100 ±270	64 68	1961 1984
2	瑞典—丹麦 Konti—Skan	充油海缆	±250	85	1965

续表

序号	海缆工程名称	电缆类型	电压等级（kV）	海缆长度（km）	投运时间（年）
3	温哥华岛	充油海缆	±260	33	1968
4	瑞典—芬兰	充油海缆	400	200	1989
5	挪威—丹麦	充油海缆	±350	130	1993
6	德国—瑞典	充油海缆	450	250	1994
7	瑞典	挤出绝缘海缆	400	28	1998
8	日本纪伊海峡	充油海缆	±250	50	2000
9	美国康涅狄格—纽约长岛	挤出绝缘海缆	±150	40	2002
10	爱沙尼亚—芬兰	挤出绝缘海缆	±150	74	2006
11	荷兰—挪威	充油海缆	±450	580	2008
12	中国广东电网与海南电网联网	充油海缆	500	7×32	2009
13	韩国	挤出绝缘海缆	±250	120	2012
14	中国南澳岛	挤出绝缘海缆	±160	32	2013
15	中国舟山群岛	挤出绝缘海缆	±200	2×134	2014
16	德国	挤出绝缘海缆	±300	75	2015
17	英国	充油海缆	±600	422	2017

1.2　国内外海缆工程现状

1.2.1　欧洲地区

欧洲电网主要覆盖北欧、波罗的海沿岸、欧洲大陆、地中海沿岸，并包含与北非的互联部分。欧洲地区是世界上海缆工程建设项目最多、建设规模最大的区域，2015年海缆总长度约为 10 173km。

一、北欧地区

北欧地区各能源品种发电量构成不均衡，如 2015 年挪威的总装机容量中，水电占 95.73%，而丹麦则是以火电为主。为此，各国电网通过海缆工程联网，达到了能源优化配置、发电成本降低、备用容量减少的目的，同时获得了联网运行的经济效益。

自 20 世纪 90 年代以来，北欧各国电网互联的海缆工程项目主要有挪威至丹麦、瑞典至丹麦、丹麦至德国、瑞典至波兰、荷兰至挪威等。工程均采用直流海缆联网，总长度约 2140km，设计输送容量为 5670MW。海缆跨越的海域有波罗的海、斯卡克拉克海峡、卡特加特海峡、波的尼亚湾和北海。2008 年 9 月，费达（挪威）至伊姆斯劳（荷兰）直流±450kV 海缆工程投入商业运行，该工程海缆跨越北海长度 580km，海缆路由最大水深 410m。

二、波罗的海沿岸地区

波罗的海沿岸地区各国已实现通过海缆输电的电量交换。主要的海缆输电工程项目有：芬兰至爱沙尼亚 1 期和 2 期、丹麦本土至西兰岛、瑞典至立陶宛。工程均采用直流电压±300～±450kV 联网，海缆总长度约为 958km，设计输送容量 2900MW。瑞典至立陶宛海缆输电工程设计输送容量 700MW，采用直流电压±500kV 联网，海缆跨越波罗的海长度为 400km，工程于 2015 年建成投产。

三、欧洲大陆地区

欧洲大陆地区包括 24 个国家和地区的 29 个电网运营商，供电人口约 5 亿。

欧洲大陆地区的海缆输电工程主要有：英国至法国、英国至荷兰、爱尔兰至英国、挪威至德国输电工程。工程均采用直流电压±380～±525kV 联网，设计输送容量 500～1000MW。

挪威至德国的海缆工程，采用高压直流输电技术（HVDC）联网，输送容量 1400MW，电压等级±525kV，总长度超过 700km，预计于 2020 年完成交付。

法国与爱尔兰海缆项目从爱尔兰南部海岸延伸至法国布列塔尼，设计输送容量 700MW，预计于 2026 年投产。

四、地中海沿岸地区

欧洲大陆地中海沿岸地区，海缆输电工程建设项目有：意大利至法国、意大利至希腊、意大利本土至撒丁岛、西班牙本土至马略卡岛的电网互联。工程均采用直流电压±250～±500kV 联网，设计输送容量 2100MW。

意大利本土至撒丁岛，为 2 回直流电压±500kV，背靠背互联，输送容量 1000MW。海缆长度为 420km，海缆路由最大水深 1600m。

五、欧洲与北非地区

欧洲与北非电网的海缆工程建设项目有：西班牙至摩洛哥 1 期和 2 期、埃及至约旦 1 期、西班牙至阿尔及利亚、意大利至阿尔及利亚、意大利至突尼斯电网互联。其中，西班牙至阿尔及利亚联网工程，采用直流电压±400kV 联网，其他工程均采用交流电压 400～500kV 联网。

2011 年投入运行的意大利至突尼斯联网工程，采用交流电压 500kV，设计输送容量 600MW。海缆跨越地中海长度为 200km，海缆路由最大水深 670m。

1.2.2　海湾阿拉伯地区

海湾阿拉伯地区的电网互联，由海湾合作委员会（Gulf Cooperation Council，GCC）成员国组成。海湾阿拉伯国家合作委员会电网管理局（Gulf Cooperation Council Interconnection Authority，GCCIA）负责七个国家电网互联事务。

海缆工程建设项目有：沙特阿拉伯至埃及海缆输电工程 1 期和 2 期。1 期工程于2012 年投入运行，2 期工程于 2015 年投入运行。工程均采用直流电压 ±400～±500kV联网，设计输送容量 1500MW，海缆跨越红海海峡。

1.2.3　北美地区

北美联合电网，由美国东部、西部电网和得克萨斯电网、加拿大魁北克电网组成。北美联合电网与墨西哥电网互联。美国本土东部、西部电网通过直流背靠背联网运行。

北美联合电网各区域，跨海域联网工程均为国家本土区域电网的互联。美国纽黑文至长岛、美国塞尔维尔至莱维顿（美国海王星工程）、美国旧金山至匹兹堡以及正在建设中的加拿大温哥华维多利亚岛至美国安吉利斯、加拿大蒙特利尔至美国纽约，均采用电压 ±230～±550kV 联网。北美联合电网海缆输电工程设计输送容量5762MW，海缆长度 1718km。

1.2.4　大洋洲地区

澳大利亚海缆输电工程，均为国家本土区域电网互联。其中新西兰本土南岛与北岛电网互联工程、澳大利亚本土与塔斯马尼亚岛联网工程，均采用直流电压 ±250～±400kV 联网，设计输送容量 1600MW。

新西兰本土北岛黑瓦兹至南岛班摩尔，采用柔性直流输电技术联网，输送容量500MW。

1.2.5　亚洲地区

亚洲地区各国电网受地理条件的限制，尚未形成各国之间以海缆输电工程互联。但是在各国本土向岛屿供电、各国电网区域互联、陆地向石油钻探平台供电方面，海缆输电工程发展趋势较快。

亚洲地区各国海缆工程建设项目有：日本北海道至本州、本州至四国，韩国南海郡至济州岛，中国广东至海南、舟山至宁波直流输电工程、南澳多端柔性直流输电示范工程、浙江舟山五端柔性直流科技示范工程、厦门双极柔性直流输电工程等。亚洲地区各国海缆工程设计输送容量为 4640MW。

日本本州至四国联网工程，以 4 回直流电压±500kV 背靠背联网，设计输送容量 2800MW。中国广东至海南交流 500kV 联网工程，设计输送容量 600MW。这些均属亚洲海缆输电工程首创项目。

1986 年的珠江—虎门海缆工程是我国第一条超高压长距离输电工程，输电电压等级 220kV，电缆长度 2.7km，输送容量 380MW。1989 年我国自行研制、建设了浙江舟山海底直流输电工程，选用双极直流系统，电压等级±100kV，输送容量 100MW，海缆长度共 12km。2007 年，第一根 110kV 海缆应用于浙江舟山朱家尖—六横线，长度 50.7km，开启了国产化高电压等级海缆时代。2009 年广东电网与海南电网联网工程是我国目前最长的 500kV 交流海缆工程（双回），电缆长度 7×32km，单回输送容量 600MW。2010 年，第一根国产化 220kV 海缆应用于舟山本岛—秀山—岱山输电线路工程，长度 20.7km。2013 年我国南澳±160kV 三端柔性直流工程，2014 年舟山±200kV 五端柔性直流工程投运，实现了我国高压交联聚乙烯绝缘直流海缆在电压等级上的跳跃式发展。2015 年三峡响水海上风电项目采用我国自主研发的首条三芯 220kV 海缆，海缆总长 12.9km，输送容量 200MW。

本书对浙江舟山 500kV 联网输变电工程（简称舟联工程）交流 500kV XLPE 海底电缆线路的建设进行全面总结，主要介绍交流海底电缆的设计、制造、敷设、试验及运维等方面技术，并着重呈现世界首条交流 500kV XLPE 海底电缆研制和工程应用方面的探索性成果。

第2章
海底电缆选型设计

目前，国内外应用的高压和超高压交流海缆主要有充油海缆、浸渍纸绝缘海缆和交联聚乙烯绝缘海缆3种绝缘型式。3种绝缘型式交流海缆在技术性和经济性方面各有优缺点，对比见表2-1。

表2-1   3种绝缘型式交流海缆的优缺点对比

海缆型式	优点	缺点
充油海缆	（1）供油保持一定压力，运行可靠性高； （2）应用时间长，运行经验丰富	（1）敷设安装不便； （2）设有供油系统，运行维护不便且运行维护费用高； （3）发生漏油事故后维修困难，易污染海洋环境
浸渍纸绝缘海缆	（1）敷设安装方便； （2）绝缘强度高	（1）绝缘性能受弯曲等因素影响，产生绝缘气隙不可避免； （2）导体允许运行温度低，相同输送容量下的导体截面要增加，经济性差； （3）不适合高落差敷设，绝缘油有泄漏、易燃的风险
交联聚乙烯绝缘海缆	（1）电气性能优越； （2）耐热性和机械性能良好； （3）环保性好； （4）敷设安装方便； （5）经济性相对较好	（1）无500kV运行案例； （2）性能受材料和制造工艺影响较大； （3）大长度连续生产和工厂接头存在技术难题

从表2-1中可以得出，交联聚乙烯作为海缆的绝缘介质，具有十分优越的电气性能，耐热性和机械性能良好。交联聚乙烯绝缘海缆的长期工作温度比充油和浸渍纸绝缘海缆的电缆长期运行最高允许温度高，同截面海缆载流能力更大。由于交联聚乙烯属干式绝缘，敷设和安装方便，抢修接头和终端等附件安装便捷，在同等海况条件下可缩短故障修复时间。另外，交联聚乙烯绝缘海缆敷设不受落差的限制，不存在绝缘油泄漏的问题，不会对周边环境造成影响，弯曲性能优良。正是基于其技术优势和经济性，交联聚乙烯绝缘海缆在国内外越来越受到青睐，并得到了广泛的应用。舟联工程最终选择交联聚乙烯作为海缆绝缘型式。

2.1　导体选型设计

海底电缆的导体一般由铜或铝制成，用于传输电流。铜的高电导率可以减少线芯损耗，提升载流能力。铜材料加工性能良好，便于线芯拉制和绞合等。相同输送容量下选用铜导体可以减小导体截面积，从而减少外层其他材料的用量，因此海缆通常选择铜作为导体材料。此外，当 500kV 线路输送容量达到 1100MW 时，如选用铝导体，截面积将接近 2600mm^2，如此大的截面将使导体绞制加工的难度增加且海缆整体结构尺寸成倍增加。

2.1.1　导体

一般电缆的导体按结构可分为紧压圆形导体、型线导体和分割导体等。

一、紧压圆形导体

紧压圆形导体是由若干根相同直径或不同直径的圆单线，按一定的方向和一定的规

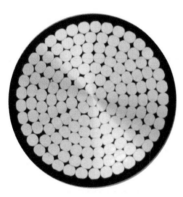

图 2-1　紧压圆形导体结构

则绞合在一起，成为一个整体的绞合线芯。绞合后的铜、铝导体应满足 GB/T 3956—2008《电缆的导体》中第 2 类导体的规定。单线在框绞机上逐层绞合，绞合过程中每层导体同时绕包阻水带，并通过模具或辊轮装置进行紧压。紧压方式既可以是逐层紧压，也可以在绞合后一次性紧压。紧压减小了单线之间的空隙，紧压圆形绞合导体的填充系数可以达到 90%及以上，圆形紧压是控制导体电阻的重要手段。紧压圆形导体工艺成熟、加工效率高，是目前比较常见的海缆导体结构。紧压圆形导体结构如图 2-1 所示。

二、型线导体

型线导体由预成型的单线绞合而成，单线的形状根据单线所处的位置进行设计。导体绞合时，单线完整地绞合成圆形的导体。T 形型线导体结构如图 2-2 所示。型线导体的填充系数可达到 96%以上，导体表面非常光滑。由于绞合过程没有经过冷加工紧压，型线导体的电导率几乎没有损失。型线导体填充系数高、电导率高的优势，使得导体外径大幅减小。但型线导体单线成本高，加工效率低于紧压圆形导体，并且传统的阻水带绕包工艺无法应用于型线导体。通常采用橡胶类的半导电阻水化合物作为型线导体的阻水材料，需要专用的装备进行填充，因此一般在大截面导体上可采用型线导体。

型线导体的单线通常有 T 形和 Z 形两种结构。Z 形型线导体中每根单线相互交叠，每根单线底部安置在与其相邻单线的顶部，即使一根断线，也不易造成整根导线散股；但其单线成型、绞合工艺较为复杂，阻水填充亦较为困难。T 形型线导体同样具有紧凑结构，导线不易松散，但当有单线断裂时，单线的楔形断面对其他单线的约束力减弱，可能会出现导线的松动和散股，但对于外有绝缘包覆的海缆导体影响甚微。所以海缆型线导体一般采用 T 形单线，而 Z 形单线导体更多用于架空导线中。

图 2-2　T 形型线导体结构

对于型线导体，特别是 Z 形型线，压紧后再次打开的难度较大，不利于工厂接头的分层焊接、修理接头的制作。

三、分割导体

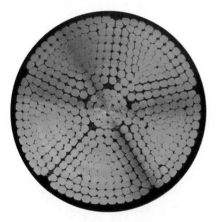

图 2-3　分割导体结构

分割导体由多个股块组成，首先由圆单线绞合成标准的导体股线，再由模具压制成三角扇形，并进行预扭，最后数个股块绞合成一个圆形导体。分割导体结构如图 2-3 所示。分割导体的设计是为了减小集肤效应，但各股块间存在较大的缝隙，不利于导体纵向阻水。因此分割导体不适用于有导体阻水要求的海缆。

通过对比技术经济性，有阻水要求的挤包绝缘海缆，1800mm² 及以下截面的导体宜采用紧压圆形导体，1800mm² 以上截面的导体宜采用型线导体。因此根据舟联工程 500kV 海缆的输送容量要求，海缆导体结构选用紧压圆形结构。

2.1.2　导体阻水

海缆导体的阻水要求是其与陆缆导体最主要的区别之一。当海缆出现故障时，海水在水压作用下，会从破损处沿着导体不断渗入，造成进水部分海缆的报废。为避免损失扩大，争取抢修时间，必须采用适当的阻水措施防止海水浸入。

对于水深 100m 以内的浅海，比较常用的海缆阻水方法是采用遇水膨胀的阻水带或阻水纱填充导体缝隙。当水进入导体时，填充的阻水材料遇水迅速膨胀填满空隙，减缓海水进入的速度，以便有充足的时间组织抢修。当水深超过 100m 时，水压的增大使海水浸入的速度加快，导致阻水带或阻水纱达不到要求的阻水效果，所以在深海应用时，一般采用橡胶基阻水胶对导体缝隙进行填充。阻水胶能够完全阻挡海水，并具有很高的耐水压能力。

舟联工程海缆敷设于水深 50m 及以内的浅海区域，选用阻水带实现导体阻水具有较高的性价比。

2.1.3　导体电阻及其结构设计

最高工作温度下，单位长度导体的交流电阻是决定和影响海缆的传输性能和输送容量的重要因素之一。交流电阻 R 由下式计算

$$R = R_0[1 + \alpha(\theta - 20)(1 + y_s + y_p)] \tag{2-1}$$

式中　R_0——20℃下导电线芯的单位长度直流电阻，Ω/m；

α——20℃导体温度系数常数，铜导体为 0.003 93，铝导体为 0.004 03；

y_s——集肤效应因数；

y_p——邻近效应因数。

在 20℃下，单位长度导体的导体截面积与直流电阻 R_0 关系可用下式计算

$$A = \rho_{20}k_1k_2k_3k_4k_5 / R_0 \tag{2-2}$$

式中　A——导体线芯截面积，如线芯由 n 根相同直径 d 的导线绞合而成，则 $A = n\pi d^2 / 4$；

ρ_{20}——线芯材料在 20℃时的电阻率，退火铜线 $\rho_{20} = 0.017\ 241 \times 10^{-6}\Omega \cdot m$，硬铝导体 $\rho_{20} = 0.028\ 64 \times 10^{-6}\Omega \cdot m$；

k_1——单根导线加工过程中金属电阻率增加系数，它与导线直径大小、金属种类、表面是否有涂层有关，线径越小，系数越大，一般可取 1.02～1.03；

k_2——多根导线绞合紧压导致单线长度增加的系数，一般取 1.03～1.05；

k_3——紧压过程使导线发硬引起的电阻率增加系数，一般取 1.01；

k_4——成缆绞合导致线芯长度增加系数，一般三芯取 1.01，单芯取 1.0；

k_5——因考虑导线允许公差所引入的系数，一般取 1.01。

根据相关标准，1800mm² 导体 20℃的直流电阻 R_0 为 $0.010\ 1 \times 10^{-3}\Omega/m$，$k_1$ 取 1.02，k_2 取 1.05（考虑导体阻水因素），k_3 取 1.01，k_4 取 1.0，k_5 取 1.01。经计算紧压前导体截面 $A = 1865mm^2$，进而可根据生产设备及工艺情况选取单线根数和直径。

2.2　绝缘材料选型设计

高压和超高压海缆的绝缘必须具有优良的电气性能、耐热性和抗老化性能等特

性。绝缘材料性能直接决定了超高压海缆的质量和性能是否满足超高压输电的长期运行可靠性要求。

2.2.1　材料选型

高压及超高压海缆绝缘材料的典型技术指标见表 2-2。对于 500kV 交联聚乙烯绝缘海缆的绝缘材料而言，应具有超高的洁净度及极佳的添加剂分布、优越的机械性能和抗老化性能。

表 2-2　　　　　　　　　高压及超高压海缆绝缘材料的典型技术指标

序号	项目		单位	性能指标要求
1	老化前抗张强度［（250±50）mm/min］		MPa	≥17.0
2	老化前断裂伸长率［（250±50）mm/min］		%	≥500
3	热延伸试验（200℃，0.20MPa，15min）	负荷伸长率	%	≤100
		永久变形率	%	≤10
4	相对介电常数		—	≤2.35
5	介质损耗角正切（tanδ）		—	≤5.0 × 10⁻⁴
6	短时工频击穿强度（较小的平板电极直径 25mm，升压速率 500V/s）		kV/mm	≥30
7	体积电阻率（23℃）		Ω·m	≥1.0 × 10¹⁴
8	杂质最大尺寸（1000g 样片中）		mm	≤0.075

国内高压及超高压海缆通常采用北欧化工的 LS4201EHV 和美国陶氏化学 HFDB-4201EHV 两种超净化料。大长度超高压海缆绝缘与陆缆相比，满足长时间挤出过程中交联聚乙烯材料抗焦烧能力强及交联副产物产生减少等方面的要求。其中 LS4201EHV 是一种基于超硫化技术的可交联天然聚乙烯化合物，具有优越的电气性能，也提供了极佳的预防焦烧能力，支持长时间的生产挤出。此外，LS4201EHV 对材料配方进行了适当优化，减少了交联副产物的产生，缩短了除气时间。

通过对 LS4201EHV 和 HFDB-4201EHV 两款绝缘材料综合对比，选择 LS4201EHV 材料作为舟联工程海缆的主绝缘材料。

2.2.2　绝缘厚度设计

交联聚乙烯海缆绝缘厚度设计主要从工频交流电压耐受的厚度和雷电冲击电压

耐受的厚度两个方面进行。

一、绝缘厚度按工频耐压设计

交联海缆耐受交流电压所需绝缘厚度计算公式为

$$t_{ac} = \frac{U_{max}}{\sqrt{3}} \times \frac{k_1 k_2 k_3}{E_{Lac}} \qquad (2-3)$$

式中　U_{max} ——系统最高线电压，kV；

k_1 ——劣化系数；

k_2 ——温度系数；

k_3 ——安全系数；

E_{Lac} ——工频击穿电压最小击穿强度，kV/mm。

（1）最高线电压 U_{max}。最高线电压 U_{max} 是指系统运行过程中可能出现的最高运行线电压。500kV 系统最高运行电压取 550kV。

（2）劣化系数 k_1。劣化系数 k_1 定义为根据 $U-t$ 特性，1 小时耐压值与海缆设计寿命耐压值之比。海缆绝缘耐压符合 $U^n t = C$ 的关系，其中，C 为常数，U、t 分别为施加电压和通电时间，n 为寿命指数。

20 世纪 60 年代国际大电网组织（International Council on Large Electric systems，CIGRE）推荐 $n=9$。随着工艺的改进，到了 20 世纪 90 年代初期，日本对 n 进行了重新评估，认为是随着工艺的发展，绝缘中已经不存在影响绝缘性能的微孔，并且查明交联过程产生的微小水分（约 100μL/L）不影响绝缘性能，因此推荐 $n=15$。考虑一定的安全裕度，取 n 为 12。因此可获得劣化系数为

$$k_1 = \sqrt[12]{40 \times 365 \times 24} = 2.898$$

（3）温度系数 k_2。温度系数 k_2 定义为常温时的破坏强度和高温时的破坏强度之比，与绝缘材料、工艺等有很大的关系。舟联工程 500kV 海缆采用进口绝缘材料，根据供应商建议值及经验，取 k_2 为 1.2。

（4）安全系数 k_3。安全系数为应对不可预估的突发事件考虑，通常取 1.1。

（5）工频击穿电压最小击穿强度 E_{Lac}。根据通用工频最小击穿强度推算方法，工频击穿电压最小击穿强度一般为 40～50kV/mm。根据绝缘材料厂商提供的试验数据，LS4201EHV 工频最小击穿强度平均值为 43.6kV/mm，最小值为 42.0kV/mm。基于安全考虑，舟联工程 500kV 海缆 E_{Lac} 采用 40kV/mm。

（6）绝缘厚度计算。将上述取值代入到式（2-3）中，得 $t_{ac} = 30.4$mm。考虑到一定的安全裕度，按工频耐压设计取值为 31mm。

二、绝缘厚度按雷电冲击耐压设计

交联电缆耐受雷电冲击电压所需绝缘厚度 t_{IMP} 计算公式为

$$t_{IMP} = \frac{BIL \, g k_1' \, g k_2' \, g k_3'}{E_{LIMP}} \qquad (2-4)$$

式中　BIL——基准冲击电压水平；

　　　k_1'——雷电冲击劣化系数；

　　　k_2'——雷电冲击温度系数；

　　　k_3'——雷电冲击安全系数；

　　E_{LIMP}——雷电冲击击穿电压最小击穿强度。

（1）基准脉冲水平 BIL。系统雷电冲击电压，根据 GB/T 22078—2008《额定电压 500kV（$U_m = 550kV$）交联聚乙烯绝缘电力电缆及其附件》中雷电冲击水平，取值 1550kV。

（2）雷电冲击劣化系数 k_1'。通用设计思路认为不存在对正常运行系统进行反复雷电冲击而产生的劣化，因此此处取值 1.0。

（3）雷电冲击温度系数 k_2'。考虑到对雷电冲击温度系数的影响因素与工频温度系数一致，此处取值 1.25。

（4）雷电冲击安全系数 k_3'。对雷电冲击安全系数的考虑与工频一致，此处取值 1.1。

（5）雷电冲击击穿电压最小击穿强度 E_{LIMP}。根据国际上对不同电压等级、不同击穿强度的大量试验分析可知，XLPE 海缆的初期破坏值都高于 85kV/mm，随着绝缘厚度增加，结合海缆外径和散热等方面的考虑，通常取值 80kV/mm。

（6）绝缘厚度计算。将上述取值代入式（2-4）中，得 $t_{IMP} = 26.6mm$，小于工频耐受电压所需的绝缘厚度。

选取工频耐压绝缘厚度和雷电冲击绝缘厚度两个计算值中的较大者作为主绝缘厚度，并考虑一定的安全裕度，舟联工程 500kV 海缆的绝缘厚度最终取值为 31.0mm。

2.3　半导电层材料选型设计

如果将交联聚乙烯直接挤出在导体上，导体的凹陷、隆起和不规则的情形会产生局部电场集中，降低绝缘的绝缘强度。为了避免这一情况，在导体上挤包一层半导电屏蔽材料，使朝向交联聚乙烯绝缘的介质界面尽量光滑。导体屏蔽—绝缘—绝缘屏蔽三层结构组成了海缆的绝缘系统，确保了绝缘层免受内外部结构的影响。三层共挤技术还提供了绝缘外半导电层，以保证绝缘和金属套之间形成稳定、光滑的介质表面。半导电材料的典型技术指标见表 2-3。

表 2-3　　　　　　　　　　　　半导电材料的典型技术指标

序号	项目		单位	性能指标要求
1	老化前抗张强度［（250±50）mm/min］		MPa	≥12.0
2	老化前断裂伸长率［（250±50）mm/min］		%	≥150
3	热延伸试验（200℃，0.20MPa，15min）	负荷伸长率	%	≤100
		永久变形率	%	≤10
4	体积电阻率	23℃时	Ω·m	≤1.0
		90℃时	Ω·m	≤3.5

超高压海缆用半导电屏蔽材料由以聚乙烯为基材的共聚物混合一定组分的炭黑材料制成。半导电屏蔽材料的洁净度及半导电屏蔽层与绝缘层界面的光滑程度是影响海缆质量和可靠性的关键因素。所选用的北欧化工 BorlinkLE0500 屏蔽料，具有优良的热稳定性和挤出防焦烧性能。

2.4　金属套选型设计

一般金属套按照工艺结构类型分为铅或铅合金套、铝套、铜套、金属带（箔）塑料复合套等。电缆金属套起到径向阻水、短路泄流、密封、机械保护和电场屏蔽等作用，对于海缆，还需要考虑金属套的海水腐蚀防护问题。

一、铅或铅合金套

常见的中高压交联海缆中，无缝铅套是常见的金属套结构型式，其主要材料为铅或铅合金。纯铅的化学稳定性、耐腐蚀性好，但其机械性能、抗疲劳强度不足，实际生产中一般采用铅合金材料，以保证海缆在海水中的寿命和机械防护性能。挤铅工序是在海缆缆芯表面挤包无缝铅套，通过压铅机高压挤出熔融后的铅液至模头，并通过模座里的模芯和模套使铅流到缆芯表面，经过冷却后在缆芯表面形成光滑圆整的无缝铅套结构。为防止挤铅过程中高温对交联线芯的影响，一般交联线芯绝缘屏蔽与铅套之间应包覆一层半导电阻水材料，以起到保护绝缘线芯和纵向阻水的作用，同时也保证了金属屏蔽层与绝缘线芯在电气上的接触。

二、铝套

与铅套结构相比，铝套具有以下特点：材料密度比铅小，整体海缆质量要轻于铅套结构；铝的机械强度、抗疲劳强度、耐振性比纯铅高；铝的导电、导热性好，海缆工作时护层损耗小、散热性好，有利于提高海缆的载流量。由于其在海水中耐腐蚀性较差，铝套通常应用于陆缆，一般不应用于海缆。

三、铜套

铜套常见形式有焊接平滑铜套或焊接轧纹铜套。轧纹铜套使用铜板卷包，然后采用焊机焊接后再轧纹，具有纵向焊缝，一般外径较大。铜套结构在海缆施工过程中可以承受较大的抗挤压、抗剪切以及侧面支撑能力，具有良好的机械性能和导电性能；缺点是外径和质量较大，铜套在大长度缆芯中焊接困难。长距离的铜套焊接很难保证密封性，且制造成本高、耐腐蚀性能较差，一般不应用在海缆结构中。

四、金属带（箔）塑料复合套

金属带（箔）塑料复合套具有阻水性能，但抗外力破坏能力低，受破坏后阻水能力下降，因此在海缆中应用金属带（箔）塑料复合套结构具有一定的风险。

综上，由于铅合金套结构防腐性能好，在海底复杂条件、恶劣工况下具良好的阻水性能和机械性能，因此铅合金套在海缆领域应用广泛，舟联工程 500kV 海缆选用铅合金套（简称铅套）。

几种常用铅合金材料的成分对比见表 2-4。

表 2-4 几种常用铅合金材料的成分对比

合金名称		合金元素比例（按质量，最小值～最大值）				
EN50307 标准名称	常规名称	砷	铋	镉	锑	锡
PK012S	1/2C			0.06%～0.09%		0.17%～0.23%
PK021S	E				0.15%～0.25%	0.35%～0.45%
PK022S	EL				0.06%～0.10%	0.35%～0.45%
PK031S	F3					0.10%～0.13%

结合大量生产验证，工程选用 E 合金铅。E 合金铅加工性能优良、生产工艺稳定，适合大长度铅合金套连续挤出。铅套厚度设计通常按式（2-5）计算。

$$t_{Pb} = \alpha D + \beta \qquad (2-5)$$

式中 t_{Pb} ——铅套厚度，mm；

α ——0.03；

D ——铅套前假定直径，mm；

　　β——单芯海缆取 1.1，分相铅套海缆取 0.8。

　　根据式（2-5）可计算得到 500kV 1800mm² 截面交流海缆的铅套厚度 t_{Pb} 为 4.1mm。

　　若实际工程中铅套厚度经过验算后不满足短路容量的需求，需增大铅套厚度或采取其他措施提升金属屏蔽层的短路电流。通过短路电流校核，舟联工程 500kV 海缆铅套设计厚度能够满足短路容量需求。

2.5　非金属内护套选型设计

　　非金属内护套主要起到机械保护、防化学腐蚀、电气绝缘保护、防潮防水等作用。常用的非金属套材料一般有聚乙烯（PE）、聚氯乙烯（PVC）等聚合物材料。

　　聚乙烯（PE）材料绝缘电阻和耐电强度高，可挠性、耐磨性好，耐热老化性能、低温性能及耐化学稳定性好。由其制成的金属内护套耐水性好、吸湿率极低，浸在水中绝缘电阻一般不下降。

　　聚氯乙烯（PVC）是以聚氯乙烯树脂为基础，加入各种配合剂混合而成的。其力学性能优越、耐化学腐蚀、不延燃，耐候性、电绝缘性能好，且容易加工、成本低，但是介质损耗较大，不适用于高频或高压的场合，通常应用在 6kV 以下低压海缆的绝缘和护套材料。此外，聚氯乙烯（PVC）材料在高温下具有一定的毒性，不利于环保。

　　基于以上分析，舟联工程 500kV 海缆采用聚乙烯（PE）材料作为非金属内护套层。

2.5.1　绝缘型和半导电型聚乙烯内护套性能对比

一、绝缘型聚乙烯护套

　　聚乙烯是由乙烯聚合而成的，可分为低密度聚乙烯、中密度聚乙烯和高密度聚乙烯三种。

　　（1）低密度聚乙烯。在纯净的乙烯中加入极少量的氧气或氧化物作引发剂，压缩到 202.6kPa 左右，并加热到约 200℃，乙烯就可聚合成白色的蜡状聚乙烯。

　　（2）中密度聚乙烯。中密度聚乙烯大多是高密度聚乙烯和低密度聚乙烯的混和物，也有的是用乙烯与丁烯、醋酸乙烯和丙烯酸酯等单体共聚而成。

　　（3）高密度聚乙烯。在常温常压下，用特殊的有机金属化合物作催化剂，使乙烯聚合成高密度聚乙烯，具有良好的耐热性和力学性能。

　　三种聚乙烯的一般性能指标见表 2-5。

表 2-5　　　　　　　　　　　　三种聚乙烯的一般性能指标

项目	性能		
	低密度聚乙烯	中密度聚乙烯	高密度聚乙烯
密度（g/cm³）	≤0.940	0.940~0.955	0.955~0.978
弹性模量（×10⁸MPa）	0.1~0.3	0.2~0.4	0.4~1.1
成形收缩率（%）	1.5~5.0	1.5~5.0	2.0~5.0
抗拉强度（×0.1MPa）	80~160	85~250	220~390
伸长率（%）	90~800	50~600	15~1000
弯曲强度（×0.1MPa）		340~490	70
冲击韧性（0.1J/cm²）	不断	2.1~6.9	86
邵氏硬度	41HD~46HD	50 HD~60 HD	60 HD~70 HD
热变形温度（℃，承受压力1.86MPa）	32~41	41~49	43~49

低密度聚乙烯抗拉强度、邵氏硬度和热变形承受压力较差，耐环境开裂能力高，主要用作通信海缆、控制海缆、信号海缆和电力海缆的护层。中密度聚乙烯和高密度聚乙烯主要用作通信海缆、光缆、电力海缆的护层，而中密度聚乙烯比高密度聚乙烯弯曲强度高、弹性模量小。对于对护套硬度没有极高要求的海缆，一般选择中密度聚乙烯作为内护套。

二、半导电型聚乙烯护套

半导电聚乙烯护套是以聚乙烯材料为基料混合导电材料制成的，性能参数详见表 2-6。

表 2-6　　　　　　　　　　　半导电聚乙烯护套的性能参数

序号	项目		单位	性能指标要求
1	密度（23℃）		g/cm³	≤1.15
2	老化前抗张强度[（250±50）mm/min]		MPa	≥12.5
3	老化前断裂伸长率[（250±50）mm/min]		%	≥300
4	空气热老化（100℃，7d）	抗张强度变化率	%	±25
		断裂伸长率变化率	%	±25
5	体积电阻率（23℃）		Ω·m	≤1.0

海缆采用半导电聚乙烯护套作为内护套，可为金属套和金属丝铠装间提供导电通道，金属套在两端接地情况下，感应电动势为零。但也有学者提出，金属套与金属丝

铠装通过半导电护套形成电气连接，可能带来金属套和铠装间的电腐蚀。

2.5.2　舟联工程 500kV 海缆内护套选型

一般对于金属套和铠装层两端互连接地的大长度单芯海缆，绝缘线芯的铅套外应挤包以聚乙烯为基料的半导电护套作为内护套；也可挤包以聚乙烯为基料的绝缘型护套料（ST_7 型）作为内护套。当选用绝缘型内护套时，可沿海缆长度方向以一定的间隔距离将金属套和铠装层进行短接，以降低绝缘护套承受的过电压，短接点须做好防水处理。单芯海缆系统的登陆段陆上海缆单端接地运行时，应采用以聚乙烯为基料的绝缘型内护套（ST_7 型）作为内护套，性能参数见表 2-7。

表 2-7　　　　　　　　　　绝缘型内护套（ST_7 型）的性能参数

序号	项目		单位	性能指标要求
1	熔体流动质量速率（以 10min 计）		g/10min	2.0
2	密度		g/cm³	0.94～0.98
3	拉伸强度		MPa	≥17.0
4	断裂拉伸应变		%	≥600
5	低温冲击脆化温度		℃	-76，通过
6	耐环境应力开裂		h	≥500
7	200℃氧化诱导期		min	≥30
8	炭黑含量		%	2.60±0.25
9	炭黑分散度		级	≤3
10	维卡软化点		℃	≥110
11	空气烘箱热老化	拉伸强度	MPa	≥16.0
		断裂拉伸应变	%	≥500
12	介质损耗角正切（$\tan\delta$）			≤0.005
13	体积电阻率（23℃）		Ω·m	1×10^{14}

舟联工程 500kV 海缆选用绝缘型聚乙烯作为护套材料，并在海缆上做了金属套和铠装层的短接接地。

2.6　金属铠装层选型设计

海缆在安装敷设过程中需经受较大的张力，张力不仅来自敷缆时悬挂海缆的重力，还包括敷设船垂直运动产生的附加动态力。同时，海缆运行过程中还可能遭受海中安装机具、水下设备、礁石、渔具和锚具等因素带来的外部威胁。除此之外，在较长的登陆段施工敷设过程中，一般需要通过卷扬机或牵引装置拖曳海缆上岸，实现海缆的整体移动。这些受力情况中海缆的关键承力元件为金属铠装层，它对整个海缆主要起到关键的机械保护作用。

在电气性能方面，金属铠装层若与铅套层短接后互联接地，还可以起到短路泄流的作用，从而增大金属屏蔽层的短路容量，保障海缆长期运行过程中发生故障时的安全裕度。

2.6.1　各类金属铠装层结构对比

海缆相关标准中，一般推荐采用镀锌钢丝、铜丝或者其他耐海水腐蚀的金属材料作为铠装层材料。

各种金属铠装材料性能对比见表 2-8。由表可知，钢丝和铜丝的主要性能差异点在于相对磁导率和电阻率。一般镀锌钢丝相对磁导率为 200～400，在交流电情况下，铠装层中会形成较大的磁滞损耗，显著降低海缆的载流量，而铜丝铠装相对磁导率非常小，损耗将大大降低。鉴于铜丝和钢丝材料价格差异较大，实际铠装材料选型和结构设计时需要同时考虑载流量、短路电流以及制造成本等方面的因素。

表 2-8　　　　　　　　各种金属铠装材料性能对比

材料性能	单位	镀锌圆钢丝	镀锌扁钢丝	圆铜丝	扁铜丝
密度	kg/m³	7.80×10^3	7.80×10^3	8.89×10^3	8.89×10^3
材料规格（直径或厚度）	mm	4.0、5.0、6.0、7.0、8.0	2.0、2.5、3.0、3.5	4.0、5.0、6.0、7.0、8.0	2.0、2.5、3.0、3.5
相对磁导率		200～400		0.999	
电阻率（20℃）	Ω·m	1.38×10^{-7}		1.75×10^{-8}	
抗拉强度	N/mm²	340～500			

同规格单芯海缆下钢丝、铜丝铠装损耗计算对比结果见表 2-9。由表可知，铅套和铜丝铠装的总损耗因素要明显小于铅套和钢丝铠装的总损耗，铜丝铠装可明显提升海缆的输送容量和短路电流。实际工程应用中，海缆的载流量瓶颈段一般为海缆的登陆段，若考虑成本因素，可在此处采用钢丝、铜丝混合铠装或钢丝转接铜丝的铠装，这样不仅可以降低海缆制造成本，还可以提升海缆整体的载流量。

表 2-9   钢丝、铜丝铠装海缆损耗计算结果对比

序号	单芯海缆规格 （mm）	铠装型式	铅套与铠装层总 损耗因数	铠装短路电流 （kA/1s）	海底段载流量 （A）
1	1×1800	$\phi 6.0$ 铜丝铠装	0.496	224	1664
2		$\phi 6.0$ 钢丝铠装	2.857	113	1011

由于海缆敷设条件和运行海域环境复杂，机械强度要求高，铠装层的选择还需考虑采用较高强度的金属丝铠装材料或采用多层铠装增加海缆整体机械强度。依据相关标准可知，敷设和修复水深小于 500m 情况下，大长度交流海缆所受张力为

$$T = 1.3Gh + H \qquad (2-6)$$

式中 T ——加载试验拉力，N；

　　　G——1m 海缆水中重力，N；

　　　h——最大水深，m；

　　　H——最大允许水底接触点处海缆所受的张力，$H = 0.2Gh$，N。

根据上式的计算结果可知海缆允许张力值，实际选择海缆铠装材料和结构时需要满足式（2-6）的标准要求。图 2-4 分别为镀锌钢丝与铜丝铠装结构。

(a)

(b)

图 2-4 金属铠装结构

（a）镀锌钢丝铠装；（b）铜丝铠装

2.6.2　舟联工程 500kV 海缆金属铠装层选型

一、金属铠装层结构

根据以上铠装型式比较结果，舟联工程 500kV 海缆采用铜丝铠装型式。根据技术要求，海缆载流量应不小于 1411A，铜丝可选用 2.0、2.5、3.0、3.5mm 厚度的扁铜丝，或者直径为 6.0、7.0、8.0mm 的圆铜丝。根据项目敷设工况，500kV 单芯海缆载流量瓶颈位于登陆区域滩涂土壤埋设区段。

综合考虑导体截面和铠装截面载流量，500kV 不同导体截面海缆在登陆段滩涂条件下的载流量计算值结果如图 2-5 所示。由图可知，导体截面越大，海缆载流量越大，当导体截面积≥1800mm² 后，海缆载流量满足舟联工程额定电流要求。

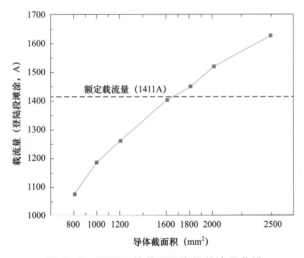

图 2-5　不同导体截面积海缆载流量曲线

分别计算 500kV 1×1800mm² 海缆规格下扁铜丝和圆铜丝载流量，如图 2-6 所示，当扁铜丝厚度≥4mm 或圆铜丝直径≥5mm 时，计算得到的载流量能够满足设计要求。但由于扁铜丝厚度增大，工艺制造时的成型难度要大于圆铜丝铠装，会产生较大的内应力，影响海缆弯曲性能，所以舟联工程 500kV 海缆选用直径≥5mm 圆铜丝作为铠装结构。结合项目技术要求，考虑载流量裕度和机械性能，最终选用铠装铜丝直径为 6.0mm。

铜丝根数设计公式为

$$N = \frac{\pi g(D+d_{\mathrm{a}})}{kd_{\mathrm{a}}} \qquad (2-7)$$

式中　　N——圆铜丝设计根数；

　　　　D——铠装前海缆外径，mm；

　　　　d_a——圆铜丝标称直径，取 6.0mm；

　　　　k——海缆铠装层绞入系数。

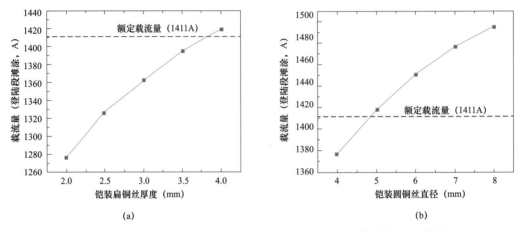

图 2-6　不同铠装铜丝条件下的 500kV $1 \times 1800mm^2$ 海缆载流量曲线

(a) 扁铜丝铠装；(b) 圆铜丝铠装

根据舟联工程 500kV 海缆铠装前外径，计算可得圆铜丝铠装条件下铜丝铠装根数为（79±3）根，铜丝铠装节距设计依据实际制造厂家经验确定，一般铠装铜丝节径比为 10～18。

二、金属铠装层张力

根据舟联工程 500kV 海缆敷设路由条件，可知海缆路由最大水深为 50m，平均水深为 15m，海缆空气中近似质量为 75.0kg/m，水中近似质量为 53.4kg/m。根据式（2-6）的工程验算结果，可知海缆端部允许张力为 40.5kN。

根据设计铠装铜丝规格和根数，计算海缆实际最大允许张力 P 为

$$P = \frac{n\pi d_a^2 \sigma}{4N_c} \qquad (2-8)$$

式中　　n——铜丝标称根数，取 79 根；

　　　　d_a——铜丝标称直径，取 6.0mm；

　　　　σ——铜丝计算抗拉强度，取 350N/mm²；

　　　　N_c——安全系数，取 4.0。

最终算得：$P = 195kN$。因此，舟联工程 500kV 海缆完全可以承受 40.5kN 安全拉力需求，能够满足施工和设计要求。

2.7　通信光纤选型设计

通常在海缆护套层和铠装层之间布置光纤单元，一方面可用于对海缆运行状态的监测，另一方面也可用于应急通信。

一、光纤单元结构

海缆一般采用不锈钢管光纤单元，不锈钢管光纤单元具有较大的抗拉强度、抗侧压能力，尺寸较小，而且可以设计较大的光纤余长。为了保证不锈钢管光纤单元与其他金属材料形成隔绝，还要在不锈钢管外挤制一定厚度的聚乙烯护套。光纤单元结构如图 2-7 所示。

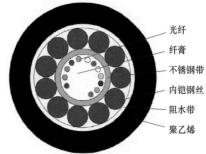

图 2-7　光纤单元结构图

（图注：光纤、纤膏、不锈钢带、内铠钢丝、阻水带、聚乙烯）

二、结构参数

海缆专用光纤单元与一般光缆所用光纤不同，需要高强度、大长度、低损耗光纤。在设定多用光纤筛选水平时，首先考虑的因素是敷设时的伸长性能，尽量提高光纤单元抗拉性能，因此海底光电复合缆中的光纤宜选用能承受较高强度、较大筛选应变的光纤。光纤单元中光纤余长的设计在一定程度上决定了光电复合缆的拉伸性能。考虑到光电复合缆的使用环境、敷设要求以及不同电压等级、截面产品的情况，根据光电复合缆可能的最大应变设计合适的光纤余长，确保光电复合缆在受到最大应变时光纤不受力，不影响光通信传输性能。舟山 500kV 海缆选用的光纤结构参数见表 2-10。

表 2-10　　　　　　　　　舟山 500kV 海缆选用的光纤结构参数

结构参数	单位	标称值
光纤芯数	芯	12（10G.652D+2G.655）
不锈钢管厚度	mm	0.25
光纤单元外径	mm	2.7
内铠钢丝	mm	1.0×11
阻水带厚度	mm	0.2
高密度聚乙烯护套厚度	mm	1.0
外径	mm	7.1
空气中质量	kg/km	109
海水中质量	kg/km	68

三、技术参数

海缆中应用的光纤单元通常需要特殊考虑光纤单元的力学性能，光纤单元保护管一般采用不锈钢管作为保护材料，不锈钢管厚度为 0.2mm 或 0.3mm。利用激光焊接设备将不锈钢带焊接成内有光纤的不锈钢管，在线配有余长控制、张力控制及检测等设备，以保证光纤的衰减性能和不锈钢管的质量。在不锈钢管中填充阻水膏可以有效地保护光纤，使光纤免受潮气和水分浸入，并使得光纤单元在海缆短路时能承受较高的热效应温度，使光纤的传输性能等不受影响。同时，由于阻水膏具有良好的触变性，当光纤单元受到弯曲、震动等外力作用时，阻水膏在外力作用下迅速下降，膏体软化，缓冲应力，对光纤起到保护作用。舟联工程 500kV 海缆选用的光纤技术参数见表 2-11。

表 2-11　　　　　　　　舟联工程 500kV 海缆选用光纤技术参数

技术参数	单位	标称值
最小断裂负荷	kN	13
瞬时拉力标称负荷	kN	9
正常操作标称负荷	kN	4
永久拉伸标称负荷	kN	2
最小弯曲半径	m	0.5
允许拉伸力	N	长期 600，短期 1500
10cm 允许侧压力	N	长期 300，短期 1000
工作温度	℃	−10～+40
操作温度	℃	−15～+45
存储温度	℃	−30～+60

2.8　舟联工程 500kV 海缆结构

经过上述选型分析，确定了舟联工程 500kV 海缆结构参数见表 2-12。

表 2-12　　　　　　　　舟联工程 500kV 海缆结构参数

序号	结构名称	材料	标称尺寸
1	阻水铜导体	紧压圆形阻水铜导体	1800mm²
2	导体屏蔽	挤出超光滑屏蔽料+半导电带	2.6mm

续表

序号	结构名称	材料	标称尺寸
3	XLPE 绝缘	超洁净 500kV 海缆专用料	31.0mm
4	绝缘屏蔽	挤出超光滑屏蔽料	1.5mm
5	缓冲阻水层	半导电阻水包带	3.0mm
6	合金铅套	E 合金铅	4.1mm
7	PE 护套（内护层）	沥青+PE 护套	4.0mm
8	光纤单元填充	填充	
9	光纤单元	光纤单元	
10	内衬层（铠装垫层）	PP 绳	
11	铜丝铠装	圆铜丝	6.0mm
12	沥青+ PP 绳外被层	沥青+两层 PP 绳反向绕包	

舟联工程 500kV 海缆截面结构图和实物截面照片如图 2−8 所示。

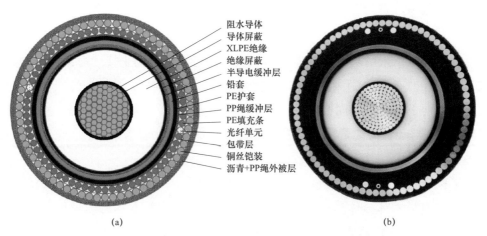

阻水导体	
导体屏蔽	
XLPE绝缘	
绝缘屏蔽	
半导电缓冲层	
铅套	
PE护套	
PP绳缓冲层	
PE填充条	
光纤单元	
包带层	
铜丝铠装	
沥青+PP绳外被层	

(a)　　　　　　　　　　　　　　　　(b)

图 2−8　舟联工程 500kV 海缆截面结构图和实物截面照片

（a）截面结构图；（b）实物截面照片

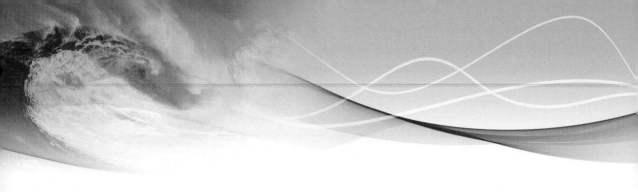

第 3 章
海底电缆附件选型设计

交联聚乙烯绝缘海缆的接头和终端是不可缺少的电缆附件,其中接头主要包括工厂接头和修理接头两种型式。海缆附件的研究和开发应与交联聚乙烯绝缘海缆研发同步开展。本章将从工厂接头、修理接头和终端三方面阐述 500kV 交联聚乙烯绝缘海缆附件的结构设计、主要材料的配方及制造工艺等。

3.1 工厂接头

工厂接头是指采用与海缆本体相同或相近的材料和结构来接续海缆的一种方式,一般都在工厂内完成。工厂接头区别于修理接头,具有柔性,其机械性能与电气性能应接近或等同于海缆本体原有的性能,外径与本体接近。一般都在压铅工序与铠装工序之间进行制作。在海缆成品上,工厂接头与海缆本体性能基本相同,无需在敷设过程中进行特殊考虑。

在结构尺寸方面,工厂接头的各部分结构尺寸与海缆本体接近。接头导体连接部分直径应与海缆本体导体直径相同。恢复的导体屏蔽应与本体海缆导体屏蔽光滑过渡。接头绝缘须采用与海缆本体相同的绝缘材料。恢复的绝缘屏蔽表面要求光滑、平整,与绝缘层贴合紧密。铅套层外径不应超过海缆本体铅套外径的 1.1 倍。

在机械性能方面,工厂接头需要与海缆本体一样承受在生产、倒缆以及施工敷设过程中的各种机械应力。对于导体截面积 800mm^2 以上的海缆,其工厂接头导体连接抗拉强度应不小于 170MPa;对于导体截面积 800mm^2 及以下的海缆,其工厂接头导体连接抗拉强度应不小于 180MPa。

在电气性能方面,工厂接头导体单位长度直流电阻应不超过海缆本体,导体屏蔽和绝缘屏蔽电阻也应与海缆本体相同。按导体屏蔽标称直径计算的标称电场强度和雷电冲击电场强度,与通过试验的海缆系统相应的计算电场强度相差不超过 10%。

3.1.1　工厂接头结构设计

一、工厂接头的设计要求

为满足工厂接头上述性能要求，其结构设计主要考虑以下几方面：一是导体连接方式的结构设计，保证导体具有良好的机械和导电性能；二是绝缘修复的结构设计应防止场强过于集中，并保证绝缘内部电场强度不大于海缆本体绝缘内部电场强度。对场强分布要考虑接头薄弱点，如恢复绝缘与本体绝缘的界面，在薄弱点附近场强不能过高；三是应综合考虑制造可行性来确定各层结构尺寸，以满足后续制造工艺要求。

舟联工程通过理论计算和仿真校核进行工厂接头的结构设计，并通过导体焊接试验、工厂接头试制试验等进行验证及优化，工厂接头结构示意如图 3-1 所示。

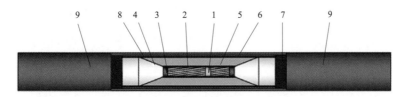

图 3-1　工厂接头结构示意图

1—导体焊接段；2—导体屏蔽恢复层；3—导体屏蔽预留层；4—新旧绝缘界面；5—绝缘恢复层；
6—绝缘屏蔽恢复层；7—绝缘屏蔽预留层；8—铅套、护套恢复层；9—电缆本体

二、工厂接头恢复绝缘长度取值计算及绝缘强度校核

1. 理论计算

挤包绝缘海缆的绝缘为挤出成型，挤出绝缘均匀，轴向和纵向承受电场能力基本一致，所以在设计新旧绝缘交界面形状和尺寸时，不是以控制轴向电场强度为出发点，而是要控制承受电场强度能力最差的恢复绝缘与本体绝缘之间交界面的电场。

图 3-2 为工厂接头绝缘界面结构示意图，理论新旧绝缘交界面曲线 L_c 为

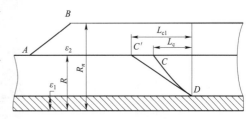

图 3-2　工厂接头绝缘界面结构示意图

$$L_c = \frac{1}{m}\left[p - q\ln\frac{r(1+p)}{R(1+q)} \right] \tag{3-1}$$

$$p = \sqrt{1 - m^2 R^2}\ ;\quad q = \sqrt{1 - m^2 r^2}\ ;\quad m = \frac{E_1}{U}\left[\ln\left(\frac{R_n}{r}\right) + (a-1) \right]\ln\frac{R_n}{R}\ ;\quad a = \frac{\varepsilon_1}{\varepsilon_2}$$

式中　　U——海缆接头承受的电压，kV，取 290kV；

$\quad\quad E_1$——新旧绝缘交界面上任意一点切向电场强度，取 3kV/mm；

$\quad\quad R$——海缆本体绝缘外半径，mm，取 58.7mm；

$\quad\quad R_n$——海缆恢复绝缘外半径，mm，取 62.0mm；

$\quad\quad r$——导体屏蔽外半径，mm，取 27.7mm；

$\quad\quad \varepsilon_1$——海缆本体绝缘相对介电常数；

$\quad\quad \varepsilon_2$——海缆恢复绝缘相对介电常数。

由于新旧绝缘交界面为曲线，现场很难操作，为方便起见，将曲面进行直线化处理，处理为直线的交界面长度 L_{c1} 为

$$L_{c1} = (R-r)\frac{q}{mr} \tag{3-2}$$

又由于恢复绝缘使用与本体绝缘相同的绝缘材料，故 $\varepsilon_1 = \varepsilon_2$，即 $a=1$，则 $m = \frac{E_1}{U}\ln\frac{R_n}{r}$。

由式（3-2）可算出：$L_{c1} = 130.6\text{mm}$，实际研发中取 $L_{c1} = 130.0\text{mm}$。

2. 仿真校核

应用仿真软件对工厂接头绝缘结构进行电场仿真，对工厂接头模型施加有效值为 290kV 的正弦电压激励，图 3-3 为工厂接头及海缆本体场强分布仿真结果，其中横坐标、右纵坐标为空间位置。

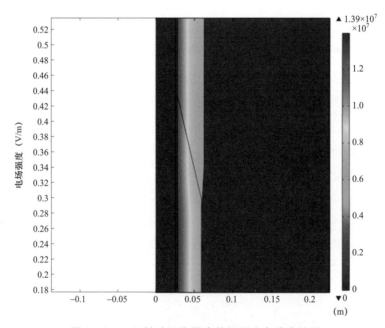

图 3-3　工厂接头及海缆本体场强分布仿真结果

3.1.2　工厂接头制作工艺

工厂接头制造包含多个复杂工序,工艺参数繁多,部分工序对环境控制要求严格,使用的工具都是根据制造要求设计的专用工具。为了保证工厂接头的性能和可靠性,在每个工序完成后都要依据规范进行检验,只有通过检验才会进行下一道工序。工厂接头制造工艺流程如图 3-4 所示。

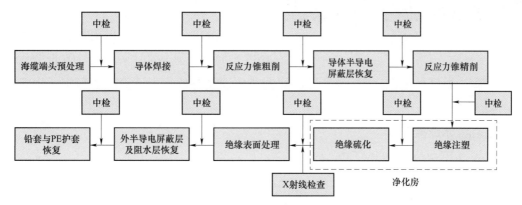

图 3-4　工厂接头制造工艺流程图

一、海缆端头预处理

海缆端头的预处理主要包括在海缆端头剥除适当长度的内护套、铅套以及加热矫直等工作。海缆端头加热矫直是工厂接头制作的一个重要工序,进行加热矫直主要考虑以下两方面原因:

(1)经过盘绕的海缆会出现一定的弯曲变形,这种弯曲变形会影响工厂接头的制作,即使是一些较小的弯曲变形也会影响工厂接头的绝缘偏心度。

(2)刚生产出来的海缆绝缘线芯,内部会有一些热应力残留。这主要是因为交联聚乙烯绝缘材料是一种结晶型聚合物,在绝缘挤出过程中,聚乙烯分子在加热的环境下受到剪切和牵引拉伸作用,使得聚乙烯分子的晶粒沿拉伸方向(轴向)尺寸增大、横向尺寸减小,有序性提高,结晶度提高,即聚乙烯分子发生取向,进而产生热应力。在交联和冷却过程中,这种热应力被保留在绝缘中。当受外界热量和机械力作用时,残留的热应力得到释放,使得结晶的分子链解取向,产生回缩的趋势。宏观表现为:生产出来的海缆绝缘慢慢轴向回缩,受热时更加明显。虽然除气工序会消除大部分热应力,但还是会有一部分热应力残留,这将严重影响工厂接头的制作。研究发现海缆的热应力残留与电树枝的引发具有正相关性,因此消除残余热应力对工厂接头的长期性能具有重要作用。

图 3-5 海缆矫直器

由于上述的原因，在工厂接头制作前，需要对海缆的端头进行加热矫直，一方面有助于工厂接头制作时绝缘偏心度的控制，另一方面也有助于消除海缆制造过程中残余的热应力。如果海缆弯曲变形较大，可先用海缆矫直器（见图 3-5）进行初步矫直，然后再进行加热矫直。

海缆的加热矫直，可采用加热带或者加热毯来加热保温，同时采用刚性笔直的角铁绑扎海缆，温度控制在（75±3）℃，配置热电偶及温控箱保证温度的恒定，保温时间在 8h 以上。

二、导体焊接

1. 导体焊接方式的选择

为保证工厂接头导体连接后的强度满足使用要求，需要充分考虑导体的连接方式，目前一般采用导体焊接工艺实现导体连接，焊接方式分为整体焊接和错位分层焊接，整体焊接又分为钎焊、放热焊、爆炸焊等。不同导体焊接方式特点比较见表 3-1。

表 3-1 不同导体焊接方式特点比较

导体焊接方式		焊接原理	优缺点
整体焊接	钎焊	通过将导体整体切断，然后通过乙炔和氧气的混合气体配合银钎焊条加热熔化导体达到整体连接的焊接方法	优点：① 焊接速度快，节省焊接时间；② 适用于小截面导体。 缺点：① 焊接处断面不易焊透，易出现夹渣、虚焊等现象，影响导体焊接强度；② 大截面导体不易焊透，焊接后外径比本体要大，影响外层结构接续
	放热焊	利用金属化合物化学反应热作为热源，通过过热的熔融金属直接或间接加热导体，在特制的石墨模具的型腔中形成整体焊接接头	优点：① 焊接点的载流能力（熔点）与本体相同，焊接前后的直流电阻变化率非常小；② 焊接相对比较简单，进行焊接时无需外接电源或热源。 缺点：① 需要配置专用模具和焊药；② 对于大截面导体焊接，焊接后强度仍不如分层焊接方式
	爆炸焊	爆炸焊是以炸药为能源，进行金属间焊接的方法。这种焊接是利用炸药爆炸时的冲击波，使金属受到高速撞击，在十分短暂的冶金过程中相结合	优点：① 爆炸焊接头常形成波状界面，结合强度高；② 适用于分割导体等大截面导体焊接。 缺点：① 爆炸焊需要以炸药作为能源，对操作人员操作水平要求较高；② 焊接后导体外径较大，不利于后续接头制作
错位分层焊		将两段导体固定在夹具后，端部切割整齐，逐层向内，每层取不同距离紧沿扎节距翻开，最终由里向外逐层焊接恢复导体	优点：① 分层焊接法导体焊接强度大，受力分布均匀，弯曲性能好；② 保证每一根铜丝被焊接，适用于各种截面和形状单丝的紧压圆形导体焊接，易于操作；③ 可保证每层单丝错位焊接，避免焊接处温度过高造成导体过度退火软化，降低导体拉力；④ 焊接后导体外径与本体相比几乎没有变化，便于后续结构恢复。 缺点：导体焊接时间相对较长

由表 3-1 可知，钎焊、放热焊和爆炸焊都是整体焊接方式的一种。整体焊接方式一般焊接外径较大且焊接强度不高，导体弯曲性较差，而错位分层焊为分步焊接方式，逐层焊接后焊接强度和弯曲性能较好，外径变化也不大。导体焊接一般均为热焊，焊接冷却后应打磨平整，清除表面毛刺、焊渣等杂质。

比较上述导体焊接方式，500kV 交联聚乙烯绝缘（XLPE）海缆导体由于截面较大，可选用放热焊和错位分层焊两种方式，图 3-6 为两种焊接方式现场图。通过对两种导体焊接方式进行对比试验，发现放热焊焊接速度快，热量影响时间短，但工艺控制较为复杂，需要考虑潮气、焊药配比和药量等因素，控制不好容易出现夹渣和气孔等缺陷。而错位分层焊虽然操作时间长，存在热量集聚并传导到本体绝缘的问题，但通过适当的循环冷却措施，可及时带走焊接产生的热量。通过拉力试验分析，发现错位分层焊样品的拉断力要显著高于放热焊样品，而且错位分层焊采用钎焊工艺，可以选用含银量高的焊材，降低焊点的电阻，因此选用错位分层焊接作为工厂接头的导体焊接方式是最优方案。

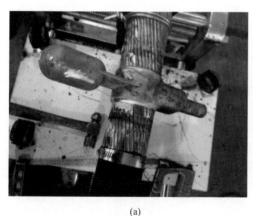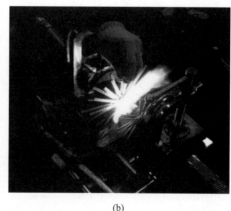

(a)　　　　　　　　　　　　　　　(b)

图 3-6　放热焊和错位分层焊现场图

（a）放热焊；（b）错位分层焊

2. 导体分层焊接步骤

首先进行导体开剥，使用专用的海缆绝缘剥除工具（见图 3-7）剥除一定长度的绝缘和屏蔽，露出导体。

导体焊接前，在靠近焊接点与本体绝缘间安装冷却水模，不断通过低温冷却水带走焊接产生的热量，保证与本体绝缘接触的导体温度不会超过绝缘的耐受温度。每层铜丝逐层翻开如图 3-8 所示，按图 3-9 所示对每层导体长度进行修剪，使每两层导体焊接后的焊点位置能够互相错开。

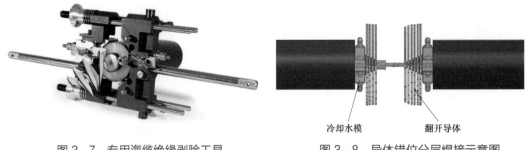

图 3-7 专用海缆绝缘剥除工具　　　　　图 3-8 导体错位分层焊接示意图

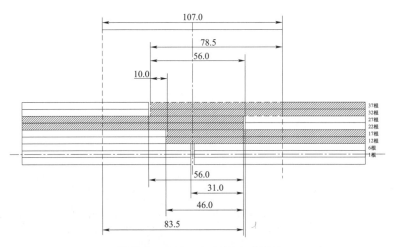

图 3-9 错位分层焊每层铜丝排布（单位：mm）

从里到外，先从最内层开始将翻开的导体按原先的绞合方向复原，两边导体间留
1～2mm 的缝隙，使焊丝熔体能够填充到缝隙中。每层导体焊接完成后需进行表面处
理，如图 3-10 所示，使焊点外径等同每层原有外径，从而使最终的焊接导体外径与
本体导体外径相同。导体表面经打磨后应光滑、圆整，无油污，无损伤绝缘的毛刺、
锐边及凸起。

图 3-10 焊接点表面处理

在导体焊接完成后需进行 X 射线检查,如图 3-11 所示检测是否有漏焊、气孔或者夹渣等缺陷。

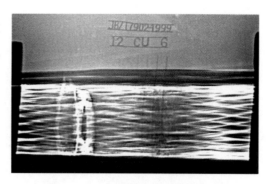

图 3-11　焊接导体 X 射线检查图

三、反应力锥粗削

反应力锥俗称"铅笔头",因其外表酷似削尖的铅笔而得此名。反应力锥的作用:一是增加本体绝缘与恢复绝缘的接触面积,增大两者的黏结力;二是本体绝缘与恢复绝缘界面的耐场强能力最弱,通过增大锥面长度,大幅减小沿着锥面的切向场强,可大大降低沿锥面击穿的可能性。当然锥面长度不是越长越好,要受到加工设备的限制,锥面长度过长也会增加出现缺陷的概率,因此需要权衡考虑各方面因素来确定锥面长度。

反应力锥的剥削采用专用的高压海缆主绝缘层削尖器,如图 3-12 所示。该设备能调节反应力锥剥削的角度和长度,设定好角度参数后,通过旋转切削绝缘。旋转的同时,刀头根据设定的角度不断提升高度,最终达到预设的反应力锥形状。这样不仅保证了反应力锥角度和长度的准确性,避免了由于操作人员不熟练、技术不过关造成的失误,而且大幅提高了工作效率。

绝缘剥削时,预留一段本体内屏蔽层,用于与恢复内屏蔽之间的过渡。预留的本体内屏蔽层端部削成锥形,提高恢复内屏蔽之间的黏结力。反应力锥剥削完成后,使用上述海缆绝缘层削尖器,在接头两端各剥除一段外屏蔽,并将外屏蔽端部削成锥形,如图 3-13 所示。通过削尖器剥削出来的反应力锥,还存在台阶状的刀印,需要进一步打磨。

图 3-12　高压海缆主绝缘层削尖器

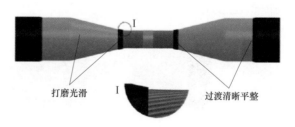

打磨光滑　　过渡清晰平整

图 3-13　反应力锥剥削

四、导体半导电屏蔽层恢复

导体半导电屏蔽层，是为了使线芯外表面电场均匀，避免因导体表面不光滑以及线芯绞合产生的气隙造成导体和绝缘发生局部放电。在交流海缆的工厂接头中，施加电压状态下，场强由内到外是逐渐减小的，内屏蔽与绝缘间的场强是最大的。在内屏蔽表面出现的突起、气孔最容易引起电场畸变，导致击穿，因此对内屏蔽的加工要求也是最高的，要保证内屏蔽表面的光滑程度以及恢复屏蔽与本体内屏蔽的良好过渡。

内屏蔽的恢复采用绕包后模压型式。由于屏蔽层厚度只有 1～2mm，采用绕包方式能够保证屏蔽层恢复的厚度均匀、偏心度小。包带由本体相同牌号的半导电材料制成，采用压延工艺，薄厚均匀，平整度良好，拉伸强度高。包带制作过程中严格控制温度，防止提前交联。

绕包时注意衔接好预留的本体内屏蔽接口，使用一定强度的均匀张力重叠绕包，绕包后包带应紧密包覆导体表面，无松散或翘起，包带重叠宽度应保持一致，如图 3 – 14 所示。

图 3 – 14 半导电包带绕包

绕包完成后，在绕包区安装哈夫型的压模，如图 3 – 15 所示。压模的内径与本体内屏蔽外径相匹配。压模含加热模块，加热温度在（125±5）℃，保温 2h 左右，一边加热一边拧紧压模上的螺栓，直至压模的上下模具紧贴在一起。保温结束后，慢慢冷却至室温，取下压模，检查内屏蔽表面应无气泡、杂质等缺陷。然后小心去除多余的飞边并进行精细打磨，直至内屏蔽表面光滑，并与本体内屏蔽表面平齐。为检验内屏蔽表面光滑程度，可采用粗糙度检测仪进行检测，如图 3 – 16 所示。

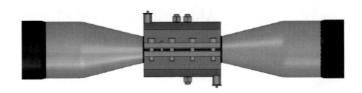

图 3 – 15 导体屏蔽模压恢复

图 3-16　恢复内屏蔽表面粗糙度检测

五、反应力锥精削

导体屏蔽恢复完成后，需对绝缘的表面包括反应力锥进行精削打磨。先用粗砂纸打磨，直至绝缘表面留下的剥削刀印消失，绝缘表面平滑，然后再用细砂纸进行打磨。要特别注意的是绝缘和内屏蔽的过渡段，一定要光滑过渡，如图 3-17 所示。打磨完成后使用无水酒精或专用的绝缘清洁纸擦拭绝缘及导体屏蔽表面，然后使用保鲜膜进行隔离，防止灰尘积聚。完成后，推动移动净化房，将接头区域置于移动净化房内。

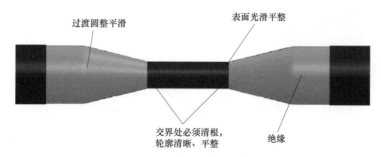

图 3-17　反应力锥精削示意图

六、绝缘注塑恢复

绝缘注塑恢复工序，是通过专用的挤出机将与本体相同牌号的绝缘料注入特制的绝缘注塑模具中，然后经过加温加压使恢复绝缘与本体绝缘间紧密融合。该工序是工厂接头制作过程中对环境净化要求最高的工序，为防止灰尘等杂质进入到绝缘中，需要在移动净化房中进行。

1. 绝缘注塑模具的设计

注塑模具是绝缘注塑恢复工序的一个关键装备，其设计包括流道设计、出气孔设计、温控设计、密封设计等。每个环节的设计都决定了注塑成品的好坏，比如：流道设计或出气孔设计不好，就会造成气泡卷入而无法脱出；温控设计不好就会造成注塑绝缘收缩不均匀，造成空洞；密封设计不好就会造成熔体压力无法提高。

注塑模具的示意图如图 3-18 所示，含四个均匀分布的加热模块，模具内置冷却通道，以利于精确控制温度，保证整个模具温度均匀，可保证良好的挤塑效果。增加了加强筋设计，使模具结构更加稳定不易变形。注塑口位于模具中部，形成对称式双流道内浇口设计，该设计可使绝缘注塑更加紧实，有效避免注塑过程中的气泡集聚。

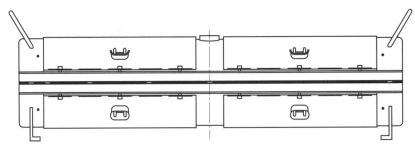

图 3-18　注塑模具示意图

2. 模具设计的仿真验证

通过基于有限元计算的流体动力学仿真验证模具设计的合理性。使用 Gambit 建立几何模型如图 3-19 所示，将工厂接头模具模型采用 1/2 对称进行分析。

利用 Polyflow 计算得到熔体注入流动过程，典型状态仿真结果如图 3-20 所示，计算

图 3-19　注塑模具模型建立

结果与模拟实验结果基本一致。

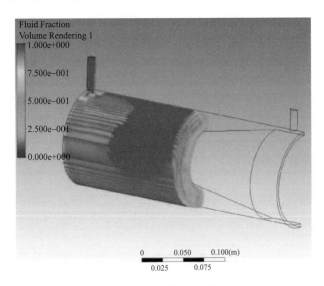

图 3-20　典型状态仿真结果

3. 模具设计的实验验证

为了验证注塑模具的流道设计及出气孔设计的效果，设计了透明的模拟模具，用可视化的方法进行模注过程的模拟，并进行观察和验证。

如图 3-21 所示，利用 RM-200A 转矩流变仪作为交联聚乙烯（XLPE）的熔融挤出设备，利用高强度石英玻璃作为工厂接头制作的模具，实现注塑过程的可视化处理。将整套石英注塑模具浸泡在 120℃ 的高温变压器油之中，保证注入过程的 XLPE 熔融状态。注入过程中保持转矩流变仪的转速为 120r/min，XLPE 在转矩流变仪以及注入通道过程中所要经过的四个温度区域均保持在 120℃。挤出前将变压器油加热至 120℃ 保持 1h，使浸泡在油中的整套模塑装置温度均匀。

图 3-21　工厂接头模塑模拟装置

交联聚乙烯注入流动的实际过程如图 3-22 所示，在上述条件下，挤出完成过程所需时间约为 30min。当 XLPE 从转矩流变仪中挤入到模塑装置中时，由于熔融状态下 XLPE 超高的黏度，使其紧贴在工厂接头的连接处，缓慢向四周扩散。注入过程转矩流变仪中 XLPE 熔融状态的压强约为 30MPa，在挤出过程中没有对线芯及内屏蔽造成视觉上的破坏。在度过初期对线芯单侧压力较大的过程后，XLPE 熔融流动，使线芯另一侧同样产生了支撑力，对线芯的支撑使线芯受力趋于均衡，挤出完成后熔体中无气泡残留。

4. 绝缘注塑工序操作步骤

（1）接头表面清洁。启动移动净化房空气净化系统，当内部的净化等级达到要求后，首先对接头表面所有位置进行进一步清洁。清洁完成后，使用 500 倍以上的高倍电子显微镜检查接头表面，清理观察到的杂质，直至所有杂质清理完毕，如图 3-23 所示，圆圈内为观察到的杂质。

图 3-22　交联聚乙烯注入流动的实际过程　　　　图 3-23　电子显微镜检查接头表面

（2）注塑模具装配。将注塑模具安装到接头注塑区域，调节模具位置使接头中心轴线与模具中心轴线重合，防止接头出现偏心。密封注塑模具，上紧螺栓，如图 3-24 所示。

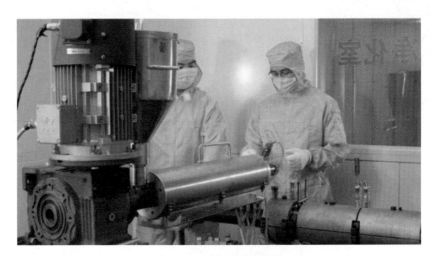

图 3-24　注塑模具装配

（3）模具预热。在绝缘注塑前，模具需进行预热，防止导体过冷导致注入的绝缘收缩，也可使恢复绝缘与本体绝缘获得更好的黏结效果。

（4）绝缘注入。同时开启挤塑机进行预热，预热完成后，将螺杆中的洗机料排出。连接模具与挤出机口，将绝缘料注入模具中。

（5）模具保温保压。待模腔内熔体压力达到规定压力时，停止绝缘料注入，按规定时间进行保温保压。

（6）模具冷却。保温保压结束后，关闭电源使模具缓慢降温，待模腔温度达到室温时，开启注塑模具。

（7）绝缘检查。绝缘表面应光滑平整，无凹陷或空洞等缺陷，用强光照射绝缘内部，无肉眼可见杂质或气泡，如图 3-25 所示。

图 3-25　注塑完成的绝缘表面

七、绝缘硫化

绝缘硫化与海缆生产时的硫化工艺相似，需要加热及氮气加压。温度控制在 170～240℃，保温时间不小于 8h，氮气压力保持在 1.5MPa。

1. 绝缘硫化模具

绝缘硫化模具采用了特制钢材，可使模具在高温时结构稳定，不易变形，其外形如图 3-26 所示。模具布置了 8 块环状均匀分布温控管，并提供了可与模温机匹配的接口，可将温度精度控制在 1℃ 以内。通过精确控温，使模具温度均匀分布，提高了硫化效果。在模具的两端设置了分体模块化设计的水冷套，使得在硫化时海缆端部不会因模具过热而变形。

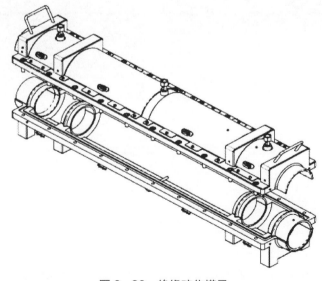

图 3-26　绝缘硫化模具

2. 绝缘硫化操作步骤

（1）在接头区域，组装硫化模，然后进行气密性检查，打入 0.8MPa 氮气，查看是否有漏气现象。

（2）加温开始硫化，达到保温温度后，调节氮气压力至 1.5MPa，进入保温保压阶段。

（3）保温保压时间到达后，让模具冷却至室温后，打开硫化模。

八、绝缘 X 射线检查

绝缘硫化完成后，需要通过检测确认接头处是否有偏心、杂质、气孔等缺陷，以保证绝缘恢复的质量。由于无法进行破坏性的检测，所以选择了 X 射线这种既对接头无害又可检测接头内部情况的检测手段。

针对 500kV 交联聚乙烯绝缘（XLPE）海缆工厂接头，X 射线检测结果需要满足以下要求：内屏蔽与绝缘界面处无大于 20μm 的微孔，内屏蔽与绝缘界面无大于 50μm 的突起，绝缘中无大于 75μm 的杂质、无大于 20μm 的微孔，工厂接头各界面无分层现象，工厂接头偏心度不大于 15%。图 3-27 显示的是工厂接头检测出杂质以及检测合格的情形。

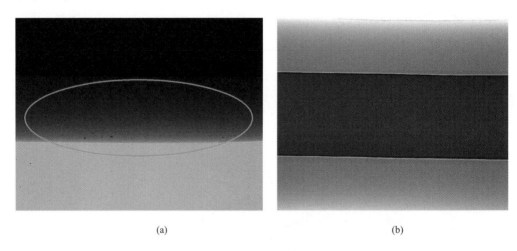

(a)   (b)

图 3-27 测试样本

(a) 检测有杂质；(b) 检测合格

九、绝缘表面处理

为达到设计的绝缘及应力锥结构，绝缘硫化完成后，需要将多余的绝缘切削，并对外表面进行打磨，如图 3-28 所示。

切削和打磨时需保证绝缘同心度。先使用粗砂纸进行打磨，然后使用细砂纸进行打磨，直至绝缘表面光滑、平整，可选用手工或者电动的打磨方式，如图 3-29 所示。

最后使用无水酒精或专用的绝缘清洁纸擦拭绝缘表面。

图 3-28　绝缘表面处理示意图

十、外半导电屏蔽层及阻水层恢复

外半导电屏蔽层，也称外屏蔽，外半导电屏蔽层与绝缘层外表面接触，且与金属套等电位，避免因海缆绝缘表面缺陷而与金属套发生局部放电。

外屏蔽的恢复采用绕包模压恢复，如图3-30 所示。包带由本体相同牌号的半导电材料制成，采用与内屏蔽包带相同的工艺制成。通过特制的加热装置，加温加压，在外屏蔽与绝缘融合的同时，完成硫化，如图 3-31 所示。绝缘屏蔽表面应无鼓包、气泡等缺陷。

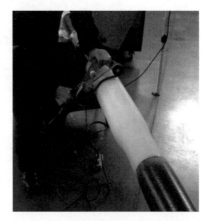

图 3-29　工厂接头绝缘外表面处理现场图

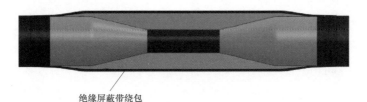

图 3-30　外屏蔽绕包恢复示意图

图 3-31　外屏蔽绕包加温加压

外屏蔽恢复工序是最容易出现问题的一个工序，研究发现交流耐压击穿发生在外屏蔽应力锥部位。这主要是因为外屏蔽应力锥部位处于形状起伏的过渡区域，对屏蔽包带的绕包和恢复造成影响，而且此处出现的外屏突起或杂质，容易引起电场的畸变。所以此处是工厂接头电气性能薄弱的点。

外屏蔽恢复完成后，绕包一层半导电阻水缓冲带，如图 3–32 所示。这有三个作用：① 在铅套焊接时，保护接头绝缘防止过热；② 起到纵向阻水的作用；③ 在海缆达到工作温度时，避免因工厂接头膨胀而破坏铅套，起到缓冲作用。

图 3–32　阻水层恢复

十一、铅套与内护套恢复

铅套的恢复采用氢氧气焊，因其具有火焰集中以及热量小的优点，可以有效避免对内部绝缘的影响。焊接的焊材使用与本体相同的合金铅。铅套恢复的方式有两种方案：① 在导体焊接前套入比工厂接头缓冲阻水带外径稍大的完整铅套，放在一边；② 将预制铅套纵向切割后套入接头，再进行纵向焊接。第一个方案是工厂接头铅套恢复的首选方案，其避免了纵向焊缝，减小了风险。第二个方案主要是在条件受限时使用，将套入的铅套与本体铅套进行环向焊接。焊接时，需控制焊接热量，防止绝缘烫伤。

内护套的恢复与铅套恢复相似，使用专用的熔接机，将预制套筒与本体熔接。

3.1.3　工厂接头关键装备

一、超高洁净净化房

1. 超高洁净净化房的结构及功能

工厂接头制作的部分工序，如绝缘注塑工序及绝缘硫化工序，对施工环境的要求非常严格，包括温度、湿度、空气洁净度都需控制在一定范围内。特别是 500kV 海缆的工厂接头制作,其施工环境标准接近一般外科手术的洁净度要求。因此绝缘注塑工序及绝缘硫化工序应在净化环境中进行,结合多次工厂试验结果并参考海缆绝缘生产环境要求,确定绝缘注塑工序及绝缘硫化工序的环境要求为:温度范围,20~26℃;湿度范围,不大于 70%;空气净化要求,空气中不小于 0.5μm 的粒子数不超过35 200pc/m³。

500kV 海缆工厂接头制作专用的超高洁净净化房,满足了工厂接头制作环境、操作便利性要求,如图 3-33 所示,可控制工厂接头制作时的环境温湿度以及空气洁净等级。净化房设计成可移动式,相对于固定式净化房,其优点在于避免了一些污染和高危工序的影响。一些处理工序例如剥削、打磨会产生大量的废料和尘埃,这对后期净化房内的环境清理造成很大负担。特别是一些金属和半导电材料的尘埃,如果积累在净化房中的缝隙或角落,在制作过程中又进入接头中,运行时就会引发放电而导致海缆接头击穿。同时海缆导体焊接时,会使用乙炔、氧气等易燃易爆气体,在有限空间中操作,不仅操作不便,危险性也大大增加,对人员安全保障压力很大。设计成移动式后,仅在需要净化环境的工序使用,在工序完成后撤出。剥削、打磨工序都在净化房外部进行,避免了对净化房内部的污染。导体焊接工序也在开阔的净化房外部进行,方便操作,避免了很多危险因素,对操作人员安全有保障。

图 3-33　超高洁净净化房

净化房由温度控制模块、湿度控制模块、空气净化模块、风淋模块、照明模块、移动操作间组成。

(1)温度控制模块,用于移动净化房温度控制,控制范围为 16~30℃。

(2)湿度控制模块,用于移动净化房湿度控制,除湿量为 288L/d,循环风量

$3000m^3/h$，相对湿度控制范围为 $10\%\sim90\%$。

（3）空气净化模块，用于移动净化房空气净化，含风机过滤单元 8 台，风量 $1800m^3/h$，风速 $0.45\sim0.6m/s$，含 $0.3\mu m$ LPC-301 激光型尘埃粒子计数器 1 台，过滤效率达 99.995%，空气净化等级可达到百级。尘埃粒子浓度范围为，粒径不小于 $0.5\mu m$ 的粒子数不超过 $3520pc/m^3$。

（4）风淋模块，用于移动净化房人和物料进入前的除尘，喷口风速不小于 $27m/s$，循环风量 $800\sim1000m^3/h$。

（5）照明模块，分顶部照明和底部照明，使海缆接头部位 360° 都达到可视亮度，便于接头部位细节的处理。

（6）移动操作间，长 3000mm，宽 4000m，高 3200mm。操作间前方中部位置开海缆槽，海缆可从开槽的侧边进入净化房，槽长 3000mm，槽宽 250mm，槽深 800mm。配置可开合盖板，在海缆进入后合上盖板，隔绝外部尘埃颗粒。操作间底部带万向轮，可实现移动。完成接头后，可通过推动撤出移动净化房，使海缆迅速进入下一道工序。移动操作间外部设置温湿度、空气洁净度数码显示，使相关人员在外部也能了解操作间内部的环境情况。

2. 超高洁净净化房的操作

（1）在完成工厂接头导体焊接以及反应力锥剥削和打磨后，打开移动净化房海缆槽盖板，将移动净化房向海缆方向推动，使海缆接头部位通过海缆槽进入移动净化房。海缆到达指定位置后，合上海缆槽盖板。

（2）将模具、挤出机等工具装备移入净化房，然后关闭所有门窗，使用专用除尘工具清理并擦拭净化房表面、海缆接头表面及工具装备表面，打开温度、相对湿度、空气净化模块，人员通过风淋通道撤出净化房。

（3）待一段时间后，净化房内部温度处在 $20\sim26℃$、相对湿度不大于70%及空气洁净度达到不小于 $0.5\mu m$ 的粒子数不超过 $3520pc/m^3$ 的范围时，操作人员着专用防尘服、口罩、鞋套及手套通过风淋通道进入净化房。操作人员在净化房的可控环境中进行模具安装、注塑、硫化等接头制作工序。

（4）接头制作完成后，撤出接头制作工具及装备，打开海缆槽盖板，往海缆相反方向推动移动净化房。待海缆接头移出净化房后，撤出接头两端的支架，海缆制作进入下一道工序。清理净化房，以备下一次使用。

二、X 射线高清无损检测系统

为实现工厂接头的无损检测要求，检测内部杂质、微孔、屏蔽突起的数量和大小以及考察工厂接头的偏心和界面融合情况，研发设计了一套操作性强、安全可靠、图

像灵敏度高、缺陷评定准确的 X 射线高清无
损检测系统，如图 3－34 所示。该系统主要
依靠 X 射线穿透物体并可储存影像的特性，
进而对物体结构及内部器件进行无损评价，
能有效地开展对产品研究、失效分析质量评
价、改进工艺等工作。

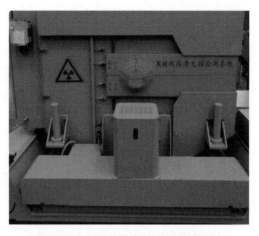

图 3－34　X 射线高清无损检测系统

　　X 射线高清无损检测系统由 X 射线源
系统、工业电视系统、图像采集及处理系
统、电气控制系统、机械传动系统、射线防
护系统及现场监控系统构成。其有以下几方
面特性：

（1）能够拍摄出工厂接头清晰的图像，能够清晰分辨出内屏、绝缘与外屏蔽层且
界面清晰。

（2）能够分辨出绝缘中不小于 20μm 缺陷、杂质、击穿形成的通道，能够分辨出
50μm 屏蔽与绝缘之间的突起，能够分辨出绝缘内的分层现象。图 3－35 为 X 射线高
清无损检测系统的分辨率测试卡测试结果，显示分辨率达到 20μm 以上。

图 3－35　分辨率测试卡测试结果

（3）可实现 360°全景无盲区测量，检测过程中无需移动海缆。

（4）检测样品直径范围为 $\phi15\sim\phi160$，单次检测范围大于 0.8m。

（5）底部配置移动小车，可实现自主移动。

（6）操作系统实现智能化，具备在被检测海缆安装完成后全自动检测功能。

3.1.4 工厂接头试验验证

工厂接头在制作过程中，同样需要进行电气、机械和环境性能方面的检测，以保证工厂接头的质量满足使用要求。在工厂接头的研发和生产制作阶段，需开展一系列试验验证，主要试验项目和检测指标与海缆本体一致，具体检测项目见表 3-2。

表 3-2　　　　　　　　　　　　　工厂接头主要检测项目

序号	检测项目	检测要求	检测设备
1		抽样试验（S）	
1.1	导体接头拉力试验	导体截面积≤800mm²，导体抗拉强度≥180MPa；导体截面积>800mm²，导体抗拉强度≥170MPa	微机控制拉力机
1.2	XLPE 绝缘热延伸试验	负荷下最大伸长率≤175%　冷却后最大永久伸长率≤15%	空气热烘箱
1.3	局部放电试验	无超过申明的灵敏度的可检出放电	局放耐压成套设备
1.4	交流耐压试验	580kV，60min，绝缘无击穿	
1.5	雷电冲击试验	1550kV，正负极性各 10 次，绝缘无击穿	冲击电压发生器
2		例行试验（R）	
2.1	局部放电试验	无超过申明的灵敏度的可检出放电	变频串联谐振试验系统
2.2	交流耐压试验	580kV，60min，绝缘无击穿	
2.3	X 射线检验	目视检查，接头处导体和绝缘是否有偏心、杂质、气孔等缺陷	多功能 X 光测试仪
2.4	工厂接头铅套外径检查	工厂接头恢复后铅套外径应不超过海缆本体铅套外径的 10%	游标卡尺
3		型式试验（T）	
3.1	绝缘厚度检查	最小厚度≥95%标称厚度，偏心度≤15%，接头处绝缘厚度与海缆本体的偏差不应超过本体的 10%	海缆结构全自动测量系统
3.2	导体接头拉力试验	导体截面积≤800mm²，导体抗拉强度≥180MPa；导体截面积>800mm²，导体抗拉强度≥170MPa	微机控制拉力机
3.3	工厂接头绝缘微孔、杂质及界面突起试验	半导电屏蔽与绝缘界面处无大于 0.02mm 的微孔、导体屏蔽与绝缘界面无大于 0.05mm 的突起、绝缘屏蔽与绝缘界面无大于 0.05mm 的突起	显微镜
3.4	接头径向透水试验	预先进行 10 次热循环，然后工厂接头经过 1MPa/48h 静水压透水试验，最终接头处无水渗入，金属套无不规则突起或变形	全自动水密试验装置
3.5	工厂接头（连同海缆）的机械型式试验	试样至少包括 1 个工厂接头，试验后试样应不产生以下损伤：① 海缆绝缘、金属套和内护套破坏；② 导体或铠装永久变形	微机控制拉力机

续表

序号	检测项目	检测要求	检测设备
3.6	局部放电试验（环境温度和高温下）	无超过申明的灵敏度的可检出放电	局放耐压成套设备
3.7	操作冲击电压试验	1175kV，正负极性各 10 次，绝缘无击穿	冲击电压发生器
3.8	雷电冲击电压试验	1550kV，正负极性各 10 次，绝缘无击穿	冲击电压发生器

由表 3−2 可知，除了与海缆本体相同的检测项目外，工厂接头还需要进行接头径向透水试验、导体接头拉力试验、导体焊接及绝缘无损检验等特有项目的检测。

一、导体接头拉力试验

相关海缆标准规定，导体截面积为 800mm² 及以下导体之间焊接的抗拉强度应不小于 180MPa，截面积 800mm² 以上导体之间连接的抗拉强度应不小于 170MPa。

具体试验方法为：截取焊接后的导体试样长度不小于 500mm，焊接处应靠近试样的中间部位，两端头用低熔合金浇灌。将试件夹持在试验机的钳口内，夹紧后试件的位置应保证试件的纵轴与拉伸的中心线重合。启动拉力试验机时，加载应平稳、速度均匀、无冲击，当试件被拉伸断裂后，读数并记录最大负荷，试验结果抗拉强度按下式计算

$$\sigma = \frac{F}{S} \tag{3-3}$$

式中　σ——导体抗拉强度，N/mm²；

　　　F——最大试验拉力，N；

　　　S——试样的标称截面积，mm²。

二、接头径向透水试验

工厂接头处需开展径向透水试验，以检验接头在最大水深时阻止径向透水的性能。海缆试样应尽量符合真实的安装状况，在试验前试样一般要经受张力试验或张力弯曲试验以及热循环试验以使试样受到适当的张力和径向膨胀。

具体试验方法为：

（1）从已经受机械试验的接头中取试样，采用电流加热，使导体温度达到 95～100℃。至少经受 10 次热循环，每次热循环包含 8h 加热和随后 16h 的冷却，在每次热循环结束前应保持导体温度至少 2h。

（2）在热循环过程中，对接头施加压力的部位进行水压试验。用封帽将接头试样的海缆两端密封，试样一端应置于专用压力容器内。试样浸入对应 100m 水深的加压水中，持续 48h，试验时压力容器内水温为 5～35℃。到达试验时间后，将试样从水

中取出，并解剖接头，目视检查接头内部情况。

试验后，工厂接头处应满足以下的检测要求：

（1）阻水隔离结构应无水浸入迹象；

（2）金属铅套无明显不规则突起缺陷。

三、工厂接头导体焊接及绝缘无损检验

在导体焊接完成时，可预先对每个工厂接头的导体焊接进行无损检验，观察导体焊接是否存在虚焊、金属夹渣等缺陷。同时，工厂接头的绝缘和屏蔽层恢复制作必须在千级净化室的洁净房内进行，控制洁净度，交联绝缘层制作完成后也需接受恢复绝缘的无损检验。检验恢复绝缘界面质量和可能存在的金属杂质的状况，以表明工厂接头质量完好。

常用的无损检测技术主要包括超声检测 UT、射线检测 RT、磁粉检测 MT、渗透检测 PT、涡流检测 ET。其中，磁粉检测和涡流检测主要适用于金属材料的缺陷检测。渗透检测需要在被测对象表面涂覆染料。超声波检测一般可检测各种物体内部缺陷情况，但输出显示一般为波形图像，不够直观。射线检测主要通过检测穿透性强的高能粒子射线的投射强度来实现内部结构检测的一种方法，一般通过照片成像反映物体内部结构，其中易于穿透物质的有 X 射线、γ 射线、中子射线三种，实际工程应用最多的为 X 射线和 γ 射线。因此，针对海缆导体和绝缘检测，通常选用射线检测方法进行，易于直接观测。常用的检测设备为全自动多功能 X 光测试仪，通过在线拍照检测，目视检查接头处是否有偏心、杂质、气孔等缺陷，检测现场如图 3-36 所示。目前国内海缆 X 光检测设备测量精度可达到 0.02mm，能够满足绝缘结构检测要求。

图 3-36 工厂接头 X 射线检测

3.2 修理接头

修理接头是一种用于海缆间接续的附件装置，是实现已完成铠装的海缆之间接续的一种接头型式。修理接头通常用于修复损伤的海缆，或用于连接两根近海或工厂内的交货长度海缆。根据工程需要，修理接头也可用作海缆系统的现成接头。

修理接头性能主要由电气连接、机械保护、防水密封三方面构成。与工厂接头不同的是，修理接头的导体一般采用压接方式实现连接。绝缘方面，与工厂接头的直接注塑方式不同，修理接头核心绝缘件类似中间接头，绝缘和屏蔽的恢复采用事先预制现场安装的方式，常用材料有硅橡胶和三元乙丙橡胶。机械防护方面，修理接头外套金属壳体加大强度。一般为不锈钢材料，壳体内注满防水胶实现密封。修理接头安装相对简便快速，主要用于故障海缆的快速维修，将海缆故障段截去，并用修理接头连接截断的海缆。500kV 交联聚乙烯绝缘（XLPE）海缆用修理接头主要技术性能及质量目标要求见表 3-3。

表 3-3   海缆用修理接头主要技术性能及质量目标

技术性能	质量目标
尺寸	满足预制式中间接头及海缆尺寸安装要求
机械防护性能	满足不少于 100m 水深维修布放时的吊装要求
	满足 8t 抗拉，缆芯及附件无位移，满足不少于 100m 水深要求
	外壳承受水压 1MPa 48h，无损坏变形
	满足 20 个周期热循环，外壳承受内部胶体热膨胀，无损坏变形，无胶体渗漏
水密性能	电气试验后，施加水压 1MPa 48h，接头区域无渗漏
电气性能	满足 GB/T 22078《额定电压 500kV（$U_m = 550kV$）交联聚乙烯绝缘电力电缆及其附件》全部电气性能要求

下面从结构设计、材料选型、电气连接设计、机械保护设计、防水密封设计以及安装流程等方面说明 500kV 交联聚乙烯绝缘（XLPE）海缆用修理接头的选型过程。

3.2.1 修理接头结构

500kV 交联聚乙烯绝缘（XLPE）海缆用修理接头结构主要由预制接头、防水外壳、AB 胶水、防弯器组成。修理接头整体结构图和实物图分别如图 3-37、图 3-38 所示。各部分承担不同的功能，预制接头主要起到恢复海缆接头部分的绝缘和均匀电场分布的作用，其主要由橡胶绝缘预制件、防水外壳以及填充胶水组成；修理接头的防水外壳主要起到接头部分的防水、机械保护，以及恢复海缆铠装之间的机械、电气连接的作用；AB 胶水是双组分胶水，当两种组分的胶水按比例混合后，在较短时间内会发生固化，在起到固定保护壳体内部组件位置的同时起到一定的防水防腐蚀作用；防弯器由锥形弹性体铸件以及带法兰的金属嵌件构成，其作用主要是对修理接头两端的海缆弯曲进行连续过渡，保护海缆，防止海缆过度弯曲。除此之外，对于含有多根复合光缆的海缆结构，修理接头处的光纤单元接续采用不锈钢外壳的光纤单元防水接头盒，可节约接头盒内部空间，将不同根光纤单元在一个接头盒内熔接。

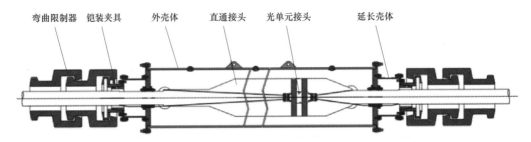

图 3-37　修理接头整体结构图

图 3-38　修理接头实物图

3.2.2　材料选型

根据 500kV 交联聚乙烯绝缘（XLPE）海缆修理结构设计指标要求，接头附件主要涉及 3 个部件的材料选型：绝缘材料、密封材料和防水外壳材料。

一、绝缘材料

交联聚乙烯绝缘电力海缆附件的发展与材料科学的发展是密不可分的,特别是绝缘材料的不断进步，是 500kV 修理接头附件产品成功开发的关键。市场上可以应用于高压海缆附件产品的绝缘材料主要为冷缩材料，其中三元乙丙橡胶、硅橡胶的材料性能参数要求见表 3−4。

表 3−4　绝缘材料性能参数要求

项目	单位	GB/T 22078 要求	
		三元乙丙橡胶	硅橡胶
硬度	HA	≤70	≤50
抗张强度	MPa	≥7.0	≥6.0
抗撕裂强度	N/mm	≥22	≥20
断裂伸长率	%	≥300	≥450
永久变形率	%	≤40	考虑中
常温体积电阻率	$\Omega \cdot cm$	$\geq 1.5 \times 10^{-15}$	$\geq 1.0 \times 10^{-15}$
交流耐压破坏场强	kV/mm	≥25	≥25

由于 500kV 交联聚乙烯绝缘（XLPE）海缆修理接头附件所用的材料在击穿场强上要求较高，因此在结构设计中，要尽量降低最大工作电场强度；而在制造过程中，要尽量提高材料的最小击穿电场强度。

舟联工程最终选用高温硫化液体硅橡胶作为绝缘预制接头材料，高温硫化液体硅橡胶充分弥补了室温胶和固体胶的缺点，同时又非常好地继承了硅橡胶的优点。随着高温硫化液体硅橡胶在海缆附件应用日益广泛，海缆附件厂和硅橡胶材料厂不断地沟通和改进，现阶段的高温硫化液体硅橡胶材料更加适合于高压海缆附件产品的生产制造。国外已经成功地将高温硫化液体硅橡胶材料应用到了 400、500kV 海缆附件产品。而国内应用的最高电压等级为 220kV，通过超过 5 年时间的生产验证，高温硫化液体硅橡胶材料在 220kV 电压等级下使用安全可靠。通过 500kV 海缆结构的场强计算，在同等截面积下海缆绝缘表面场强升高小于 5%，所以从场强方面考虑高温硫化液体硅橡胶材料应用于 500kV 海缆附件产品应该有足够裕度。对于 500kV 海缆修理接头，具有以下特点的高温硫化液体硅橡胶材料是很合适的：

（1）电气性能好。高体积电阻率、高击穿电压、低介质损耗，还有优良的抗电弧性能。

（2）优良的机械物理性能。良好的抗张强度、断裂伸长率和抗撕裂性能，使其可以满足冷缩安装的要求。

（3）憎水性。漏电起痕可以达到 4.5kV 级，具备优良的抗污闪性能。

（4）永久变形小。可以保证应力锥与绝缘界面有持久稳定的压紧力。

（5）耐高低温性好。可以在 −45～200℃ 范围内正常使用。

（6）加工性好。液体硅橡胶可以根据保证材料的其他性能无变化的情况下对黏度进行适当调整，使其加工性能符合产品的要求。

高温硫化液体硅橡胶的电气性能基本参数要求见表 3−5。

表 3−5 高温硫化液体硅橡胶的电气性能基本参数要求

基本电气性能参数	要求
冲击击穿强度	≥45kV/mm
常温体积电阻率	≥$1.0 \times 10^{-15}\Omega \cdot cm$
工频击穿强度	≥23kV/mm
寿命指数	18 以上

二、密封材料

根据耐高温（90℃）、抗永久变形、加工性能等因素考虑，500kV 修理接头的密封件材料从聚氨酯、氟橡胶、丁腈橡胶之间选择，分别用这 3 种材料制作了密封垫片进行验证，硬度选择 65A 和 75A 两种。经试验验证，最终选择硬度为 75A 的氟橡胶作为密封材料。

三、防水外壳材料

为适应海洋环境，选用耐腐蚀较好的 316L 无磁不锈钢作为修理接头机械保护外壳的材料。

3.2.3 电气连接设计

整体预制型接头是 500kV 及以下中间接头应用最多的产品，如图 3−39 所示，产品结构已经十分成熟。该产品绝缘件在工厂内整体预制成型，现场安装方便快捷。整体预制结构产品，出厂前可以进行出厂例行试验，对产品质量是有力的保障。

一、修理接头电气参数要求

500kV 交联聚乙烯绝缘（XLPE）海缆修理接头的基本电气性能参数见表 3−6。

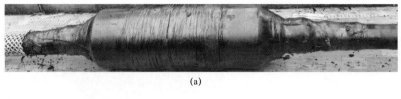

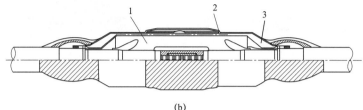

图 3-39 整体预制型接头及剖面图

（a）实物；（b）剖面图

1—整体预制件（应力锥及中心电极预制成型）；2—保护铜壳（采用铅锡焊接连接密封）；3—防水胶

表 3-6　　　　　　　500kV 交联聚乙烯绝缘海缆修理接头的基本电气性能参数

基本电气性能指标	参数
额定电压 U_0/U	290/500kV
最高工作电压 U_m	550kV
导体工作温度	90℃
局部放电性能	在 435kV 下应无超过申明灵敏度的可检测放电
操作冲击耐压	1175kV，正负极性各 10 次
雷电冲击耐压	1550kV，正负极性各 10 次
工频耐压	580kV，60min

二、修理接头场强设计

额定电压 U_0 下不同绝缘材料界面允许切向场强设计限值见表 3-7。

表 3-7　　　　　　额定电压 U_0 下不同绝缘材料界面允许切向场强设计限值

基本电气性能指标	参数
海缆绝缘与橡胶件界面切向耐压强度	1.8kV/mm
橡胶应力锥与橡胶绝缘界面耐用强度	23.0kV/mm

图 3-40 为利用有限元仿真分析计算得到的额定电压 U_0 下中间接头的总电位图和总电场分布图。

由图 3-40 可知：

（1）在额定电压 U_0 下海缆主绝缘与应力锥界面最高切向场强为 1.48kV/mm，整个界面电位分布较为均匀，满足设计要求；

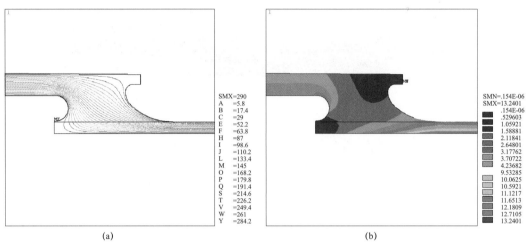

图3-40 预制接头在额定电压 U_0 下中间接头电场分析

（a）总电位图；（b）总电场分布图

（2）在额定电压 U_0 下橡胶半导电应力锥与橡胶绝缘界面最高总场强为6.02kV/mm，满足设计要求。

三、应力锥界面压力设计值及选取依据

在海缆修理接头等附件设计中，所有配合的绝缘材料中空气的绝缘性能最差，而空气一般作为外绝缘，保证足够大的绝缘距离。而其他绝缘性能都比较好，裕度比较大。而在内绝缘中，各绝缘材料之间形成的界面又是保证海缆附件可靠运行的关键因素。尽管两种固体材料之间紧贴在一起，也必定有气泡存在，而气泡的大小与它承受电场强度的能力有密切关系。

在均匀电场中，1mm 直径的气泡击穿场强 3.5kV/mm，而直径 0.1mm 的气泡击穿场强为 10kV/mm。一方面通过降低界面的切向场强，从而提高产品的绝缘水平；另一方面，提高绝缘材料表面的平整度和光洁度以及增大界面压力可以提升产品的绝缘强度。由试验认证，在一定的范围内，界面压力与界面的绝缘强度有敏感的关系，界面压力在 0.1MPa 时，界面击穿场强达到 3kV/mm；界面压力在 0.5MPa 时，界面击穿场强达到 10kV/mm。图 3-41 为交联海缆附件界面的绝缘强度与界面上所受压紧力的关系曲线，随着修理接头产品

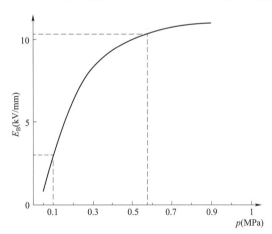

图3-41 交联海缆附件界面的绝缘强度（击穿场强）与界面上所受压紧力的关系曲线

工艺的进步，产品的尺寸精度、同轴度以及光洁度的提高，绝缘耐压水平将更高。

表 3 - 8 为根据绝缘强度设计得到的 500kV 修理接头应力锥与海缆绝缘界面的设计压力值。

表 3 - 8　　　　　　　　　500kV 修理接头应力锥与海缆绝缘界面的设计压力值

内容	单位	修理接头
		应力锥与海缆绝缘界面
理论压力范围	MPa	0.2～0.5
设计压力（20℃）	MPa	0.31

3.2.4　机械保护设计

修理接头的主要作用就是为了修复和接续海缆，为保证接头在吊装和海底运行阶段不发生结构失效和损伤，同时能够应对复杂的海洋环境条件，绝缘预制接头外部需要有较好的机械防护性能，保障接头绝缘的电气连接性能稳定，承受长期水压荷载作用。机械保护设计的主要内容包括整体修理接头盒、保护壳体厚度及吊耳位置、吊装固定支架等结构的设计以及仿真试验的校核。

一、修理接头盒结构设计

500kV 交联聚乙烯绝缘（XLPE）海缆修理接头盒结构图如图 3 - 42 所示。其中，中段部分是海缆修理接头保护壳，分别由左、右筒体组成；修理接头两端是承载钢丝的钢丝压板，该钢丝压板与法兰相连，为安装方便及安装时不产生影响海缆接头性能的位移，采用法兰作为修理接头盒的铠装层与接头盒之间的连接装置；接头外端与防弯器相连接，用于保护海缆不发生弯曲失效；修理接头保护壳的内部附有铜体保护壳及法兰，该法兰和铜体保护壳用于防水、密封以及保护里面的预制件。修理接头在安装和运行过程中将受到各种外载荷的作用，这些外载荷主要包括防弯器末端海缆产生的拉弯载荷，作业过程中静水压力和水动力载荷。在实际过程中，法兰与铜体保护壳仅起到密封作用，不直接承受外力作用，故机械设计分析中可忽略。

海缆修理接头在安装过程中会受到海缆两端产生的拉力、自身重力及吊绳拉力，海缆施加于接头上的拉力由钢丝压板承受。修理接头两端防弯器仅为防止接头端处海缆产生过度弯曲，引起海缆曲率过大而损坏。接头构件均由 A4 - 70 螺栓连接，抗拉强度和屈服强度分别达到 800MPa 和 600MPa，保证了修理接头连接的可靠性。

二、修理接头盒结构校核

为了验证 500kV 交联聚乙烯绝缘（XLPE）海缆用修理接头设计结构方案的可行

性，对接头整体进行了有限元力学仿真分析。

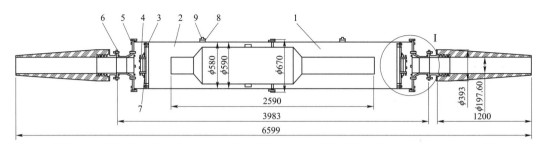

图 3-42 修理接头盒结构

1—右筒体；2—左筒体；3—法兰 1；4—密封压板；5—法兰 2；6—钢丝压板；
7—电缆密封圈；8—进料口；9—密封盖

采用仿真软件建立修理接头三维模型，分析其安装、运行、极限工况下是否会产生结构失效。表 3-9、表 3-10 分别给出了修理接头外壳材料 316L 不锈钢材料参数和海缆等效材料物理参数。整个修理接头网格划分如图 3-43 所示。

表 3-9 　　　　　　　　　　316L 不锈钢材料参数

密度 ρ （kg/m³）	弹性模量 E （MPa）	泊松比	最小屈服强度 SYMS （MPa）	极限抗拉强度 σ_a （MPa）
7980	200 000	0.3	170	485

表 3-10 　　　　　　　　　　海缆等效材料物理参数

密度 ρ （kg/m³）	弹性模量 E （MPa）	泊松比	最小屈服强度 SYMS （MPa）	极限抗拉强度 σ_a （MPa）
1200	1100	0.35	55	70

图 3-43　修理接头网格划分示意图

1. 修理接头载荷分析

海缆在维修过程中通常由起吊系统吊放于船体甲板上，修复的海缆需要调整到水平位置。修理接头在吊放过程中将会受到海缆的水平和竖直方向拉力。接头法兰处与伸出防弯器海缆两端均由起吊绳索同步吊放，避免海缆产生过大弯曲，破坏修理接头。修理接头的起吊点位于钢丝夹板处，分析中将制丝夹板处的 y 向固定。吊放接头时因吊放速度增加或减小而存在竖直方向的惯性载荷。图3-44表示修理接头在安装过程中所受到的组合载荷示意图。其中，水平载荷与竖直载荷作用于钢丝压板端面处,悬跨段海缆在自身重力作用下对抢修接头产生弯曲效应。

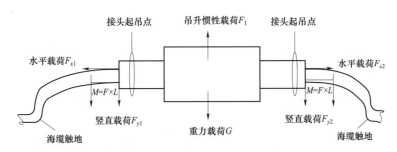

图3-44 海缆修理接头受力示意图

2. 工况计算

舟联工程500kV海缆用修理接头实际应用水深为50m,接头保护壳厚度为5mm,接头保护壳与内部海缆之间由高分子材料灌胶填充。为了使计算结果保守,建立的修理接头模型内部无填充物。

（1）安装工况。

修理接头通常由起吊系统竖直吊放于水下，该安装过程中接头处于水平位置，接头两端将会受到海缆铠装钢丝的拉力作用，考虑到修理接头吊放速度的不一致性，则在接头处施加一个惯性力。修理接头安装工况下受力荷载与边界条件如图3-45所示。

图3-45 修理接头安装工况下受力载荷与边界条件

　　由仿真计算结果可知，修理接头在组合载荷作用下的形变位移云图如图 3-46 所示，接头两端发生最大变形位移为 0.277mm。图 3-47 所示为修理接头等效应力分布云图，修理接头最大应力为 141.2MPa，应力极值点位于钢丝压板与法兰连接处。结果表明，该修理接头在安装过程中可承受组合载荷作用。

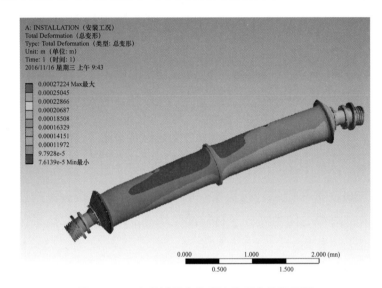

图 3-46　安装过程中修理接头形变位移云图

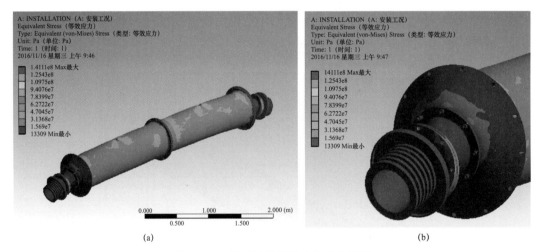

(a)　　　　　　　　　　　　　　　　　(b)

图 3-47　修理接头等效应力分布云图

（a）整体应力分布图；（b）最大应力点位置图

（2）运行工况。

修理接头正常运行时将敷设在海床上面，承受海水静压力以及海流对其作用力。

在实际应用中铺设在海床上的修理接头受到海缆张力很小,可不予考虑。为了应用安全性,假定修理接头在运行过程中受到海缆两端的张力,其方向为修理接头的纵向(轴向)。海流对修理接头的作用力等效为水平面 XZ 内的惯性力,设置动力放大系数为 1.5,水平面 XX 内的惯性力视为 1.5 倍接头盒重力。图 3-48 为运行工况下修理接头的加载载荷与边界条件示意图。

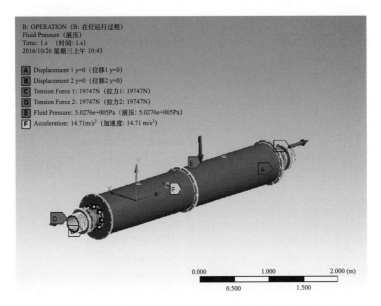

图 3-48　运行工况下修理接头的加载载荷与边界条件示意图

由仿真结果可知,修理接头在运行过程中的形变图如图 3-49 所示,修理接头等效应力分布及最大应力点云图如图 3-50 所示。由图可知,接头保护外壳(筒体)最大应力达到 108.6MPa,应力极值点发生在筒体进料口与密封盖连接处,所受应力亦可满足在设计水深下运行作业。在实际工程应用中,为了防止海水浸入修理接头内部腐蚀海缆及相应构件,该修理接头保护壳和海缆之间空隙由 AB 胶水填充,实际静水压力作用下外保护壳应力极值将低于 108.6MPa,所以修理接头能够满足功能性要求。

(3)极限载荷。

根据应用环境不同,修理接头承受组合载荷也将不同。评估修理接头的极限承受设计载荷对接头的应用安全性与可靠性尤为重要。根据 GB/T 21412.5—2017《石油和天然气工业　水下采油系统的设计和操作　第 5 部分:水下脐带缆》水下缆线和管道要求,该修理接头许用应力为 147.9MPa,故修理接头在最大抗拉与抗弯载荷作用下产生的应力不能超过 147.9MPa。利用 ANSYS 对修理接头做抗拉与抗弯载荷分析,评估其极限承受的设计载荷。

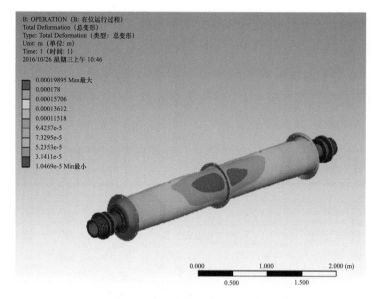

图 3-49　修理接头在运行过程中的形变图

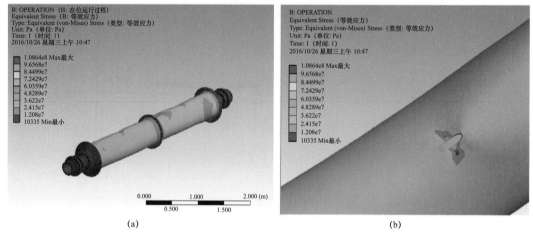

(a)　　　　　　　　　　　　　　　(b)

图 3-50　修理接头应力分布及最大应力点云图

（a）修理接头应力分布图；（b）修理接头最大应力点云图

根据有限元分析结果，图 3-51 给出修理接头极限抗拉载荷下最大应力点位置分析，图 3-52 给出修理接头极限抗弯载荷下最大应力点位置分析。由图可知，应力极值点均位于钢丝压板与法兰连接处，修理接头最大抗拉载荷为 32.8kN，最大抗弯载荷为 16.3kN。图 3-53 所示为极限弯曲载荷下接头形变位移云图，由图可知，修理接头两端在极限弯矩作用下的最大形变位移 0.29mm，接头法兰处变形位移为 0.12～0.19mm。

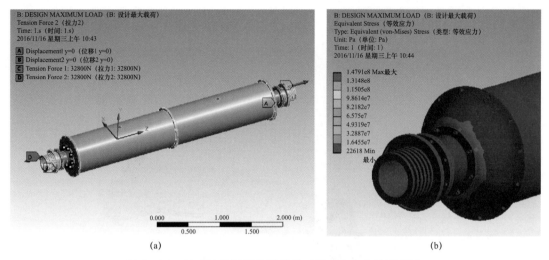

图 3-51　修理接头极限抗拉载荷下最大应力点位置分析

（a）最大设计抗拉载荷与边界条件示意图；（b）最大应力点位置云图

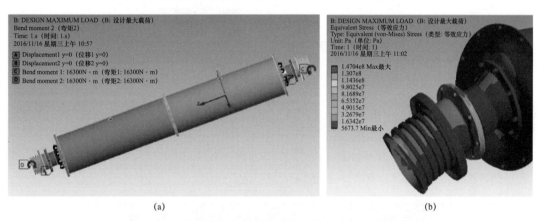

图 3-52　修理接头极限抗弯载荷下最大应力点位置分析

（a）最大设计抗弯载荷与边界条件示意图；（b）最大应力点位置云图

　　综上所述，修理接头在极限荷载恶劣工况条件下，修理接头壳体最大的变形位移不超过 0.3mm，相对于修理接头壳体的尺寸，基本可以忽略不计。结果表明，在海缆维修及正常运行过程中，修理接头壳体能够很好地防护内部海缆不受外载荷作用。通过设计计算，可知该修理接头壳体可承受最大抗拉载荷为 32.8kN，承受的最大抗弯载荷为 16.3kN，满足设计要求。设计的 500kV 交流海缆用修理接头壳体能应用于实际的海缆维修和铺设工作中，对海缆维修具有重要的作用。海缆修理接头可满足 50m 水深下各项作业的机械性能要求，符合舟联工程需求。

三、壳体厚度及吊耳位置设计和校验

　　附件吊装，应对接头盒壳体及吊耳进行机械仿真分析设计和校核，以确定接头盒壳体厚度及吊耳的位置。

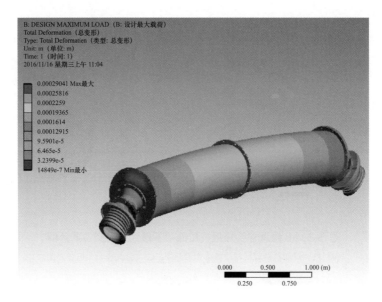

图 3-53 极限弯曲载荷下接头形变位移云图

约束：接头盒筒体侧面两点各自由度约束。

荷载：接头盒两侧（A、B）各 125kN（安全系数取 2.2），方向与约束点反向，接头盒等效应力分布云图如图 3-54 所示。

计算结果表明，接头盒保护壳体等效应力值范围为 666.02Pa～72.859MPa；等效形变位移范围为 2.0696×10^{-7}～1.0614×10^{-3}m。

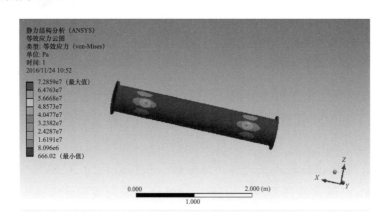

图 3-54 接头盒等效应力分布云图

通过仿真分析，接头盒筒体及吊装点的应力最大值远小于不锈钢材料的屈服强度，几乎无应变，能够满足 100m 及以下水深接头盒安装时的机械强度要求，满足舟联工程项目需求。

四、吊装固定支架机械设计

维修接头整体吊装时，对刚性固定支架进行设计及受力分析。维修接头盒在吊装布放时，由于海缆自重，需要在维修接头盒两端设有弯曲限制器，并使用专用的布放装置实施接头盒从甲板到海底的吊放，如图 3-55 所示。

图 3-55　弯曲限制器及布放装置

载荷施加情况为：两侧各 70kN，竖直向下（按照 100m 水深计算，安全系数取 1.3），弯曲半径为 5m。

根据仿真结果，布放时刚性固定支架等效应力云图和形变位移云图如图 3-56 所示，刚性固定支架等效应力范围为 $4.5162 \times 10^{3} \sim 2.2023 \times 10^{8}$ Pa，形变位移范围为 $0 \sim 0.017\,041$ m。

从分析结果可知，维修接头盒在施工布放时，钢支架的应力和形变位移都远小于所用材料的安全要求值。所以该布放装置能够承受 100m 水深情况下海缆施工布放时的拉力和重力，并且有效限制了海缆在维修接头盒端头处的过度弯曲，可使维修接头盒能够安全地从甲板吊放至海底。

接头盒两侧（A、B）各 70kN（安全系数取 1.3），计算每根铜丝平均受到的拉力，可知铠装铜丝受到的最大拉力为 30.9N，远小于其屈服强度（70kN），结果表明铠装层是安全的。

3.2.5　防水密封设计

由于海缆附件的特殊应用环境，舟联工程 500kV 海缆修理接头除了考虑电气性能和机械性能满足要求之外，防水密封设计也是关键设计指标之一。

从实现修理接头盒外壳机械密封的可行性考虑，一般可设计接头盒为圆筒形结构。修理接头防水方案由 5 道密封措施组成。第一道密封由外部筒体实现，修理接头采用全封闭筒体，在筒体拼接部位及筒体与海缆的连接处采用密封圈密封。第二道密封由筒体内部充满的防水密封胶作为补充措施，密封胶填满外部筒体与内部铜壳及海

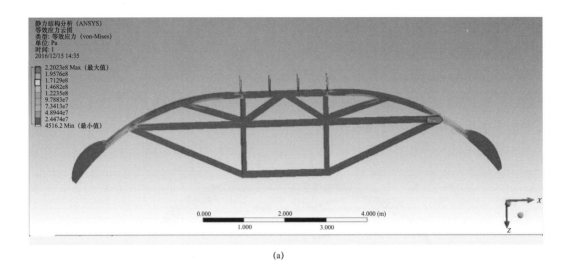

(a)

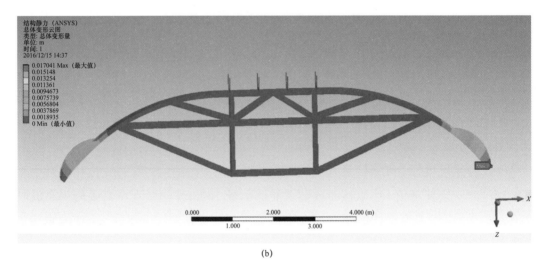

(b)

图 3-56 布放时刚性固定支架等效应力和形变位移分布

（a）刚性固定支架等效应力分布云图；（b）刚性固定支架总体形变位移云图

图 3-57 铅封工艺密封试验

缆的空隙。第三道密封由内部铜壳承担，铜壳所有连接部位采用密封圈密封，铜壳两端与海缆铅套使用铅封工艺进行密封处理，铅封工艺密封试验如图 3-57 所示。第四道密封由铜壳内部高压绝缘密封胶实现。第五道密封由预制绝缘件实现，预制绝缘件紧密包覆在海缆导体连接处，在绝缘线芯表面施加正压力，形成密封，防止水汽侵入。

3.2.6 安装流程

修理接头附件的现场安装工作是 500kV 交联聚乙烯绝缘（XLPE）海缆附件安全运行至关重要的一个环节，接头实际使用性能不仅取决于设计，很大程度上还取决于现场安装工作。而修理接头的安装，发生在海缆故障维修时，一般在船上进行操作。其流程一般如图 3-58 所示。

一、施工环境要求

修理接头安装前，需要对现场环境的温度、湿度和洁净房的制作空间等进行确认，保证满足现场接头安装的环境条件。

二、修理接头安装步骤和工艺

（1）海缆接头处铜丝需进行预处理，对海缆加热处理，去除应力。用加热带 80℃加温，然后矫直自然冷却，如图 3-59 所示。

图 3-58 修理接头流程

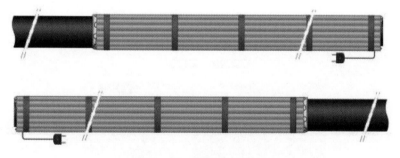

图 3-59 海缆加热矫直

（2）海缆接头处打磨处理，需按要求对海缆接头处进行打磨处理，如图 3-60 所示。

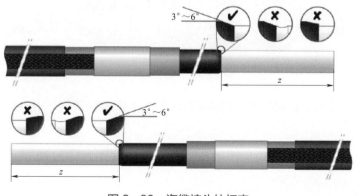

图 3-60 海缆接头处打磨

（3）将应力锥套入海缆长端并进行导体连接。此步骤较为关键，必须按要求严格保持现场清洁度、控制室温湿度，导体连接如图 3-61 所示。

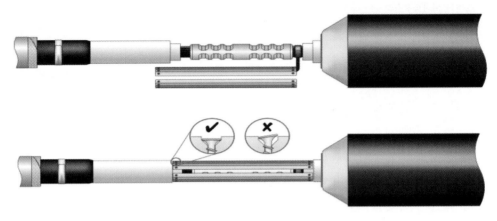

图 3-61　导体连接

（4）将应力锥套入处理好的海缆上，并用带材绕包使其恢复海缆本身结构。此步骤较为关键，必须按要求严格保持现场清洁度、控制室温湿度，如图 3-62 所示。

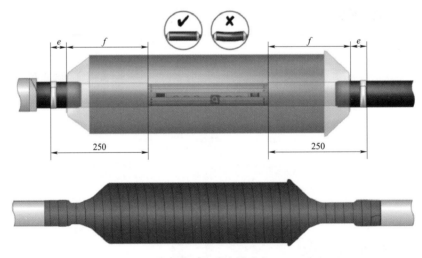

图 3-62　应力锥套入

（5）套上密封铜壳，铜壳和海缆铅套结合处进行铅封处理，并在铜壳里灌胶。如图 3-63 所示。

（6）使用专业的光纤熔接机连接光纤，并盘绕放置到特制的光纤接头保护壳。

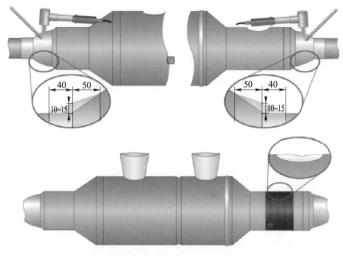

图 3-63　密封铜壳示意图

（7）修理接头保护壳体安装。依既定次序安装修理接头保护壳体的法兰、筒体、防弯器。

（8）将所配备的 A、B 胶水进行混合搅拌，以 A 液:B 液＝1:2 的比例进行混合，搅拌均匀后从保护筒上壳体的两个进料口倒入，胶水不宜过满，液体固化后盖上进料口盖子。液体未固化前严禁与水接触，确保施工现场通风。修理接头注胶示意如图 3-64 所示。

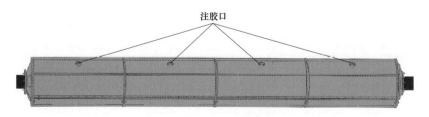

图 3-64　修理接头注胶

（9）完成以上步骤后，需采用光时域反射仪（optical time domain reflectometer，OTDR）对光纤通断和损耗进行测试。如条件具备，可对电单元的电气性能（绝缘电阻、电容等）进行测试。

按要求测试合格后，整个现场接头的制作工作结束。

（10）修理接头的敷埋。将预制的海缆下放专用吊具安装到海缆接头处，吊具长度不小于海缆接头长度，吊点分布保护筒上三到四个点，两边限弯器上各一个点，两边海缆各一个点。临时将接头安置于海床上，待整体线路通过竣工验收试验后，再将修理接头挖沟敷埋。

3.2.7　修理接头试验验证

修理接头的电气连接、机械保护、防水密封三方面性能一般可通过以下试验进行验证。

一、电气试验验证

按照 Q/GDW 11655.1—2017《额定电压 500kV（$U_m = 550kV$）交联聚乙烯绝缘大长度交流海底电缆及附件　第 1 部分：试验方法和要求》等标准对修理接头进行电气试验验证，试验结果见表 3–11。

表 3–11　　　　　　　　　电 气 试 验 验 证 结 果

序号	试验项目		试验要求	试验结果
1	局部放电试验		435kV 下应无可检测出超过背景的放电	435kV 下无可检测出超过背景（1.75pC）的放电符合要求
2	热循环电压试验及随后的局部放电试验*	电压 $2U_0$，8h 加热，16h 冷却循环	20 次，435kV 下应无可检测出超过背景的放电	20 次，435kV 下无可检测出超过背景的放电
		局部放电电压 $1.5U_0$，温度 95～100℃	20 次，435kV 下应无可检测出超过背景的放电	20 次，435kV 下无可检测出超过背景的放电，符合要求
3	操作冲击电压试验 95～100℃		1175kV，正负极性各 10 次应不击穿	1175kV，正负极性各 10 次均未击穿，符合要求
4	雷电冲击电压及随后工频电压试验	冲击电压，95～100℃	1550kV，正负极性各 10 次应不击穿	试验未击穿，符合要求
		15min 工频电压，室温	580kV，15min，应不击穿	试验未击穿，符合要求
5	操作冲击电压试验* 95～100℃		1240kV，正负极性各 10 次应不击穿	试验未击穿，符合要求
6	雷电冲击电压* 95～100℃		1675kV，正负极性各 10 次应不击穿	试验未击穿，符合要求

*　超出标准的附加试验，提升产品绝缘裕度。

二、机械性能验证

经过验算及仿真计算等完成产品设计后，为了验证设计和分析结果，对修理接头试样进行以下机械性能试验。

1. 修理接头拉力试验（厂内验证）

对修理接头与海缆的组合体施加 73.7kN 的张力，保持 15min，循环 3 次，抗拉试验如图 3–65 所示。由测试结果可知接头的伸长率为 0.5%，远小于标准要求。试验结果说明修理接头能够有效承载外部载荷，修理接头内部绝缘不受力。

图 3-65 修理接头抗拉试验

2. 修理接头张力试验（型式试验）

（1）试验标准。

按照 CIGRE TB 490：2012《系统电压 30（36）kV 以上至 500（550）kV 的大长度挤出绝缘交流海底电缆的试验推荐要求》规定，用作张力试验的取样长度约 53m（取样长度包含修理接头、两边的海缆本体在内的总长度），且不要求从卷绕试验的海缆上取出试样。海缆末端与接头的距离至少为 10m 或海缆铠装节距的 5 倍，取其中较大值。试验装置中一个海缆牵引头可自由旋转，另一个应固定。按照试验要求的张力 T_0 为

$$T_0 = 50G_0 \qquad\qquad (3-4)$$

式中 T_0 ——张力，N；

G_0 ——1m 海缆的重力，N。

施加经 15min 后测量两标志线间距，令其为 L_0。

施加张力至 1.1 倍张力弯曲试验的张力值，并保持 15min；然后测量标志线间的距离 L_{max}，并记录自由旋转牵引头的旋转数；最后应将张力降低至 T_0，再测量标志线间的距离 L_0。整个循环应进行 3 次，试验现场如图 3-66 所示。试验后应目测检验试样状况。

（2）试验结果。

修理接头张力试验结果见表 3-12。

图 3-66　修理接头张力试验（型式试验）

表 3-12　　　　　　　　　　　　修理接头张力试验结果

试验项目	试验要求	试验结果
修理接头张力试验	加卸载张力循环 3 次，试验后目测检验试样状况，海缆及接头附件位置均应无变形和损伤	检查修理接头处铜壳、密封处等位置状态，接头无变形和损伤现象，状态良好

三、防水密封性能验证

1. 试验标准

预处理后的试样浸入对应 100m 水深的加压水中（1MPa）。试验持续 48h，试验时水温为 5～35℃。

2. 试验结果

图 3-67 为修理接头现场解剖图。通过试验解剖结果，观察发现接头内部无水浸入迹象。表明 500kV 交联聚乙烯绝缘（XLPE）海缆修理接头防水密封工艺能够满足设计要求。

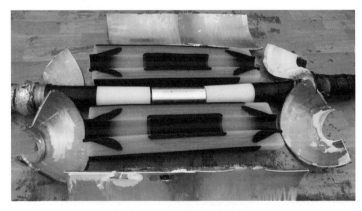

图 3-67　修理接头解剖图

3.3　终端

户外终端应用于海缆端部，用以改善因海缆结构变化导致的电场畸变情况，同时提供更优的电气性能、机械性能及环境适应性。充油式户外终端具有稳定的电气性能，在 220~500kV 交联聚乙烯海缆终端上广泛应用。户外终端主要结构形式有环氧座结构和欧式两类，如图 3-68 所示。两种户外终端结构优劣对比见表 3-13。

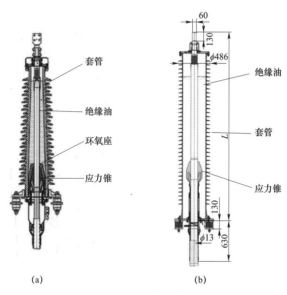

图 3-68　户外终端

（a）环氧座结构户外终端；（b）欧式户外终端

表 3-13　　　　　　　　　　　两种户外终端结构优劣对比

分类	优点	缺点
环氧座结构户外终端	结构具有成熟使用经验，具有安全可靠运行履历；应力锥与绝缘油通过环氧座隔绝，避免溶胀现象	结构复杂，对安装要求高；部件数量及界面多，电场分布影响因素多
欧式户外终端	结构简单，安装便捷；部件界面及数量少，电场分布简单明晰	需谨慎选择绝缘油与应力锥橡胶材料，保证相容性

经过表 3-13 两种结构的比选，舟联工程采用电场分布更加明晰的欧式户外终端进行对应，以保证更可靠电气性能。

500kV 交联聚乙烯绝缘（XLPE）海缆终端的研制需从结构设计、材料选型、内外绝缘设计、电场设计、安装流程等方面进行说明。

3.3.1 终端结构设计

终端结构采用应力锥、绝缘油及套管组合的型式，交联聚乙烯绝缘（XLPE）海缆终端具体结构如图 3-69 所示。

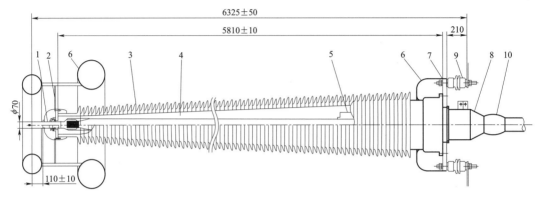

图 3-69 500kV 交联聚乙烯绝缘（XLPE）海缆终端结构（单位：mm）

1—导体连接杆；2—上部金具；3—瓷套管；4—绝缘油；5—应力锥；6—屏蔽罩；

7—法兰；8—保护金具；9—支持瓷座；10—防蚀层

3.3.2 材料选型

材料对海缆终端结构设计及尺寸起决定性作用，根据确定结构形式，主要涉及应力锥、绝缘油及套管 3 个部件的材料选型。

一、应力锥

应力锥材料选型主要考虑电气性能及机械性能两部分。

（1）电气性能。绝缘材料主要考虑介电常数、击穿强度及电阻率。介电常数决定着电场分布及应力锥尺寸形状，击穿强度决定电场设计中最大场强的设定；半导电材料主要考虑电阻率，保证其屏蔽效果。

（2）机械性能。包含弹性模量、抗张强度、抗撕裂强度、断裂伸长率、永久变形率等，特别弹性模量决定着其本身与海缆的过盈量及安装工艺（是否扩径及扩径率的设定等）。

交联聚乙烯绝缘海缆终端用的橡胶应力锥材料分为三元乙丙橡胶、硅橡胶两大类。参照表 3-4 绝缘材料性能参数要求中可知，在电气性能方面，两种材料均具备良好性能，满足实际产品运行要求。但在机械性能方面，相对三元乙丙橡胶，硅橡胶材料具有低弹性模量及高断裂伸长率，这使其自身与海缆的过盈配合提供稳定的界面压力成为可能，进而实现厂内预扩径工艺要求，减少现场安装时间提高安装的便利性。

硅橡胶与绝缘填充剂的长期相容性优于三元乙丙橡胶,在不考虑使用环氧隔离结构的情况下,优先采用硅橡胶作为应力锥材料,其基本参数见表 3-14。简明的电场分布设计及快速安装的便利性,更加有利于产品质量的控制。

表 3-14　　　　　　　　　　硅橡胶电气性能基本参数

项目	单位	性能参数
硬度	邵氏 A	≤50
抗张强度	MPa	≥6.0
抗撕裂强度	N/mm	≥20
断裂伸长率	%	≥450
常温体积电阻率	Ω·cm	1.0×10^{15}
AC 耐压破坏场强	kV/mm	≥25
寿命指数		18 以上

由以上参数可知,选定硅橡胶材料具有优良的电气性能及机械性能,并具备 18 以上的寿命指数(一般要求为 15 以上),可满足长期运行可靠性要求。

二、绝缘油

绝缘油的选取主要考虑材料间的相容性及电气性能。

1. 相容性

终端结构存在应力锥与绝缘油直接接触的情况,故在绝缘油的选取方面主要考虑应力锥硅橡胶材料与绝缘油的相容性,即是否存在溶胀反应。

从相容性方面考虑,绝缘油采用改性硅油。改性硅油是采用烷基改性的方法制备的,具有憎水性、防污性、耐高温性等特点,在满足电气性能要求的同时保证材料间的相容性。为验证材料的相容性,制备硅橡胶样片通过改性硅油与普通二甲酯硅油溶胀试验进行对比。

试验温度:120℃;样片尺寸:长 50mm,宽 25mm,厚 5mm。溶胀试验质量数据变化率试验结果见表 3-15。

表 3-15　　　　　　　　　溶胀试验质量数据变化率试验结果

参数	浸泡天数	专用变性硅油溶剂	普通二甲酯硅油溶剂
质量变化率	3	+1.9%	+17.6%
	7	+2.2%	+20.0%

从表 3-15 可看出,在 120℃浸泡温度下,7 天后该变性硅油浸泡下硅橡胶质量

变化率是普通硅油的约 1/10。由此表明烷基改性的变形硅油与硅橡胶的溶胀性低，且满足耐高温的特性，符合户外终端绝缘油的使用要求。

2. 电气性能

绝缘油的电气性能参照 GB/T 22078—2008《额定电压 500kV（U_m=550kV）交联聚乙烯绝缘电力电缆及其附件》中的要求，硅油的通用性能指标见表 3-16，选取改性硅油均满足标准要求。

表 3-16　　　　　　　　　硅油的通用性能指标

序号	项目		单位	性能指标
1	外观			无色透明、无杂质
2	动力粘度（25℃）	低粘度硅油	Pa·s	4～100
		高粘度硅油		800～1300
3	黏度最大变化率		%	±4.8
4	闪点		℃	>300
5	折光指数（25℃）			1.35～1.47
6	击穿电压（电极距离 2.5mm）		kV	>35
7	体积电阻率		Ω·cm	$>1.0×10^{15}$
8	挥发性（150℃，3h）		%	<0.5

三、套管

套管根据材料的不同可分为复合套管和瓷套管，其优缺点见表 3-17。

表 3-17　　　　　　　　　两种套管优缺点比较

项目	优点	缺点
复合套管	质量轻；外表面为硅橡胶，具有憎水性；产品故障无飞溅物产生	材料为有机材料，在紫外线、污染等环境下会加速劣化
瓷套管	材料为无机物烧结而成，性能稳定；耐腐蚀性能好；机械性能好	瓷套管爆炸时产生的碎片飞溅物，对周边设备及人员构成安全威胁；质量大，安装较困难

考虑海缆终端站位于近海，盐雾腐蚀严重，在电场作用下有机固体介质老化相较内陆会更加严重，原则上选择瓷套作为海缆的终端附件。此外，瓷套本身为无机物性能更加稳定，机械强度与长期老化性能也比复合套管好；同时综合考虑，安装变电站位置处于人员稀少地区，非人员密集区，采用性能更稳定的瓷套管作为舟联工程

500kV 交联聚乙烯绝缘（XLPE）海缆的终端附件。

3.3.3　内绝缘设计

充油式户外终端的内绝缘结构设计主要考虑套管内部各部件的界面及其本身材料绝缘强度与设计电场分布强度的匹配,保证各部位电场强度均在允许设计强度范围内。内绝缘设计主要为应力锥设计,匹配整个终端的电场分布。

一、应力锥设计

为应对海缆屏蔽剥除后屏蔽末端电场畸变,通过设置应力锥来改善电场分布情况, 如图 3–70 所示,HV 指高压端,Ins 为绝缘层。应力锥半导电部分与海缆界面的初始角度最优选择为 0°,但实际受限于生产,初始角度一般设置在 3°~7°。

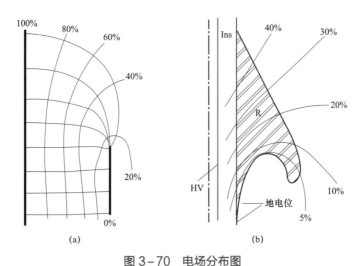

图 3–70　电场分布图

（a）屏蔽切断后电场畸变；（b）应力锥改善电场分布

应力锥的安装通常采用进口螺旋管厂内预扩径的方式,保证产品洁净度,避免异物的混入,安装示意图如图 3–71 所示。现场安装,需搭建洁净室控制空气洁净度,通过抽取应力锥螺旋管的方式快速安装,减少安装时间,降低异物混入概率。

图 3–71　采用螺旋管安装示意图

二、终端应力锥界面压力设计

应力锥与海缆界面电气性能取决于诸多因素，包含界面压力、界面表面粗糙度、界面有无异物、界面填充介质等。其中除去因安装导致的界面异物因素，界面残存的空气对界面电气性能影响为主要因素，故通过设定合理的界面压力来排除界面的气体即可大幅度地提高界面的电气性能。

（1）三元乙丙橡胶与硅橡胶材料应力锥对应界面压力区别。

终端应力锥的界面压力因应力锥材料的不同，设定数值也存在差异。三元乙丙橡胶材料因本身硬度较大，导致其材料应力锥与界面的贴合情况较差，故对海缆的表面粗糙度及界面压力相对要求较高，在终端结构中一般会辅助压缩装置保持界面压力，界面压力一般保持在 0.2MPa 以上。而硅橡胶材料具备较小的硬度及较好的弹性，其材料应力锥在较小的界面压力下即能较好地贴合与海缆绝缘界面，界面压力一般保持在 0.05MPa 以上。

（2）硅橡胶应力锥 30 年残余面压设计。

舟联工程户外终端应力锥采用硅橡胶材料，其界面压力如何控制形变而保持 30 年的使用寿命是应力锥设计的关键，必须综合考虑橡胶材料拉伸导致的松弛特性及配合过盈量的设定。一般设计硅橡胶材料应力锥与海缆界面压力初始设定维持在 0.1～0.25MPa 范围。

界面压力计算模型可将应力锥简化为圆筒厚壁模型，计算基于以下假定条件：

1）圆筒内部均布径向压力为 q；

2）纵向压力为零或外部平衡。

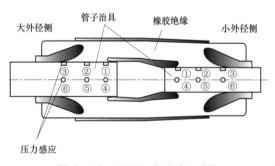

图 3-72 界面压力试验示意图

界面压力试验示意图如图 3-72 所示，通过试验获取应力锥与海缆匹配界面压力数据，进而确定调整系数，从而拟合出界面压力计算公式；同时根据不同界面压力下的产品进行电气试验，确定界面压力与试验电压之间的相关性。

根据 220kV 及以下电压等级的设计经验与橡胶的性能特性，根据对硅橡胶进行加热加速老化试验，获得不同温度下的应力残留率。运用阿伦尼乌斯公式，获得 70℃、安装运行 30 年后的应力残留率，通过不断地重复验证得出应力锥的设计概况。将初期的界面压力设计为某个范围，以保证 30 年后的界面压力保持在 0.05～0.09MPa。

由试验结果得出的硅橡胶 30 年后实际界面压力下降率如图 3-73 所示，根据初期的界面压力设计数据计算出 30 年后实际界面压力仍保持在 0.05～0.09MPa。由此可说明，橡胶虽然存在蠕变现象，但在 30 年使用寿命期间依然能够保持较高的界面压力，来保持电力系统的机械性能与电气性能。结果表明应力锥设计结构可满足实际使用需求。

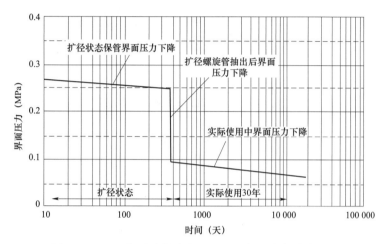

图 3-73　30 年后硅橡胶实际界面压力下降率试验结果

3.3.4　外绝缘设计

外绝缘为套管，其本身外形尺寸影响着产品整体及表面的电场分布，主要破坏形式为上下电极间贯通闪络，易造成停电事故。因此，舟联工程 500kV 海缆终端外绝缘设计主要考虑干弧距离、爬电距离、内外径尺寸匹配、屏蔽罩设计的要求。

（1）干弧距离。

绝缘套管干弧距离决定产品耐雷冲击特性。

考虑舟联工程位于近海重盐雾区域，选取干弧距离为 5455mm 套管（整体高度 5.8m），高于内陆一般采用的 4560mm 套管（高度为 5m），抗雷电冲击性能可提高约 20%。

（2）爬电距离。

爬电距离为套管上部法兰至下部法兰间伞裙表面沿面距离。

爬电距离的选用按照 GB/T 26218.2—2010《污秽条件下使用的高压绝缘子的选择和尺寸确定　第 2 部分：交流系统用瓷和玻璃绝缘子》的要求，污秽等级确定为 e 级，参照统一爬电比距（RUSCD）和现场污秽度（SPS）等级间的关系，如图 3-74 所示，确定 500kV 最小爬电距离需大于 17 982mm。

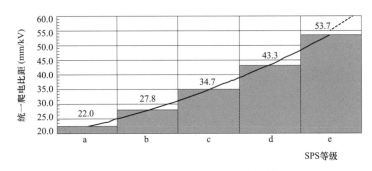

图 3-74　RUSCD 与 SPS 等级关系

因户外终端位于露天环境，套管表面会不断积污，导致其沿面闪络性能劣化，严重时会发生污闪。考虑舟联工程项目位于近海重盐雾区域，提高爬电距离至 21 389mm，整体爬电距离相较标准规定提高约 19%，比内陆设计提高约 10%。

（3）内外径尺寸匹配。

套管内外径尺寸与应力锥的相对位置，为套管表面场强分布影响因素之一。

终端底部应力锥附近套管表面为电场最集中区域，同时为界面气隙场强中法向分量较强区域。参照棒—板模型，在此处电场强度达到空气电离强度后，气体会首先电离形成电晕放电，电压继续升高或界面绝缘性能下降，放电会继续发展为刷形放电进而形成滑闪放电，最终贯通至高压电极形成沿面闪络。

根据以上分析，降低套管表面电场为提高外绝缘闪络电压的关键点之一。通过选取内径较大且高度较高的套管，能有效改善表面的电场分布。根据电场解析数据，新设计相较原内陆设计户外终端表面最大电场降低 32%。

（4）屏蔽罩设计。

选取适当尺寸的屏蔽罩形状，保证其表面电场强度在试验电压及运行电压下低于空气电离电场强度，可避免电晕情况的出现，减少电能损耗；同时可调整产品整体电场分布设计，降低其他部位电场强度。图 3-75 为有无屏蔽罩对电场分布的影响对比。

3.3.5　电场设计

根据舟联工程技术要求，舟山 500kV 海缆用户外终端设计的电气性能指标见表 3-18。

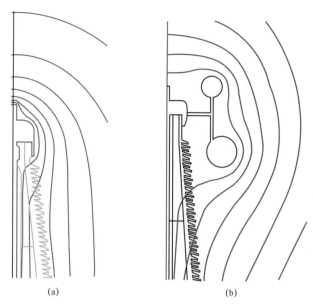

(a)　　　　　　　　　　　(b)

图 3-75　有无屏蔽罩对电场分布的影响对比

（a）无屏蔽罩；（b）有屏蔽罩

表 3-18　　　　　　　舟山 500kV 海缆用户外终端设计的电气性能指标

定 义	指 标
额定电压 U_0/U	290/500kV
最高工作电压 U_m	550kV
导体最高工作温度	90℃
局部放电性能	在 435kV 下应无超过申明灵敏度的可检测放电
操作冲击耐压	1175kV，正负极性各 10 次
雷电冲击耐压	1550kV，正负极性各 10 次
工频耐压	580kV，60min

经有限元仿真电场分析后，580kV 电压下终端各部位最大电场强度仿真数据见表 3-19。

表 3-19　　　　　　　580kV 电压下终端各部位最大电场强度仿真数据

标注	终端各部位	最大电场强度（kV/mm）
τ_1	下部金具表面	0.66
τ_2	套管表面	0.54
τ_3	应力锥外表面	2.31
τ_4	套管内部油面	0.46
τ_5	上部屏蔽金具表面	0.73

由瓷套管表面电场解析数据推算，500kV 交联聚乙烯绝缘（XLPE）海缆用户外终端在污秽状态、雨雾天气的闪络起始电压约为 730kV，相较实际运行电压 290kV 具有 2.5 倍裕度。结果表明 500kV 交流海缆用户外终端能够满足舟联工程电场设计要求。终端电场强度解析关键位置如图 3-76 所示。

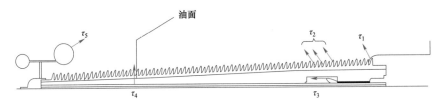

图 3-76　终端电场强度解析关键位置

τ_1—下部金具表面电场强度；τ_2—套管表面电场强度；τ_3—应力锥外表面电场强度；

τ_4—套管内部油面电场强度；τ_5—上部屏蔽金具表面电场

3.3.6　安装流程

海缆附件现场安装是 500kV 交联聚乙烯绝缘（XLPE）海缆附件安全运行至关重要的一个环节。附件性能不仅取决于设计，很大程度上取决于现场安装。500kV 交联聚乙烯绝缘（XLPE）海缆户外终端具体安装流程要求如下。

一、严格的施工环境

安装前，首先要确认现场环境的温度和湿度是否达到安装要求；然后搭建封闭式的安装棚架，采用双层篷布，棚架需搭建牢固，防风、防尘、防潮。在组装前，棚架内在铺设一层防静电薄膜，内装移动式空调，可以调节棚架内温度和湿度。进入棚架内的施工人员，需全部穿着一次性洁净服和劳保鞋，确保安装环境的洁净度。

二、户外终端安装步骤和工艺

（1）海缆铜丝预处理。海缆加热处理，去除海缆应力，如图 3-77 所示，用加热带 80℃加温，然后矫直自然冷却。

图 3-77　海缆加热矫直

（2）压接户外终端导体。参照图纸要求从导棒顶端量取海缆绝缘屏蔽断口位置，使用玻璃等器具按照工艺要求处理海缆绝缘屏蔽端口。需按要求对海缆屏蔽断口处绝缘进行打磨处理,示意如图 3-78 所示。

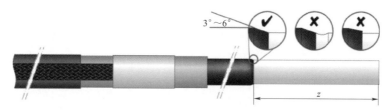

图 3-78　海缆绝缘打磨示意

(3)完成海缆绝缘处理后,搭建二次洁净室,待空气洁净度降低至万级洁净度后,套装应力锥至图纸规定位置,按照规定缠绕带材,如图 3-79 所示。

(4)安装前对套管进行清理及检查一次,对套管上下口进行密封;吊装套管到位后,下端固定螺栓,上部做好临时防护,防止异物混入。待下部固定完成,上部开始注油,注油至设计位置。套管吊装如图 3-80 所示。

图 3-79　应力锥下部缠绕带材

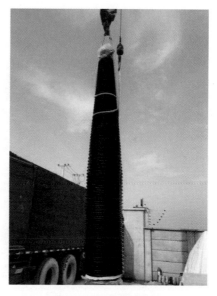

图 3-80　套管吊装

(5)安装上下部屏蔽金具、保护金具等,并进行接地连接,最终完成户外终端附件的安装。

3.3.7　试验验证

500kV 交联聚乙烯绝缘(XLPE)海缆产品开发完成后需进行试验验证,主要对其电气性能及长期可靠性能进行验证,比较重要的验证试验包括应力锥单体试验、整体局部放电试验和工频耐压试验。

一、应力锥单体试验

应力锥单体试验项目包含局部放电试验及耐压试验,试验参数及要求见表 3-20。

表 3-20 应力锥单体试验参数及要求

试验项目	指 标
局部放电性能	在 435kV 下应无超过申明灵敏度的可检测的放电
工频耐压	580kV/60min

试验中应力锥单体未出现局部放电与异常放电。

二、整体局部放电试验

套管生产采用分段烧结,再整体黏结成型。套管内壁黏结缝位置存在台阶及胶体,在绝缘油注入过程中,可能会形成气泡残留导致运行过程中放电问题,为此进行局部放电试验（简称局放试验）。局放试验线路及试验后的内壁检查结果如图 3-81 所示,具体试验参数见表 3-21。

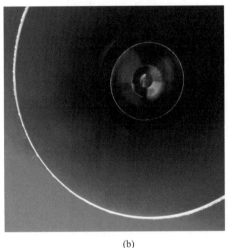

(a) (b)

图 3-81 局放试验及试验后的内壁检查结果

(a) 局放试验线路；(b) 试验后套管内壁检查无异常

表 3-21 整体局放试验试验项目及结果

试验项目	试验要求	试验结果
耐压前局放试验	电压升至 508kV（$1.75U_0$）保持 10s 然后慢慢降至 435kV（$1.5U_0$）保持 5min,在 435kV（$1.5U_0$）下无可检测的放电（在 5pC 或更优的灵敏度下）	未检测出放电（灵敏度 1.66pC）

试验项目	试验要求	试验结果
工频耐压试验	电压逐渐升压至 493kV（$1.7U_0$）保持 60min 未击穿，同步监测局放	未击穿，未检测出放电（灵敏度 1.66pC）
工频耐压后局放试验	电压升至 508kV（$1.75U_0$）保持 10s 然后慢慢降至 435kV（$1.5U_0$）保持 5min，在 435kV（$1.5U_0$）下无可检测的放电（在 5pC 或更优的灵敏度下）	未检测出放电（灵敏度 1.66pC）

试验完成后解剖套管，未发现放电痕迹。

三、短时工频耐压试验

针对舟山盐雾较重的运行环境，需测试产品在污秽条件下的闪络特性，对新产品进行短时工频耐压试验，如图 3-82 所示，试验结果见表 3-22。用户外终端耐受 1010kV，1min 未击穿、未闪络。经过试验验证确保舟联工程用户外终端闪络耐受能力提高 20%以上。

表 3-22　　　　　　　　　　　　　试 验 项 目 及 结 果

试验项目	试验要求	试验结果
短时工频耐压试验	海缆系统升压至 580kV，保持 5min，无闪络，则依次递增 10kV、保持 1min，直至出现终端外部闪络或升至 1000kV	1010kV 未闪络

 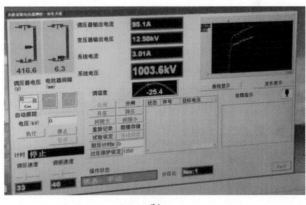

(a)　　　　　　　　　　　　　　　　　　(b)

图 3-82　终端试验现场及试验电压图

（a）短时工频耐压试验现场图；（b）升压过程电压

解剖产品，未发现放电痕迹，如图 3-83 所示。

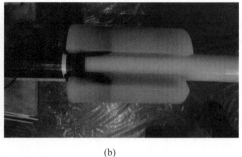

（a）   （b）

图 3-83　户外终端解剖分析

（a）户外终端解剖图；（b）应力锥切开后状态图

此外海缆终端作为海底电缆系统的一部分，通过了电力工业电气设备检验测试中心开展的型式试验、预鉴定试验，证明终端满足 500kV 交联聚乙烯绝缘（XLPE）海缆系统长期可靠运行性能要求。

第 4 章
海底电缆制造装备及工艺

　　500kV 交联聚乙烯（XLPE）绝缘海缆在生产制造过程中，需要经过多道工序的流转制造，500kV 单芯 XLPE 绝缘海缆生产工艺流程如图 4-1 所示。导体用铜单线拉制需要使用到铜大拉机，将铜杆拉制成指定要求的铜丝；阻水导体绞合使用框式绞线机和绕包机，将铜丝绞制成紧压圆形导体结构，导体内部填充阻水材料，最外层导体绕包半导电带；导体除潮和交联线芯除气采用专用旋转加热托盘；交联线芯生产采用立式连续硫化（VCC）交联生产线，实现导体外导体屏蔽、绝缘和绝缘屏蔽三层共挤，保证大长度 500kV XLPE 海缆线芯稳定生产；海缆线芯外金属铅套和非金属套挤制工序分别采用挤铅机和挤塑机设备实现连续生产；光纤复合和金属丝铠装都采用金属丝铠装机组实现；最终成品海缆存储设备则采用大型地转托盘承载，同时使用带存储托盘的专用敷设船进行水上运输。

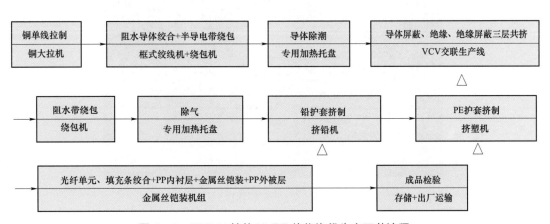

图 4-1　500kV 单芯 XLPE 绝缘海缆生产工艺流程

△—关键控制工序；VCV—立式连续硫化；PE—聚乙烯；PP—聚丙烯

4.1 制造设备

4.1.1 铜大拉机

单线拉制是对铜杆或铝杆施加牵引，经过多道拉丝模拉拔，使之产生塑性变形，截面积及外径减小，从而获得工艺需求尺寸的一种加工方式。拉丝工艺一般有圆线、型线、扁线等加工工艺，海缆导体用圆金属单线，需经多次拉伸，常用的设备是带连续退火功能的多模滑动式拉丝机，简称铜大拉机。典型铜大拉机如图4-2所示。

铜大拉机的特点是各中间鼓轮均产生滑动，鼓轮上一般绕1～4圈线材，在拉伸过程中，鼓轮各级转速不能自动调节，只能在停车时进行调整且不能改变各鼓轮的转速比。铜大拉机除最后一道，其余均存在滑动；除第一道外，其余均存在反拉力。

通常，第一道拉伸的延伸系数为1.4～1.6，用半成品做线坯时，第一道延伸系数可略低一些。线坯经第一道拉伸模以后，影响安全系数的因素大幅降低，这时可充分利用金属材料的塑性。应当特别注意的是，随着金属材料的变形硬化程度增加和线径的减小，其塑性不断下降，金属材料的内部缺陷和外部安全系数影响迅速增加，此时，各道模具的延伸系数应逐级递减，避免断丝现象。

图4-2 典型铜大拉机

在金属拉伸过程中，线材与模具不断地产生摩擦，温度升高，金属线材常与拉伸模具发生黏着现象，导致拉伸力增加，轻则单丝表面形成凹槽，线径缩小，重则造成单丝拉断。因此，必须在金属和模孔之间注入必要的冷却润滑液，确保拉制过程安全连续和单丝质量可靠。该拉丝机拉线轮形状有塔形和筒形两种结构。塔形结构的优点是拉线轮可以减少轴的数目，简化传动机构；缺点是塔形结构前一道次轮线径大但轮子直径小，后一道次轮线径小但轮子直径大，会造成线与轮的磨损加剧。筒形结构采用等径拉线轮，每个轮有单独传动轴，受力均匀；缺点是整个设备体积变大。在不影响拉丝质量的基础上，常用筒形结构进行铜单丝的拉制。

铜单丝的拉丝模具有聚晶模和钨钢模。聚晶模相对钨钢模而言，有如下特点：

（1）聚晶模有较高的硬度和耐磨性。

（2）聚晶模有低的摩擦系数。聚晶模与铜的摩擦系数约为 0.1～0.3，比钨钢模的摩擦系数要小得多。低的摩擦系数可以减小发热量，降低拉制力。

（3）聚晶模有良好的导热性。聚晶模的导热性虽然不如钻石模，但却大大高于硬质合金模具。聚晶的导热系数高，约为 700W/（m·K），钨钢的导热系数约为 50W/（m·K）；聚晶模导热系数的温度特性好，其导热系数随温度的升高逐渐增加，而金属的导热系数随温度上升反而减小。因此聚晶模更有利于散热，有利于高速的拉丝。

模具的孔形结构按工作性质分为入口区、工作区 （变形区 ）、定径区、出口区四个部分，模具的材料和模具的孔形尺寸对线材的拉制力影响较大。铜材在拉制过程中受到轴向的拉制力 P，拉丝模壁对金属丝的外摩擦力为 Z_r，线材内部的纯变形力为 Z_n，以及材料在拉丝模口处被向内曲折变形产生的剪切力为 Z_s，拉丝模具受力分析示意图如图 4-3 所示。

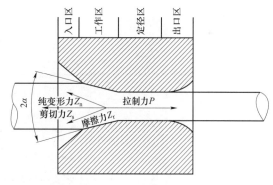

图 4-3 拉丝模具受力分析示意图

滑动拉丝的主要特点如下：

（1）线材尺寸控制精确，拉丝长度和规格全面，成品表面质量及外观可靠，设备拉丝、退火、冷却同步完成，生产效率高。

（2）最后一道拉线轮的滑动速度与线速相等，其他道次拉线轮之间存在相对滑动，会使拉线轮和线材表面产生磨损，所以这种拉丝机适用于中等强度的铜线拉制，不太适合铝线拉制。

（3）拉丝路径简单，附加张力小，基本不受扭转力，因此可拉细线和型线。

（4）设备传动结构和机械结构相对比较简单，非常适合电线海缆行业导体铜线的拉制。

铜大拉机设备能力见表 4-1。

表 4-1 铜 大 拉 机 设 备 能 力

项目	参数指标
进线铜线坯直径	最大进线铜线坯直径为 12.8mm，电力海缆用最大铜线坯直径为 12mm
产品制程	圆形铜线单丝直径 1.8～4.5mm、4.5～6.2mm，梯形线总面积 35mm²，异形线 7×2.5～9×3mm
生产速度	圆形铜线单丝直径 1.8～4.5mm，最大速度可达 25m/s，梯形线最大速度 4m/s，异形线最大速度 4m/s

由表 4-1 可知，国内铜大拉机设备可以满足最大单丝直径为 4.5mm 圆形铜单丝的拉制，可满足截面积为 1800mm² 的紧压圆形导体单丝的拉制。

4.1.2 框式绞线机

导体绞合是将拉制好的单丝绞合成规定截面积的海缆导体的工艺过程。采用绞合导体可提高海缆的柔软性和可弯曲性能，高压海缆一般采用具备纵向阻水性能的绞合导体。导体绞合设备种类很多，从结构上分有框式、笼式、盘式、叉式、管式、筒式、无管式和跳绳式等绞线机；从绞合根数上分有 7、12、18、24、…、127 盘等绞线机。大截面积的海缆导体绞合一般采用 91 盘或 127 盘框式绞线机，简称框绞机。127 盘框绞机如图 4-4 所示。

图 4-4 127 盘框绞机

框绞机主要包含绞体、并线模架、牵引、绕包和收线装置，根据所生产导体的截面积，可配置不同数量的放线盘。国内最大框绞机生产的线绞体为 6 段，放线盘数量可达到 127 盘，最大可实现截面积为 3000mm² 导体的生产。

框绞机主要组成部分介绍如下：

（1）分段式放线绞体。根据绞线的层数和每层的单线根数，绞线机一般设有多段分别旋转的绞体，适宜绞制各层根数不同、绞向不同的绞线。分段式放线绞体是绞合设备的主体，放线盘比较多，占绞合设备整体的大部分。

（2）并线模架。每段绞体后面都需并线模架，用于安装绞线模具，为并线、紧压提供支撑。

（3）牵引装置。框绞机的动力部分，采用电动机来带动机械运动，有单牵引和双牵引两种型式，现在大多采用双牵引。

（4）收线装置。有单独拖动的力矩电机收线，也有机械传动的收线和滑车式收线。

此外，还有电气、液压、气压控制装置和分线板、压模、压型、预扭、绕包、自动停车等装置。

导体绞合就是将若干根直径相同或不同的单线，按一定的方向和规则扭绞在一起，成为一个整体线芯的工艺过程。绞合导体线芯具有柔软、结构稳定、可靠性高、强度大等优点。单线从放线盘引出，通过分线板汇集到并线模架处绞合到一起，牵引装置将绞线拖动向前，通过收线装置卷绕到收线盘上。绞合是由被绞合单线绕绞线轴线以绞笼速度（等角速度）旋转和绞线以牵引速度匀速前进两种运动实现的，通过改变这两种运动速度的配合，即可调整绞线节距。对旋转体旋转一周产生一个节距的绞制设备，绞合节距与两运动速度的关系如下：

$$h = \frac{v}{n} \times 1000 \qquad (4-1)$$

式中　h——绞合节距，mm；

　　　v——牵引速度，m/min；

　　　n——绞笼速度，r/min。

大截面紧压圆形导体由于单丝较粗，张力很大，必须采用双牵引轮提供牵引张力。为提高生产效率，应配置整体自动上盘设备，放线盘尺寸通常采用 P630 盘具，也可根据各自情况选择其他规格盘具。应配置放线张力控制和断线检测设备，通过自动检测和电气控制确保放线张力从满盘到空盘过程中恒定不变，保证导体绞合质量稳定。

交联聚乙烯绝缘海缆导体通常在每层之间均应设置阻水层，框绞机每段绞体后均需具备包带绕包，用于提高导体的纵向阻水性能。

紧压圆形导体的紧压系数通常控制为 0.88~0.92，必要的时候可选择型线绞合，以提高紧压系数以及减小产品外径。另外，导体的绞合方向和节径比也是较为重要的参数，绞合导体相邻层之间的绞合方向应相反，通常最外层为左向，绞合节距由内到外逐层降低，但最外层节径比通常不应小于 10。因此，框绞机各层的绞合节距应可调并分层控制。为确保导体表面光滑，无毛刺、锐边、油污、凸起及断线，不影响后续的绝缘层挤出，一般最后一道紧压模采用纳米涂层金刚石模具，必要时应增加导体表面金属粉屑清理装置，用于及时清理绞线设备以及导体表面金属粉屑。

4.1.3　导体旋转加热托盘

500kV 交联聚乙烯（XLPE）绝缘海缆由于单根制造长度大，其收线装置应采用托盘，推荐采用旋转盘收线，以降低生产过程中的导体内应力。托盘可根据海缆制造长度定制，一般需要承重不低于 2000t 且直径不小于 15m，导体最外层应绕包一层非吸湿性带子，确保在进入下一道工序之前，导体外表面或半导电绕包带不受外伤。值得注意的是，导体绞合后应尽量降低储存时间，避免导体氧化及包带吸潮。

由于海缆生产基地一般需要临近江河，空气湿度较大，若同时遇到阴雨天气时，导体中的阻水材料由于长时间放置会吸潮变质影响绝缘性能，这就要求旋转托盘具有加热除潮功能。常用的导体除潮设备有专用电加热烘房、旋转式鼓风加热转盘等。电加热烘房除潮的形式一般是先将导体收线在可移动盘具上，然后将盘具放置到烘房中加热除潮，这种除潮方式的优点是移动灵活、除潮周期短，一般适用于短段海缆导体线芯；旋转式鼓风加热转盘则采用密封式固定转盘进行加热，这个加热方式的优点是可在导体生产过程中实现一边收线一边除潮，同时转盘形式可承载更大长度的导体线芯，也方便下一道工序的流转生产，缺点是形式固定、移动不灵活。转盘直径根据导体存储需求配置，转盘内部应具备温度控制和监测功能。

4.1.4　交联生产线及除气设备

一、交联生产线

高压交联聚乙烯绝缘线芯的生产线主要有立式连续硫化（vertical continuous vulcanization，VCV）生产线和悬链式连续硫化（catenary continuous vulcanization，CCV）生产线两种。CCV 生产线有着较多的优点，包括初始投资小、生产效率高等，但由于其悬链式布局的特点，生产过程中未交联的聚乙烯树脂会在硫化管中受热下垂，造成偏心度过大。随着生产工艺和计算机技术的迅猛发展，CCV 生产线也有了显著的进步，德国特乐斯特和瑞士麦拉菲尔公司的高压悬链式连续硫化（high-pressure catenary continuous vulcanization，HCCV）生产线在绝缘偏心度的控制水平已经可以接近 VCV 生产线的水平，特乐斯特的圆度稳定系统（TROESTER roundness stabilization system，TROSS）和麦拉菲尔的进端热处理装置（entry heat treatment，EHT）技术均可采用在上端密封和第一段硫化管中，通过充入氮气对绝缘表面进行冷却的方式，使绝缘产生向内的收缩以减小下垂，同时配合前后双旋转牵引，使海缆在硫化管中稳定旋转，防止绝缘沿同一方向流动下垂，从而保证海缆的偏心度。VCV生产线包括 U 型、L 型、V 型几种，该生产线凭借其垂直布局的特点，可以从根本上解决绝缘因受重力作用下垂造成的偏心，可以较为方便和快捷地调节和控制绝缘偏心度，在电压等级越高、绝缘厚度越大的海缆上，效果越明显，但 VCV 生产线的初始投资较大，需要建造立塔，塔高一般在 100m 以上，一座立塔内可配置若干条 VCV生产线，截至 2019 年，最大的立塔可以做到一塔六线。VCV 生产线的核心装备是三层共挤生产设备，通过绝缘料和半导电屏蔽料在洁净条件下三层一次性挤出，保证绝缘线芯具有良好的电气绝缘性能。

国内海缆生产厂家一般均具有 CCV 和 VCV 两种生产线模式且以进口交联生产设备为主。CCV 生产线常用于 220kV 及以下海缆产品的生产，通过技术改进可使海缆产品的电压等级发展到 500kV，但 CCV 超高压大长度海缆连续生产控制能力要低于 VCV 生产线，生产稳定性还需要进行验证。VCV 生产线绝缘偏心度控制良好，偏心度一般可控制在 5%以下，理论上 VCV 生产线具有生产 750kV 及以下交联绝缘线芯的能力，但鉴于材料及工艺发展因素，国内已具备的实际生产能力为生产 500kV交流海缆交联线芯。

舟联工程中 500kV 交联聚乙烯（XLPE）绝缘海缆选用的交联生产线为 VCV 交联生产线，引进德国 TROESTER 公司的三层共挤设备，VCV 交联生产线三层共挤设备如图 4-5 所示。该设备配备了导体前后置预热装置及在线测偏仪，机头采用 90 型大流道设计，具有连续长时间运行而不产生老焦的特点（绝缘料挤出量超过 140t）。

图 4-5 VCV 交联生产线三层共挤设备

为严格控制绝缘中杂质含量，绝缘料选用进口超净化海缆料；加料过程使用自主研发设计的超净加料环境和专用自动对齐重力落料系统，使加料口净化等级达到 100，屏蔽料在进料前经过 MOTAN 系统热风干燥去潮，最大程度减少人为因素的影响；厚度控制采用 SIKORA 在线偏心及厚度测量仪，该设备可进行导体屏蔽、绝缘和绝缘屏蔽的分层测量，能清晰地测出各层的平均厚度和最薄点尺寸，并自动计算偏心度，实时检测屏蔽及绝缘质量。

二、除气设备

根据 XLPE 绝缘海缆制造原理，XLPE 产生化学交联后会产生甲烷、水、枯基醇、苯甲酮等小分子副产物，若小分子副产物残留在绝缘层中会影响海缆的产品性能，因此需采取合理的除气方式，以消除内部气体副产物，实现固体副产物减少和再分布，达到脱气平衡点，进而保障海缆性能不受影响。

1. 除气设备类型及加热方式

一般海缆除气设备分为盘具专用除气烘房和地转盘式除气烘房两种。盘具专用除气烘房由储热烘房、地面轨道、载盘轨道车、承缆托盘、加热装置和电气控制系统组成，其优点在于结构设计简单、占地空间小、设备初始投资少等，适用于短段陆缆和海缆绝缘副产物除气处理。地转盘式除气烘房主要应用于大长度海缆和海缆线芯除气，由地转盘本体、缓冲垫层、保温层、电加热装置、热导流系统以及电气控制系统组成，其优点有设备空间充足、性能稳定、温控准确、除气效率高等，但设备初始投资较大。由于海缆生产模式以大长度生产为主，所以除气设备多采用地转盘式除气烘房。

按照加热方式分类，除气烘房可分为电加热和蒸汽加热两种。电加热方式采用电加热箱作为加热装置，以鼓风机作为主要热导流设备，利用热传导法由热空气慢慢渗透到海缆中去逐渐排出气体，电加热具有设备安装方便、温控准确、工艺成熟等优点，但设备使用成本较高。蒸汽加热利用管道蒸汽作为热源，以加热瓦作为加热装置，同样采用鼓风机作为主要热导流设备，其优点为使用成本低，但初始设备改造成本较大。

2. 500kV 交联聚乙烯（XLPE）绝缘海缆除气设备

舟联工程 1800mm² 500kV 交联聚乙烯（XLPE）绝缘海缆单根长度 18.25km，长度较长且绝缘厚度较厚（标称厚度 31mm）。传统热导流系统采用地转盘式电加热设备进行热传导，热风从外周进入缆芯内部，效率相对较低，导致升温缓慢，除气时间过长，影响生产效率和产品交付周期。针对上述问题，在传统除气设备基础上优化换气及温控装置，采用 18m 可旋转除气转盘形成热对流型烘房转盘除气系统，18m 可旋转除气转盘如图 4-6 所示。在烘房内设置专用传风孔道，安装多个风箱加热设备传导热空气，使其循环于上下缆芯之间，加热空气和上面空气形成热空气循环对流，热对流渗透；拥有在线换气系统，可以定时换气，降低烘房内气体浓度，缆芯受热均匀，升温较快，同时采用上、下、中间温度多点控制和高温报警系统，安全可靠；采用自动化集中控制系统，波动幅度减小，有利于热量更快、更均匀地传递到每层缆芯表面，加快绝缘副产物的挥发和排出，进而有效保证了绝缘副产物除气过程的效率。

图 4-6　18m 可旋转除气转盘

4.1.5　铅套挤包

一、挤铅机设备及各部分功能

一般海缆挤铅机设备主要由熔铅炉、主机、冷却系统、电气控制系统、温度控制系统、放线和收线装置等部分组成，挤铅机设备组成如图 4-7 所示。主机分为模座、机身、传动机构、主电动机、底座等。主电动机采用直流电动机，电动机与齿轮之间有保险锁。机头有液压机构用于调整铅层厚度和更换模具。出口铅管的厚度由四只调节螺栓调节，在出口处有冷却水管用来快速冷却铅套以保证得到细密的晶体组织。

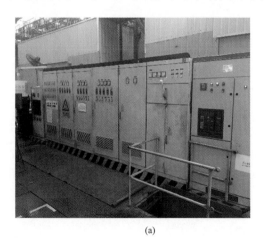

(a)　　　　　　　　　　　　　　　　(b)

图 4-7　挤铅机设备组成（一）

（a）温度控制系统；（b）主机

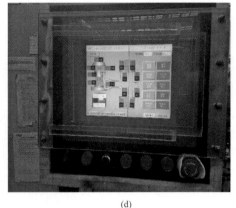

(c)   (d)

图 4-7　挤铅机设备组成（二）

（c）熔铅炉；（d）控制界面

机身由螺套和螺杆组成，螺套内有凹槽，螺套外有电热器槽可安装电热器及螺旋冷却水管，以便调整和控制机身上下各部分的温度，使进入机身的液体经冷却凝固后被挤出。机筒外套有封闭式冷却水槽，机筒内孔设计为锥形，设有数条纵向凹槽，迫使铅顺槽上移，使铅液顺利流出。螺杆成锥形，有等距不等深的螺纹，螺杆前部细且螺槽深，使螺杆推力面增大，铅受到较大的挤压力而被挤出。设备加热形式为电加热，冷却形式为机身水冷却。

二、挤铅的工作原理

首先将铅锭输入熔铅炉的熔化室，熔化的铅液通过炉底的多孔管道（也称孔道）进入搅拌室，搅拌采用气体搅拌方式，氮气经多孔管道使铅液处于紊流状态，这样能使其中的合金元素分布均匀。输铅管长而形状弯曲，铅液经过曲折的流程，获得了足够时间以分离氧化铅等杂质。熔铅炉和保温炉之间用密封保温管向上送液，减少了杂质氧化物自熔化室进入铅液的可能性。铅液进入机身后，通过垂直安装的特殊结构螺杆旋转到达机头，然后由模口挤出铅管，经冷却后得到组织细密的海缆护层。

国内海缆厂家挤铅机设备的螺杆直径可达 200mm，最大铅套挤出速度可以达到45kg/min，铅套挤出前外径可达 140mm 以上。舟联工程采用挤出铅套作为径向阻水层，其挤出设备为连续挤铅机，挤铅机利用旋转螺杆将铅连续挤出，挤铅机如图 4-8所示。铅套挤出主机主要由模座、螺套和螺杆、传动装置、主电动机底座等组成。螺杆前部细、螺槽深，使推力面增加，利用较大的挤压力将熔融铅挤出。螺套内有凹槽，外部设置电加热槽及冷却水管道，以便调整机身各部位温度。机身冷却多采用水冷，确保出模后铅套温度不烫伤缓冲阻水层及绝缘屏蔽层。

铅套生产线辅助生产设备有熔铅炉、保温炉、冷却系统、电控系统和收放线装置。

熔铅炉和保温炉通常均在 10t 以上，分别用于熔铅和净化保温。铅套的完整性是挤出铅工艺控制的关键，直接关系到海缆产品质量，挤出模芯较缓冲阻水层应放出一定裕量，可根据缆芯直径和圆整度调整。通常模座温度为 270～290℃，机身上部温度为 210～240℃，机身下部温度为 250～270℃，输铅管温度为 360～380℃，熔铅炉温度为 370～400℃，冷却水温度不高于 35℃，同时还应考虑铅合金牌号进行合理调整。铅套挤出设备推荐配置在线测偏装置，以便实时监控挤出厚度及偏心度情况。

图 4-8　挤铅机

4.1.6　内护套挤出

海缆的内护套挤出是采用连续挤压的方式进行的，其挤出设备一般采用单螺杆挤塑机。线芯从放线轮引出，穿过挤塑机头，将熔融的塑料挤包到铅套表面，形成密封的塑料套。熔融的塑料套在水槽中冷却成型，通过收线装置将挤塑成品整齐地排放到收线转盘上，此时完成了整个挤塑的生产过程。

国内海缆厂家一般配套挤塑机设备的螺杆直径为 200mm，最大聚乙烯（polyethylene，PE）挤出速度可以达到 1000kg/h，内护套挤出前外径可达 160mm，挤出后内护套线芯外径可达 180mm 左右。

图 4-9　挤塑主机

500kV 交联聚乙烯（XLPE）绝缘海缆内护套通常采用热塑性聚乙烯或半导电聚乙烯材料，内护套挤出采用挤塑机即可完成，通过挤塑机螺杆挤压，将聚乙烯材料挤包到金属套上，挤塑生产线通常由放线装置、挤塑主机、冷却装置、火花试压机、计米器、牵引装置和收线装置组成，挤塑主机如图 4-9 所示。

对 500kV 交联聚乙烯绝缘海缆，通常采用挤铅挤塑联动生产线，挤铅挤塑联动生产线如图 4-10 所示。挤塑机设置在挤铅生产线之后，与铅套挤包同步完成，可避免多次倒盘对海缆产生损伤以及铅套直接收盘造成黏连破损，在铅套外设置涂覆装置，用于涂覆沥青后进行内护套挤出。挤塑机工作原理为螺杆将加热熔融的护套料连续压向机头，调整线速度与挤出量可控制非金属套挤出厚度，经过水槽或管道对护套料进行分段冷却。对绝缘型护套，还应进行实时在线火花试验，检测护套连续性及完整性。挤出螺杆是挤塑机的关键，其起到输送护套料和挤压、塑化、成型的重要作用，常用的螺杆有渐变型（等距不等深或等深不等距）、突变型、鱼雷型等。挤出温度可根据材料、挤塑机型号、环境温度、挤出速度、外径、厚度等因素调整，它直接决定了护套挤出质量。挤出模具选择是控制挤包质量的关键参数，根据产品不同，模芯和模套配合方式主要有挤压式、挤管式、半挤管式，高压海缆护套多采用挤管式模具。根据挤出材料特性的差异，选择合适的拉伸比，通常由各厂家根据经验配置模芯和模套以及拉伸比。

图 4-10 挤铅挤塑联动生产线

4.1.7 光纤复合及铠装

多芯海缆内护套缆芯挤出后，还需要经过最后一道成缆工序实现最终成品的制造。成缆是指在立式成缆机上将几根绝缘线芯绞合在一起，并用填充材料填充圆整，最后用包带绕包的操作过程。单芯海缆则无须进行立式成缆工序，但在光单元复合成缆过程中，也需要使用填充材料将光单元一起绞合缠绕到单芯缆芯表面，并制作内垫层；内垫层有绑扎、缓冲与保护海缆的作用，一般使用材料为聚丙烯纤维绳。内垫层后的结构为金属铠装层，铠装是指在包有内垫层的缆芯上螺旋形缠绕铜丝或钢丝的生产过程，铠装生产线如图 4-11 所示。铠装层是海缆至关重要的元件，其主要作用是为海缆提供机械保护和张力稳定性；铠装生产后需要进行防腐材料的涂覆工序，常见的涂覆材料为沥青，主要起到防腐和黏结钢丝的作用，防止钢丝松散；最后进行外被层的生产即可，一般外被层的材料与内垫层相同，外被层主要起到保护与标识的作用。

图 4-11　铠装生产线

根据国内外设备生产能力，500kV 交联聚乙烯绝缘海缆通常为单芯结构，需要经过光纤复合和铠装加强，才能满足在线监测、通信及施工、打捞张力抢修张力需求。由于高压海缆长度长、单重大，应尽量避免多次倒盘，为此，高压海缆铠装设备集光纤复合、内衬、铠装、纤维外被以及沥青涂覆、滑石粉涂覆于一体。

国内外海缆钢丝铠装生产线通常为笼绞式，绞体采用摇篮型，根据光纤复合海缆的结构特点，其笼绞机通常有 2～3 个绞笼，每个绞笼通常配置 60～80 只放线盘，以满足不同规格海缆铠装以及多层铠装的需求，通常选用 P630 或 P800 规格的放线盘。海缆钢丝铠装生产线可实现包括光纤填充条、单层及多层钢丝、圆铜丝以及扁铜丝在内的铠装。单芯高压海缆的铠装形式通常为钢丝或铜丝铠装，铠装层的节距范围对海缆的弯曲性能、侧压力以及抗拉力均会产生影响，一般的铠装节距比控制为 10～18 倍铠装外径为宜，纤维内衬及外被可设置在绞笼外侧，节距不易过大，通常控制为 100～400mm。由于铠装后海缆整体尺寸较大和质量较重，通常需采用多个牵引设备将海缆输送到旋转收线托盘上，牵引设备主要有回轮式和履带式牵引机，成品海缆应采用履带式牵引设备，以保证海缆受力均匀，同时应严格控制各环节的转弯半径，立式成缆和铠装联合生产线如图 4-12 所示。

图 4-12　立式成缆和铠装联合生产线

4.1.8　储存和运输

　　海缆成品长度长、外径大、质量重，通常可采用固定式储缆池和智能旋转收线转盘两种形式进行储存。其中，旋转收线转盘可实现海缆无扭转储存，即海缆在收入转盘时，其转盘可与海缆同步转动，避免海缆本体扭转及受力损伤，一般适用于大规格、大长度高压海缆的生产储存。国内常用海缆收线转盘如图 4-13 所示，转盘直径通常为 20~35m，可承重 4000~8000t，满足大长度海缆的收线使用需求。转盘包含中心托盘、排线架和大功率牵引装置，中心托盘包括支撑底座、回转支撑轴和小转盘，排线架由龙门导辊支架、排线位置移动装置构成，牵引装置分上、下平带牵引两种型式，以气动方式实现压紧和张紧，具备正转和反转功能。

图 4-13　国内常用海缆收线转盘

高压海缆的运输及施工船舶也须采用转盘形式,才可实现大长度海缆的正常敷设施工,海缆运输及施工如图 4 – 14 所示。通常的海缆运输采用船运或是特定的海缆施工船,在海缆制造厂家码头装船,海缆从工厂的缆池中通过倒缆架输送到海缆施工船上;由于船上一般装备履带牵引机、退扭架、海缆仓或盘缆架等专业设备,海缆所受的牵引张力、侧压力以及最小弯曲半径等都能得到很好的控制,具有速度快、产品质量有保证的显著优势。这种方案的优势是不需要倒缆,避免在倒缆过程中对海缆造成伤害。

图 4 – 14　海缆运输及施工

500kV 交联聚乙烯(XLPE)绝缘海缆由于其电压等级高、制造长度长、产品规格大,对设备的自动化水平要求高,对设备的精密等级要求严格,各环节需严格质量控制,各生产线之间需合理设计和布局,才能生产出质量可靠、性能稳定的产品。舟联工程 500kV 交联聚乙烯(XLPE)绝缘海缆总质量接近 1400t,可采用大型智能旋转收线转盘设备进行存储,该设备能够完全保障超高压海缆的存储和运输过程。

4.2　制造工艺

4.2.1　导体绞制工艺

导体是海缆承载电流的主体,海缆工程敷设、运维难度大,整体造价高,因此海缆导体普遍采用相对昂贵但电阻率低、载流能力强、损耗小的铜材料,以避免二次建设的高成本。另外,海缆应用在数十米、数百米甚至上千米水深的环境中,受到海水高静水压的持续作用,因此导体通常采用紧压圆形结构,以增强结构稳定性,内部填充阻水材料能够实现导体纵向阻水。特定情况下,会使用异型铜丝绞制成超高紧压系数的型线绞合导体,以抑制截面积增大带来的导体直径增加和承受更深的应用水深带来的更大静水压。

一、阻水导体的绞制

1. 紧压圆形阻水导体

海缆的导体一般采用紧压圆形结构，除电阻和紧压系数达到要求以外，还须具备纵向阻水功能。海缆在分层绞合的同时完成紧压成型，以均衡导体内应力的分布，导体表面应光滑无毛刺。

1800mm² 导体是国内工程中截面积最大的紧压圆形导体，以往具有工程应用案例的紧压圆形导体最大截面积为 1600mm²，两者比较，前者绞合根数更多，绞合单丝更粗，对导体设计和工艺控制提出了相当高的要求。单丝根数多、单丝粗造成导体绞制和紧压时应力大，极其容易造成导体散股。因此，需要精确计算每层紧压系数的配比，合理选择分层紧压模具尺寸，严格控制绞合节径比不超过 16，模具采用纳米涂层金刚石材料，保证单丝充分屈服，导体紧实不松散。

为保证能生产 1800mm² 大截面积的阻水导体，各海缆厂均配置了 127 盘框绞机，以实现 1800mm² 导体一次性绞合紧压成型，导体绞制现场如图 4-15 所示。牵引轮直径达 4m，可以充分保证大截面积导体过轮时的弯曲半径；放线张力自动控制，同时配备断丝报警装置，保证单丝不拉细、断丝不进入导体；阻水材料采用绕包方式，充分填充导体间隙，使其间隙无空缺，阻水性能相较纵包方式更有保证。

图 4-15　导体绞制现场

2. 型线导体的绞合

型线绞合铜导体因其本身为同心绞结构，故采用不退扭方式生产，可采用普通框式绞线机绞合，以保证导体绞合圆整成型，型线导体绞合如图 4-16 所示。根据完全不退扭绞合导体节距特性，导体单丝进行绞合时，一个节距范围内型线会自转一圈。如果直接按照上述完全不退扭绞合方式，因型线本身的特有形状，会导致型线在一个节距内自转但未达到 360°，容易出现单丝在模前翻身及过模后翘边，使导体不规整，也会使型线在绞合时产生较大的内应力。

图 4-16　型线导体绞合

为了消除绞合过程中形成的扭应力，保持单丝绞合后的紧密贴合性，在单丝进模具之前应预先进行与绞线同方向的扭转塑形变形（根据单丝截面积的不同，一般情况下扭转圈数为 1～1.5 圈）。可通过在分线板处增加导轮，达到矫直牵制效果，防止型线单丝翻身，也可选择安装型线定位装置，以保证单丝绞合时按照预先要求角度进入模具。

二、不同型式阻水导体的加工方法与效果对比

1. 不同型式阻水结构

海缆导体的阻水一般有两种。

一种是普遍采用的，在每层导体间绕包阻水带的方法，阻水带及阻水带绕包现场如图 4-17 所示。这种方法的原理是当海缆出现损坏，海水进入导体时，阻水带遇水膨胀充满导体缝隙，从而阻碍海水继续沿导体方向进入，延缓海水行进的速度，为海缆抢修赢得时间。

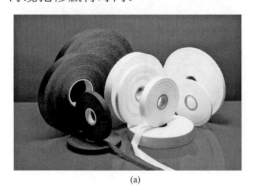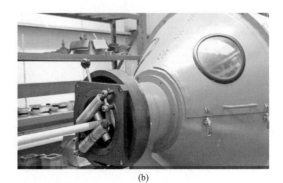

(a)　　　　　　　　　　　　　　(b)

图 4-17　阻水带及阻水带绕包现场

（a）阻水带；（b）阻水带绕包

另一种方法是采用橡胶基的阻水化合物材料填充到导体间隙中，形成完全的密封环境。阻水化合物的型式有很多，比如热熔胶型式阻水导体，通过加热到一定温度熔化成流体，再通过特制的模具填充到导体中，热熔胶型式阻水导体示意图如图 4-18 所示。

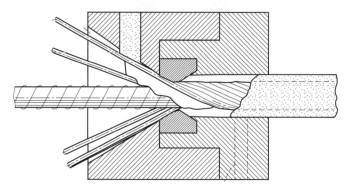

图 4-18 热熔胶型式阻水导体示意图

阻水化合物材料也有双组分型式，通过一定比例混合 A、B 两种组分，然后通过模具填充到导体中，在导体中完成固化，形成密封。

2. 不同型式阻水导体的阻水效果对比

由于在一定水压下，阻水带并不能完全阻止水沿导体前进，而阻水化合物填充的阻水导体能够形成完全密封，因此从阻水效果上来说，阻水化合物填充的效果更好。但从成本上来讲，阻水带更为经济，加工也更加方便。因此在阻水材料选型时，要综合考虑应用工况和经济性两方面因素。

对相同截面积的导体分别采用阻水带和阻水化合物形式构成阻水导体，进行 1MPa 水压、保压 96h 的阻水试验，然后进行解剖评估。阻水导体试验对比如图 4-19

(a)　　　　　　　　　　　　　(b)

图 4-19 阻水导体试验对比

（a）阻水带；（b）阻水化合物

所示。该试验结果表明：采用阻水带的阻水导体透水长度为 30m，采用阻水化合物的阻水导体基本没有发生透水，阻水效果更优。

三、生产环节工艺控制

1800mm² 紧压圆形导体生产现场如图 4-20 所示。

图 4-20　1800mm² 紧压圆形导体生产现场

具体工艺控制的要求如下：

（1）选用优质的铜丝和阻水带材料，所用铜丝 20℃时电阻率为 0.017 000Ω·mm²/m 左右，远优于 GB/T 3953—2009《电工圆铜线》要求的 0.017 241Ω·mm²/m，确保导体电阻达到标准要求。

（2）每层导体间内中心线平拖单面半导电阻水带，其他内层纵包单面半导电阻水带。单面半导电阻水带纵包时不应翻边，不应漏出导体。

（3）导体外重叠绕包两层半导电阻水绑扎带，单层搭盖率控制在 10%～30%，两层绑扎带搭盖处应错开，绕包应平整紧密无漏包；绕包半导电阻水绑扎带后再重叠绕包两层无纺布做其保护层，搭盖率控制在 20%～30%。

（4）半导电阻水绑扎带接头应采用专用半导电胶液黏结，接头应牢固，接头处要求处理平整、无凸起、无棱角。

（5）所用的阻水带材在生产过程中应保持干燥，注意防潮及保持带材的清洁，带材不允许提前开箱和拆包装，以防其受潮。

（6）导体最外层应使用酒精擦拭，防止导体表面产生油污、铜屑等。

（7）外层使用两层包带绕包保护，防止导体和半导电绕包屏蔽损伤。

对国内三家海缆厂的 4 个 1800mm² 的海缆导体进行了交流和直流电阻测试，测试温度为（30±3）℃并给出交直流电阻比计算结果。三个海缆厂家的 4 个样品的测试数据见表 4-2。

　　　　　　　　　　　　　三个海缆厂家的 4 个样品的测试数据

样品号	样品长度 （m）	单位长度交流电阻 （μΩ）	单位长度直流电阻 （μΩ）	交直流电阻比
1	4.80	14.18	9.75	1.455
2	4.65	14.32	10.77	1.329
3	4.95	13.92	10.26	1.357
4	5.05	13.38	10.20	1.312

从测试数据看出，对截面积为 $1800mm^2$ 的导体的交流电阻，不同厂家的测试结果各有差异，但交直流电阻比均为 1.3～1.5。

4.2.2　绝缘工艺

交联聚乙烯既继承了聚乙烯击穿场强高、介质损耗小、绝缘电阻大、质量轻等优点，又能通过反应将聚乙烯分子的线性结构变为立体网状结构，提高了力学和耐热性能，改善了耐环境老化性。例如聚乙烯绝缘海缆长期允许工作温度为 70℃，而交联聚乙烯绝缘海缆的工作温度可以达到 90℃，使海缆的载流量得以显著提高，因此交联聚乙烯绝缘海缆得到了越来越广泛的应用，电压等级已经达到了 500kV。

交联方法主要分为物理交联和化学交联两大类，高压海缆主要采用过氧化物交联方法，该方法的原理是在聚乙烯树脂中加入比重约 2.5% 的交联剂、约 0.5% 的抗氧剂等助剂，在受热后交联剂过氧化二异丙苯（dicumyl peroxide，DCP）分解为化学活性很高的游离基，这些游离基夺去聚乙烯分子中的氢原子，使聚乙烯主链上产生活性游离基，被活化的聚乙烯分子链相互结合，产生 C-C 交联键，从而使聚乙烯分子由线性结构变成立体网状结构。由于导体表面存在单丝绞合形成的凹凸，造成电场分布不均和绝缘老化，因此在绝缘生产过程中，需要在绝缘内外各增加一层半导电屏蔽层，内侧导体屏蔽层由半导电绕包带和挤包半导电屏蔽料组成。半导电绕包带需要选用具有半导电功能且表面光滑的材料，例如半导电尼龙带、半导电特多龙带等。高压海缆半导电屏蔽料主要由乙烯丙烯酸乙酯（ethylene ethyl acrylate，EEA）作为基料，加入约 50% 的超细炭黑和抗氧剂、交联剂和润滑剂等助剂。交联聚乙烯绝缘料和半导电屏蔽料供应商主要有北欧化工有限公司、陶氏化学（中国）有限公司、LG 化学、韩华化学（宁波）有限公司等。

绝缘三层共挤现场如图 4-21 所示，屏蔽层和绝缘层的质量是影响 500kV 交联聚乙烯（XLPE）绝缘海缆运行稳定性和寿命的关键性因素，因此在生产过程中，需规避以下不良情况的发生。

（1）屏蔽层和绝缘层挤出工艺不良，有塑化不好的颗粒或混有烧焦粒子。

（2）屏蔽层存在向绝缘层方向的凸出，甚至导体屏蔽存在漏包、表面露铜等现象。

图 4-21　绝缘三层共挤现场

（3）屏蔽层和绝缘层黏合不好，产生分层和缝隙。

（4）绝缘屏蔽层太薄，表面凹凸不平。

（5）绝缘厚度不足、偏心大、交联不充分等问题。

具体工艺控制措施如下：

（1）采用高洁净度屏蔽料和低焦烧绝缘料，绝缘料介电强度达到40kV/mm。

（2）开机前充分检查模具、挡胶板、过滤网、分流体、螺杆等，确保表面光亮无损伤、无残留胶料。

（3）检查前后置预热器、加热系统、测偏仪的工作状态，确保各系统正常工作。

（4）检查整个加料环节，保证清洁度达到要求。开机后用工艺转速排胶 4h，确保流道清洁。

交联工艺通过 VCV 交联生产线专用计算软件 TCC 进行精密计算，首段采用 EHT 技术，合理设置预冷却温度、交联生产线速度等。国内某厂家的交联工艺参数设定如图 4-22 所示。

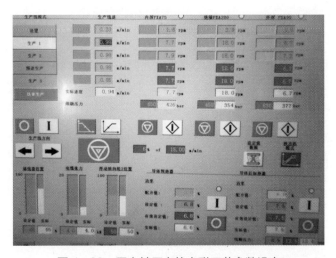

图 4-22　国内某厂家的交联工艺参数设定

4.2.3 半导电阻水带绕包工艺

500kV 交联聚乙烯（XLPE）绝缘海缆使用半导电阻水带作为绝缘和金属屏蔽层之间的缓冲层，半导电阻水带绕包层具有纵向阻水和防止金属套生产、运行时损伤绝缘线芯的作用。半导电阻水带绕包主要是为后面的金属屏蔽工序做准备，半导电阻水带不但具有半导电的特性，而且具有隔热和缓冲的作用。

半导电阻水带绕包层厚度应能满足补偿海缆运行时热膨胀的要求，并确保绝缘半导电屏蔽层与金属屏蔽层保持电气上接触和导通。半导电缓冲层采用适当厚度和宽度的半导电阻水带，使用绕包机使其呈螺旋状重叠包覆于绝缘线芯外，工艺控制要点如下：

（1）绕包角度一般为 30°～60°，绕包重叠率控制在 50% 左右，确保绕包均匀、紧密、平整。

（2）应注意张力的控制，以保证线芯收排线质量，防止阻水带相互间磨损。

（3）包带接头采用专用半导电胶带黏结，保证电气性能一致。

（4）绕包好的缆芯应采取适当的防潮措施，以防止半导电阻水带受潮。

4.2.4 绝缘除气工艺

一、除气工艺控制

一般 XLPE 绝缘海缆线芯除气直接采用外加热及同步通风方式，从除气室四周进行鼓风加热，使除气空间逐渐升温。这种除气方式缺点在于海缆绝缘较厚、缆芯堆放较多时，加热缓慢、局部温度过高，从而影响除气效果和除气效率。

舟山 500kV 交联聚乙烯（XLPE）绝缘海缆绝缘厚度大、长度长，传统除气方式效率不足，为解决这一问题，研制了热对流型烘房除气装置，热对流高压海缆除气系统及风向示意如图 4-23 所示。该除气装置的托盘采用全封闭结构，外侧筒体、盖板和底板均采用隔热材料包覆，烘房内采用上、中、下温度多点控制并装设高温报警系统；烘房底部设置了多个专用传风孔道，并安装多个风箱加热设备，通过外侧传风通道传导热空气，产生上下缆芯之间的对流渗透；交联生产收线时采用分层垫高处理，增加每层缆芯之间的空隙，便于形成热空气环流，有利于热量更快、更均匀地传递到每层缆芯表面，加快绝缘副产物的挥发和排出。

绝缘除气装置现场图如图 4-24 所示，一般大长度海缆的具体除气工艺控制措施如下：

（1）烘房内配备空气循环系统，使烘房内加热均匀。

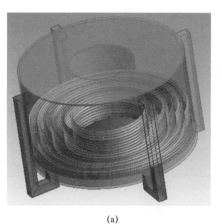
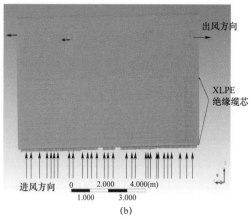

(a)　　　　　　　　　　　　(b)

图 4-23　热对流高压海缆除气系统及风向示意图
（a）热对流高压海缆除气系统；（b）风向示意

图 4-24　绝缘除气装置现场图

（2）绝缘线芯排缆时，底层海缆为间隙排列，让热空气容易在间隙中穿过，增加空气对流循环，达到快速加热海缆效果，提高除气速度和均匀性。

（3）烘房内海缆交联线芯上层、中层和下层分别布置一个测温点，测温点位于两层缆芯间隙内，紧贴于缆芯表面。同时采集数据交由软件处理，当温度过低时，自动调节进风口加热温度，保证温度恒定；当温度过高时，降低加热温度并进行自动报警。通过自动控温系统，保持内部温度恒定。

（4）在除气后端部取样进行分析，确认除气效果。

二、除气效果验证

为确认大长度海缆绝缘线芯的除气效果，需对绝缘线芯进行试验验证。下面分别介绍厂家 A 和厂家 B 对 18.5km 500kV XLPE 绝缘线芯的除气测试结果。

1. 热失重测试方法

依据 HD 632S3—2016《额定电压 36kV（U_m=42kV）至 150kV（U_m=170kV）的

挤包绝缘电缆及其附件　第 2 部分：附加试验方法》，可采用 TGA 测试方法对 500kV 大长度 XLPE 绝缘线芯副产物含量和除气效果进行研究。在交联线芯除气过程中，每隔一段时间从交联线芯端部取样试验。试验时，从线芯样品绝缘层的内、中、外（沿半径等分）处共取 5 个样品切片开展测试，将样品测试值的平均值作为最终评价值。每个切片质量（20±5）mg，呈方形结构。测试开始时将试样放入坩埚中，然后送入 TGA 隔热仓中加热，当加热温度稳定至 30℃时，以 50℃/min 的升温速率升温，在温度为（175±3）℃条件下维持 30min，试验中记录每个试样 30min 周期内的失重百分比和变化速率，形成测试曲线。

交联线芯热失重测试结果见表 4-3，分析测试结果可得，随着除气时间的增加，绝缘线芯 0~30min 的总热失重率逐渐减小，表明绝缘样品内气体副产物含量逐渐降低；而样品前后阶段的平均热失重变化率也在逐渐降低，说明样品中副产物析出速率也随着除气时间逐渐降低并趋于平稳。

表 4-3　　　　　　　　　　　　交联线芯热失重测试结果

测试项目	除气时间（天）	总热失重率	平均每分钟热失重变化率	
		0~30min	0~5min	15~30min
测试结果	0	0.45%	0.063%	0.004 1%
	20	0.41%	0.057%	0.001 4%
	52	0.33%	0.048%	0.000 9%

不同时间段不同绝缘厚度位置 TGA 测试曲线如图 4-25 所示，由图中曲线可知，未除气时，绝缘内副产物含量沿径向从内向外逐渐减小；除气之后，绝缘中间偏内层位置热失重率要大于绝缘外层，而最内层热失重率要小于次内层。根据经验分析，由于 500kV 海缆绝缘厚度较厚，绝缘外层与热空气首先接触，升温更快，而外层向内层需要进行热传导，升温较慢，因此外层气体副产物要比中间和内层易于排出，热失重率较小；而随着温度增加，最内层气体副产物会产生向外的移动趋势，从而导致中间位置副产物含量不断增加，最终副产物含量要高于内层

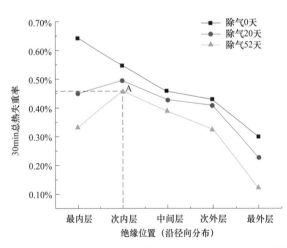

图 4-25　不同时间段不同绝缘厚度位置 TGA 测试曲线

和外层,形成峰值点 A。

2. 烘房和烘箱质量损失测试方法

(1)试验 1:不同除气时间下绝缘线芯质量损失测试。

从未经除气的绝缘线芯段取样后,去除导体,将绝缘线芯沿径向切成圆环状样片,厚度约 1mm,取 6 片,分别称重标记,然后置于 70℃烘箱中热处理,每 24h 称重记录一次。试片质量变化见表 4-4。

由表 4-4 可知,24~36h 试片质量几乎没有变化,说明试片在 24h 内副产物去除趋于稳定。在 36h 后将烘箱温度升至 135℃后试片再放置 12h,质量同样没有明显变化,说明海缆在 70℃除气完成后,进一步提高温度,并不能增加副产物的排出。

表 4-4   试 片 质 量 变 化   mg

试样编号	0h	12h 70℃	24h 70℃	36h 70℃	135℃ 12h
试样 1	2745.3	2721.9	2717.0	2717.0	2717.0
试样 2	2763.6	2740.1	2735.1	2735.0	2735.1
试样 3	2750.2	2726.7	2721.8	2721.7	2721.7
试样 4	2802.6	2778.7	2773.7	2773.7	2773.7
试样 5	2792.7	2768.9	2763.9	2763.9	2763.8
试样 6	2775.4	2751.8	2746.8	2746.9	2746.8
总质量	16 629.8	16 488.1	16 458.3	16 458.2	16 458.1
损失率	0	0.852%	1.031%	1.032%	1.032%

(2)试验 2:不同除气温度下绝缘线芯质量损失测试。

将取好的未经除气的线芯分成 12 段,每段约 4~6cm,两端削切平整,清理干净,导体两端采取一定措施密封,使其更接近海缆本体除气效果,并用分析天平称重,质量精确到 0.1mg,每三个编成一组,其中三组分别放入 65、70、75℃的烘箱中,另外一组放入烘房中与缆芯一起除气,每 48h 用分析天平对试样称重一次,并做好记录。在除气过程中,烘房温度按平均 70℃控制。不同除气温度下试样质量损失一时间曲线图如图 4-26 所示。

从图 4-26 可以看出,在经历 6 天后,70℃烘房和 65、70、75℃的烘箱内切片样品总质量损失分别为 0.598%、0.490%、0.659%和 0.746%;16 天后,75℃烘箱切片质量损失率达到 0.980%(与薄片试验基本一致),曲线基本趋于平直;18 天后,70℃烘箱切片质量损失达到 0.979%,曲线趋于平直;20 天后,70℃烘房里切片质量损失达到 0.980%,曲线趋于平直;而 65℃烘箱切片在经过 22 天后,质量损失只有 0.936%,曲线仍有一定斜率。

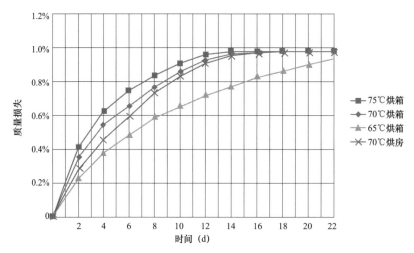

图 4-26　不同除气温度下试样质量损失—时间曲线图

根据测试结果可知，温度对绝缘内副产物的去除影响较为明显，500kV 绝缘线芯在温度为（70±5）℃的环境中保持 22 天以上，除气效果才可以达到工艺要求。由于海缆一般为大长度，为保证良好的海缆除气效果，对长度大于 10km 的高压绝缘线芯，建议除气时间不少于 30 天。

由以上试验发现，高压海缆交联线芯的除气效果与除气温度以及除气时间有关，不同海缆生产厂家根据除气设备和除气工艺的不同可能会产生差异。一般 XLPE 绝缘副产物含量测试方法有热失重分析（TGA）、烘箱加热法、差示扫描量热法（differential scanning calorimetry，DSC）等，具体测试要求可结合相关标准和要求确定。

4.2.5　铅套挤出工艺

铅套挤出为交联线芯绕包阻水带后的一道工序，超高压海缆一般输送容量要求高，导体截面积和绝缘厚度均较大，因此最终交联线芯直径均较大，其直径可达到100mm 以上，因此掌握大直径铅套挤出工艺将有助于高压海缆的稳定生产，大直径铅套挤出工艺是海缆生产的关键控制工艺之一，所使用的主要设备就是挤铅机。挤铅机典型模具参考图纸、挤铅机模具实物分别如图 4-27 和图 4-28 所示。

铅套挤出工艺流程如图 4-29 所示，一般通用要求为：

（1）挤铅机模具应根据上道工序缆芯外径进行配置，保证配模合理。实际生产以控制最小厚度为主，最小厚度应满足相关海缆标准要求。一般可采用多点测量法配备专用电子检测设备进行铅套厚度检测和控制。

（2）挤铅前缆芯放线时需要保证半导电阻水层表面完好。如包带有翘边、破损、松包或漏包等缺陷，应在缆芯进机头前进行修复，包带修复方法应参照专用标准作用

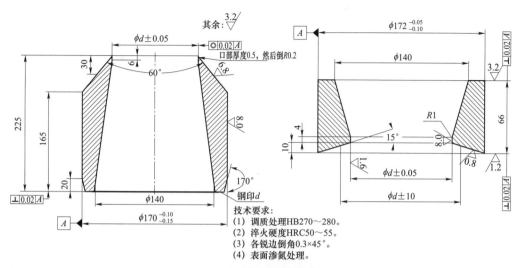

图 4-27　挤铅机典型模具参考图纸

图 4-28　挤铅机模具

图 4-29　铅套挤出工艺流程

程序（standard operation procedure，SOP）执行。

（3）挤铅过程中需要控制铅套冷却水温度，保证挤出铅套冷却，不会烫伤缆芯，铅套表面应平整、外径均匀，无刮划、松套等缺陷。

（4）铅套收排线过程中，如与内护套分开生产，收线时应对铅套表面进行包裹防护，防止铅套压伤、擦伤，排线应整齐无交叉。

（5）挤铅机模具尺寸可按式（4-2）、式（4-3）进行选择。

模芯：

$$D_1 = d + T \tag{4-2}$$

模套：

$$D_2 = D_1 + 2T \tag{4-3}$$

式中　D_1——挤铅机模芯内径；

　　　d——挤铅机线芯外径；

　　　T——铅套厚度；

　　　D_2——挤铅机摸套内径。

针对舟联工程，金属铅套挤出工艺还提出了以下的控制要求和控制措施。

1. 工艺控制要求

（1）通过机头调偏装置调整挤出铅护套的偏心度，控制最薄点和最厚点的厚度差绝对值在 0.5mm 以内。

（2）控制螺杆转速，确保出铅量稳定，铅护套厚度达到 4.1mm 以上。

（3）控制铅的熔温在 250℃ 左右，使铅锭熔化充分。

2. 工艺控制措施

（1）开发了适应大长度、大直径海缆挤铅需要的新型挤铅机头，改装了机头的冷却系统，使线芯在慢速通过机头时能够确保不被高温所烫伤，达到了大直径海缆的无缺陷挤制要求。

图 4-30　护套挤塑生产线

（2）为适时控制压铅过程中铅护套的均匀性，对生产过程中的铅护套进行在线超声波检测。

（3）改造了护套生产线，将压铅工序和护套工序整合使压铅后的海缆直接进入护套挤塑生产线，实现了两道工序的流水化生产，保证了产品质量也提高了生产效率。护套挤塑生产线如图 4-30 所示。

4.2.6　内护套挤出工艺

金属套后采用挤包内护套，挤包前在金属套表面均匀涂覆一层沥青防腐层。对两端互联接地的大长度单芯海缆，挤包内护套一般采用 ST7 型材料，以减少海缆沿线铅套与铠装层间的电位差。

沥青防腐涂层涂覆采用浇盖式，并用锥形开口式沥青刮板刮覆均匀，如图 4-31 所示。刮板开口直径一般比海缆金属套外径小 10～15mm，生产过程中需实时观测沥青涂覆质量，确保铅套外表面全部均匀涂覆沥青。

 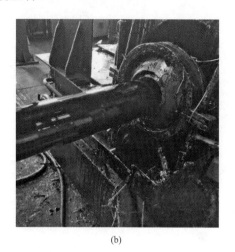

(a)　　　　　　　　　　　　　　　　(b)

图 4-31　沥青涂覆

（a）沥青浇覆；（b）通过刮板后均匀涂覆

内护套挤出设备可采用 $\phi 150$ 及以上挤塑机生产线，分流体流道进料口经过改进，有效增大机头内料的压力，增强塑化效果，有效提高了大长度海缆内护套的挤出稳定性，减少内护套外观质量问题，典型可调挤出机头如图 4-32 所示。

挤包内护套时采用分段式冷却，分段式冷却水槽如图 4-33 所示，第一段冷却水槽水温控制为 50～60℃，第二段为常温冷却水冷却。第一段冷却水槽出水口处需加 U 型导轮或者在水槽内添加洗洁精形成

图 4-32　典型可调挤出机头

泡沫，防止水槽内溅起水花，导致内护套上出现水疱，影响护套质量。

根据实际生产情况调整收放线牵引张力，保证海缆中心与挤塑机机头中心一致，避免因摩擦模芯导致护套表面出现塑化不良、凹痕、破洞等不良现象。

在实际内护套生产过程中，内护套可以与前面一道铅套工序进行同步生产，以便提升生产效率，减少多次开机和导缆引起的风险，同步生产特别适用于单重较重的大截面海缆线芯。

图 4-33 分段式冷却水槽

内护套挤出的一般通用要求为：

（1）生产前应确保护套料无杂质和受潮等现象，并充分烘干。材料受潮后易导致护套熔融挤出后内部水汽受热汽化，从而出现在护套内部产生气孔、护套表面产生麻点等不良现象。

（2）内护套挤出时宜采用分段冷却方式，通过逐段冷却可保证护套挤出后不会因为较大温差产生骤冷收缩，从而导致出现水点、起皱、竹节、不光滑等不良缺陷。护套表面应光滑、圆整、连续，挤包紧密无松动，正式挤出前应检查护套断面是否有气孔。

（3）生产中应控制护套的最小厚度，保证护套最小厚度满足相关标准要求，同时还需保证护套圆整度不小于 90%。

（4）缆芯收排线过程中，海缆两端部应避免进水。大长度高压海缆护套线芯宜采用电动旋转托盘进行收线，转盘内需做好充分防护，防止缆芯刮伤，同时还需保证护套与盘具绝缘。

（5）护套生产过程中还需进行计米印字，护套表面可印刷产品项目信息和分相标识（对多相海缆而言），常用印字方式有激光打印、喷墨打印、压轮印字等，印字标识应清晰，并间隔固定距离。

（6）对绝缘型护套，进挤塑机前还需在内护套挤出后进行火花电压试验，以检测护套的电气性能是否满足使用要求；半导电型护套由于护套内含有导电材料，与金属铅套形成通路，则不做此要求。

针对舟联工程，护套生产线参数设定如图 4-34 所示。

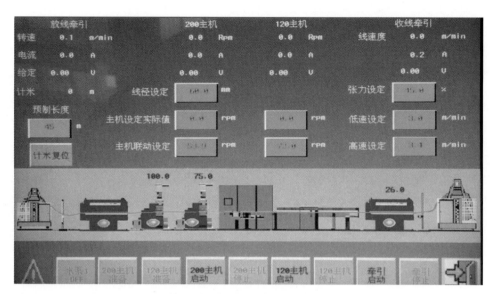

图 4-34　护套生产线参数设定

铅套挤出的专用控制要求和控制措施如下。

1. 工艺控制要求

（1）控制挤塑机加料口温度，使其维持在 130℃以下，确保材料不提前熔融。

（2）控制挤塑熔融段温度，使其维持在 170℃以上，确保材料塑化良好。

（3）控制生产线速度和螺杆转速与压铅速度匹配，使压铅和挤塑高度同步。

（4）控制挤塑机前后牵引系数在 10 以上，使线芯通过模芯时不发生大幅度抖动。

（5）控制挤塑机用模芯和模套的拉伸平衡比在 1.02 左右。

（6）通过机头调偏装置，调整挤出护套的偏心度，控制最薄点和最厚点的厚度差绝对值在 0.6mm 以内。

2. 工艺控制措施

（1）原材料使用前经过（45±5）℃烘制，使用过程中加料斗的加热装置开启，以确保原材料干燥，避免生产过程中出现气孔。

（2）挤塑机模具使用前经过充分检查和打磨抛光，确保表面光滑，不影响挤出质量。

（3）挤塑机开机前彻底清理其机身、螺杆和机头，确保无老胶残留。

（4）挤塑机开机前检查各加热区域工作状态，确保运行正常，同时用沸水校准热电偶，确保加热系统工作正常。

（5）铅套和内护套同步挤出生产过程中，采用了备用电源设备，保证整条生产线在生产过程中不会因为突然的电气线路故障引起生产设备停机；同时收放线转盘的电机设备均采用"一备一用"模式，有效地保障了生产的稳定性。

4.2.7 铠装及光缆填充工艺

一、内衬层

1. 无光缆

内衬层一般选用绕包聚丙烯（polypropylene，PP）绳，PP 绳排列须紧密，没有突出、缺失等不良现象。PP 绳根数和节距可根据实际情况由工艺文件确定。为保证测量节距的方便性，可使用黄色和黑色 PP 绳绕包。生产过程中，需要对 PP 绳绕包质量进行检查，若发现 PP 绳断线，应停机处理。

2. 有光缆

针对单芯光电复合海缆，光缆复合工序采用圆形聚乙烯（PE）填充条和光缆同时绕包在内护套上，填充条直径略大于光缆直径以达到保护光缆的目的。同时光缆多于 1 根时需要均匀分布。光缆复合工序后绕包两层无纺布作为保护层，无纺布外绕包 PP 绳。

二、铠装层

金属丝铠装层的作用主要是对海缆进行机械保护，以保证海缆安全运行和有足够长的寿命。

金属丝铠装的技术要求如下：

（1）金属丝排列必须紧密、整齐，不得有跳线、重叠现象。金属丝之间的总间隙应不超过单根金属丝的直径。

（2）金属丝的间隙一般可以通过调节金属丝的节距来实现。金属丝绕包节距应为绕包前海缆直径的 9～12 倍，金属丝直径应符合工艺规定，其直径的负偏差不大于金属丝直径的 5%，绕包方向为左向。

（3）金属丝接头应对准中心，接头要平整、牢固，焊接处应经反复弯曲检查，以防止虚焊，若焊接处有毛刺、凸起的尖角，必须锉平。

三、外被层

海缆外被层通常由两层绕向相反的 PP 绳绕包形成，外层 PP 绳绕向为左向，金属丝铠装外层应均匀涂覆沥青以达到防腐效果，内层 PP 绳表面也需均匀涂覆一层沥青，沥青可以防止海缆在海水里被腐蚀，同时也可以提高 PP 绳的附着力，可以避免海缆在生产制造运输过程中出现断线导致的外层 PP 绳散开，影响外观。

大长度海缆生产过程中，光缆填充和铠装工序是生产的最后一道制造工序，同时也是对海缆起到机械防护的关键工序，金属丝铠装所用的设备是铠装机，铠装机如

图 4 - 35 所示。

图 4 - 35　铠装机

单芯海缆光缆填充和金属丝铠装一般通用要求如下：

（1）为了保证成缆的圆整度，复合光缆与填充条材料需一起绞合在内护套缆芯表面。其中，复合光缆可均匀分布在缆芯外侧，复合光缆和填充条一起绞合时绞合张力应适中，绞合过程中不能有光缆跳出或填充材料压盖光缆的现象。

（2）金属铠装绞合时铠装金属丝在笼绞机绞合头前的分线盘上应均匀排列，金属丝根数允许适当变更，但间隙不能过大，通常建议平均间隙不得超过单根金属丝的直径。

（3）内衬层和外被层缠绕的 PP 绳的绞合节距应调节到保证 PP 绳覆盖整个海缆表面不露间隙为准，PP 绳排列应紧密。

（4）若有要求，铠装过程中铅套与铠装金属丝应进行短接操作，以实现海缆的接地，从而减小实际海缆运行时铅套和铠装金属丝内的感应电流，降低海缆的损耗发热。

（5）最外层缠绕绳可使用不同颜色进行标识，特殊位置如工厂接头、分段点等处（若有）也可以缠绕不同颜色的 PP 绳以作标识。同时海缆成品表面每隔一段距离还需进行计米标识。

（6）高压海缆一般采用旋转托盘收线，按顺时针或逆时针排列，盘绕应整齐。

（7）由于复合光缆规格相对海缆线芯较小，生产过程中不能受力过大，因此生产过程中每隔 1km 左右需进行光纤监测，检测光纤生产过程中是否受到外力损伤，保证生产的可控性和安全性。

舟联工程 500kV 交联聚乙烯（XLPE）绝缘海缆铠装现场及参数设定如图 4-36 所示，该工程除了上述要求外还提出了以下工艺控制要求和控制措施。

 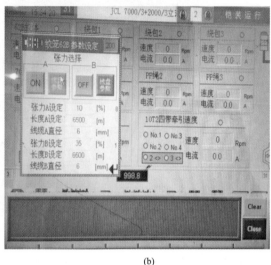

(a)　　　　　　　　　　　　　　　　　(b)

图 4-36　舟联工程 500kV 交联聚乙烯（XLPE）绝缘海缆铠装现场及参数设定
（a）铠装现场；（b）参数设定

1. 工艺控制要求

（1）项目采用铠装铜丝，铠装铜丝的根数和节距均应按照工艺要求严格执行。在并线前，铠装铜丝需经过预扭器进行预扭，消除内部应力，使铜丝绞合时更加紧密地贴在缆芯表面。

（2）铠装铜丝放线盘张力均匀，包括各放线盘张力在一定范围内一致，浅盘与满盘张力在一定范围内一致。

（3）铠装铜丝的接续采用电动液压冷焊方式，保证焊接质量满足要求。

2. 工艺控制措施

（1）开机前通过拉力计来校准铠装机张力监控传感器。

（2）铠装铜丝在分线板上分布应均匀。

（3）并线模具的大小和粗糙度应合适。

（4）整机主要部位均安装在线监控设备，可全方位监测生产过程。

（5）铠装过程使用光时域反射设备（optical time domain reflectometer，OTDR）实时检测光纤的通断和衰减，确保光纤复合生产过程稳定可控。

4.3　大长度海缆绝缘挤包工艺

舟联工程是具有世界先进水平的工程项目，工程中的 500kV 交联聚乙烯绝缘海缆线路单相长度达到 18.15km，从提升设备可靠性角度考虑，应控制中间接头数量，因此尝试应用大长度挤包工艺。

4.3.1　制约大长度海缆绝缘连续挤制的技术难点

一、绝缘焦烧

长距离海缆在绝缘工序绝缘挤出过程中，随着交联剂的逐渐析出，绝缘料在挤出机、连接管以及机头中受到阻力作用停留时间稍长或堆积，就易形成焦烧（过交联）现象，表现为形成黄色或深黄色琥珀状物质，进入绝缘中则相当于绝缘中的杂质，极易造成绝缘击穿等质量问题。发生焦烧现象时，材料熔融压力会增加，挤出曲线会不稳定，这也是判断绝缘发生焦烧现象的主要依据。

二、生产设备运行长期稳定性

在大长度海缆绝缘工序绝缘挤出过程中，生产设备运行的长期稳定性是非常重要的。因为开机时间长，如果冷却润滑不到位，设备极易过热导致停机，所以润滑冷却系统的保障很重要，另外也要重视水电气的保障。

三、杂质污染

绝缘料被杂质污染后极易造成击穿。杂质污染主要存在于加料过程中，因此需对加料过程严格控制，要长时间保持加料室洁净度的稳定性。

4.3.2　创新工艺措施

VCV 交联生产线是保证高压海缆大长度制造的关键装备。长期以来，VCV 交联生产线的开机时间一直都是制约高压交联海缆生产长度的瓶颈，为克服这一瓶颈，国内主流海缆厂家分析研究了绝缘料焦烧产生的原因，在现有 VCV 生产线和 CCV 生产线技术条件的基础上，从以下多方面进行优化设计和改善，大大延长了 VCV 机组的开机时间，使连续开机时间从一星期提高到 20 天以上，连续挤出绝缘料吨数超过 140t。

一、改造加料系统

一般超高压交流海缆采用 1000 级净化加料室和重力加料系统。加料过程中，从料箱开封到送入加料口，吊装时需人工去对齐落料口，海缆料会与周围的空气、操作台接触且工人操作过程也有机会引入杂质。在此基础上，通过自主研发设计了超净的加料环境和专用的自动对齐落料口加料系统，加料系统设备如图 4-37 所示，使局部净化达到 1000 级，同时最大程度减少人为因素影响。

（a）　　　　　　　　　　　（b）　　　　　　　　　（c）

图 4-37　加料系统设备图

（a）尘埃粒子计数器；（b）加料手套箱；（c）重力加料系统

二、改造导体进线系统

导体绞合时一般在表面绕包一层无纺布用于防尘，而在绝缘挤出时导体进入机头前将无纺布去除，但去除无纺布时，无纺布表面吸附的灰尘及掉落的细毛都可能对导体造成二次污染。针对这一情况，特别开发了一套热风吹气装置，在导体进入机头前，彻底去除导体表面吸附的杂质。

三、改造挤出流道系统

对设备原有螺杆端头进行局部改进，使其端头部位与过滤板之间的材料可以更加

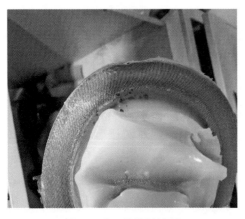

图 4-38　绝缘过滤网

顺畅地流动并保证没有材料堆积，避免了此处材料因为较长时间滞留而发生过交联产生焦烧现象。通过对过滤板孔型与锥度的特殊设计，确保材料通过过滤板时不产生额外阻力，增强过滤网与过滤板的高度匹配性，避免了过滤板和过滤网处材料受阻滞留而发生过交联产生焦烧现象。通过对模具角度的特殊设计，使模具角度与分流体角度更加一致，材料不会在模具和分流体上存积，不会导致过交联产生焦烧现象，绝缘过滤网如图 4-38 所示。

四、改造绝缘硫化系统

XLPE 绝缘海缆在挤出后需在硫化管内进行高温交联，管内需充压力约 1.2MPa 的氮气进行保护，此过程绝缘料处于熔融状态，此时氮气内如有任何杂质，都可能进入绝缘屏蔽层中。因此提高氮气纯度至 99.999% 以上，同时提高氮气压力的稳定性，以保证绝缘硫化效果。

五、温控系统改进

VCV 交联生产线上的设备全部配有备用模温机，在主机发生故障时立即启动，避免温度过热发生过交联产生焦烧现象。对外围循环水系统和内循环水系统进行重新设计与改造，原有系统温度可精确到 ±1℃，改造后的系统温度精度可以达到 ±0.5℃，使温度控制更精确，设备运行更加稳定。

六、通过仿真模拟进行参数优化

TCC 软件可以根据输入的硫化管温度、交联度期望值、线芯结构模拟出实际生产的线速度和线芯表面温度。可通过更改硫化管温度降低线芯表面温度，同时使用长冷却增加冷却时间从而达到长时间挤出不发生焦烧的效果。

七、采用独创的三步排料法

开机时采用独创的三步排料法，保证交联材料的滞留时间小于 2min，保证材料的洁净度，提高产品质量。三步排料法如下：

（1）导体由放线转盘放出，经储线器储线，到达上牵引。准备工作结束，开始排料，不同电压等级排料时间不同。

（2）按规定时间排料后，停止排料，安装挡胶板及过滤网。挡胶板安装前需经过加热处理，防止挡胶板温度低导致交联料滞留，从而产生老胶。过滤网的目数需根据不同材料要求选取。挡胶板安装完毕后，开始排料。排料中断时间小于 2min。

（3）待排料稳定后，停止排料，准备合闭机头。注意限位螺母的位置，防止由于限位螺丝安装不到位造成的交联伸缩管无法关闭，延长材料滞留时间。机头合拢后，开始排料，排料顺序应依次为绝缘、外屏、内屏。排料中断时间应小于 4min。

连接导体与引线，开始排料。排料稳定后，取样观察绝缘和屏蔽界面，要求界面光滑。在连接处做好防水保压措施。合拢交联管，全线启动，开始生产。待交联管温度达到工艺要求后，切换生产模式，正常生产。

通过以上措施，在 18km 500kV 绝缘线芯连续生产过程中，随时关注绝缘层挤出压力的变化情况，绝缘熔压从开机 242bar 到停机 247bar，仅增加 5bar，内外屏蔽挤出熔压变化差值也控制在 10bar 以内，达到非常理想的效果，挤出后拆下过滤网并检查过滤网情况，无可见的焦料等杂质。对绝缘内、中、外层热延伸进行全面测试显示：

绝缘交联充分性和均匀性都达到了预期效果，绝缘内、中、外各层试样的热延伸率为 50%～75%，保证了大长度海缆的制造。

4.4 大长度海缆铅套挤包工艺

海缆通常采用铅套作为海缆的静电屏蔽层和径向防水层，由于挤铅机挤出过程中使用自来水进行冷却，生产一定时间后，模盖上易堆积较多水垢，因此在每次更换模具之后都需要使用砂纸对模具进行打磨处理。由于铅质地较软，大规格的海缆铅套会由于自重导致铅护套被压扁，从而严重影响产品外观。对于此类问题，最佳解决方式是更换铅护套生产过程中的过线导轮，模具准备合理，铅护套挤制出后能紧紧贴附于绝缘线芯表面，这样可有效防止生产过程中的铅套变形及划伤。铅护套应为松紧适当的无缝铅管，铅套的最小厚度应不小于标称厚度的 95%，主要控制挤铅的温度和厚度，挤铅机如图 4-39 所示。

图 4-39 挤铅机

设备启动生产前需对设备进行保养，并在接收到设备启动确认单后方可安排生产。每次开机前要对挤铅机做一次全面的保养，重点保养位置如下：① 加热装置及其接线部位；② 各齿轮箱油位；③ 各电动机电刷磨损部位；④ 传动连接部位；⑤ 电控等部位；⑥ 挤铅机"Ω"输铅管和充硬脂酸装置。

检查硬脂酸、氮气、沥青等相关辅助材料是否已准备到位。准备好沥青涂覆用的沥青刮板，开机前按照要求钻孔，钻孔直径一般比铅护套外径小 10～15mm。

在开机过程中需要做到以下几点：

（1）控制挤铅机挤铅口温度不低于 280℃。

（2）挤铅机主机电流波动超过 20A 时，需要充入硬脂酸对螺杆进行清理。充硬脂酸时需提前通知各岗位人员做好减速准备。

（3）挤铅机各区温度设置值和实际值温差超过 15℃时，需及时向相关人员报告。

（4）每 4h 清理一次铅炉中的铅渣。

（5）平台牵引人员要实时监测从放线牵引机到挤铅机头的放线张力和包带情况，发现异常要及时汇报巡检人员。

（6）挤铅后的海缆端部要伸出托盘外约 10m，留作测试用。

第5章
海底电缆工程设计

交联聚乙烯绝缘海缆工程设计是通过一系列校核、核算确定海缆路由、载流量、接地方式、过电压、保护方案等的过程。舟联工程 500kV XLPE 绝缘海缆借鉴了 220kV XLPE 绝缘海缆相关设计经验,同时针对自身特点提出了相应的配套设计。本章将从路由选择、导体截面积选择和输送容量、金属套接地方式、电气参数及不平衡度、暂态电压和过电压特性、保护方案、载流量提升技术等方面进行详细的阐述。

5.1 路由选择

海缆路由的优劣直接决定了海缆运行是否安全可靠,因此海缆路由选择是海缆工程设计的第一步,应根据海缆线路的总体布局选择登陆点及海域路由。

5.1.1 路由选择的影响因素

影响海缆路由选择的因素主要包括海洋自然条件、人为因素、海岸条件和其他因素等。

一、海洋自然条件

1. 水深

水深与海缆敷设张力成正比,对水深超过 100m 的深海区域,设计时必须考虑到水深对海缆选型、路由勘察以及海缆施工的影响;对水深不超过 100m 的近海区域(我国大部分沿海海域均是如此),水深因素对海缆工程的影响较小。

此外,登陆点附近的水深影响着海缆登陆的施工难度。若登陆点附近水深较浅,则大型工程船只难以靠近,登陆施工难度大,故海缆登陆点往往选在海岸浅滩较短、水深下降较快的海岸。

2. 不良海底地质

不良海底地质严重威胁海缆的运行安全,在海缆路由选择时应尽量避开不良海底地质区域。典型的不良海底地质区域主要为基岩、沙坡、海底陡坡、海床冲刷区、海底地震区等。

（1）基岩。

当海缆直接敷设于海床基岩区域时,会造成海缆裸露以致摩擦损坏。因此,对基岩区,海缆敷设时必须采用专用水下岩石掘进机进行开岩作业,并将海缆水平敷设至基岩上开凿的海缆沟中,但水下开岩作业速度慢、费用高昂。对硬质海床也可采用抛石保护的方式,但也需专用施工船只施工,费用较高。一般来说,海缆路由避开基岩区域是更为合理、经济的选择。

（2）沙坡。

海底沙坡种类较多,按照波长和波高进行分类,大体上可分为波纹、沙坡、沙丘和沙脊。其中,沙坡区是海缆埋设施工最困难的地区,该区域内一般有很多起伏、连绵不断的沙坡,而且纵横交错、相互叠置,在大沙坡上往往还有很多小沙坡。海底沙坡非常容易在海流和波浪的作用下而发生运移,加之沙坡之间地形高低起伏,非常容易引起埋设的海缆悬空,海缆敷设于沙坡上的情况如图 5-1 所示。悬空的海缆会因长时间受海流携带泥沙的冲刷而磨损,也可能会因捕捞渔具或船锚的钩挂而遭到损坏,因此海缆路由选择时应尽量避开沙坡区。

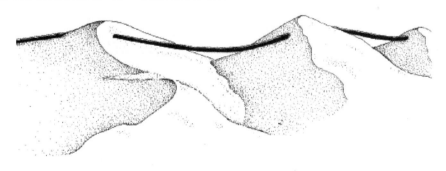

图 5-1　海缆敷设于沙坡上的情况

（3）海底陡坡。

在海流、地震、海啸、风暴潮等外界因素的影响下,海底陡坡区容易发生滑坡,对海缆安全造成严重影响,轻则使海缆暴露在海床表面,重则可能直接将海缆剪断,故海缆路由应尽量避开海底陡坡区。

（4）海床冲刷区。

当海缆埋设于海床冲刷区时,海缆周边的泥沙可能会被冲走,使海缆裸露继而悬空，最终可能导致海缆与暗流发生共振而疲劳损伤或者遭受船锚或渔具的损坏，故海缆路由应尽量避开海床冲刷区。在海缆路由无法避让海床冲刷区时，需要进一步考虑海缆防冲刷保护措施，比如抛石保护或者更深的埋深等。

（5）海底地震区。

海底地震具有很大的偶然性和不确定性，没有明显的规律性。地震不仅可以直接造成海缆断裂，还会诱发海啸、海底滑坡，导致海底沉积物运移，造成海缆裸露，为其他威胁海缆的因素（如船锚、捕捞渔具等）对海缆的破坏创造了条件。鉴于海底地震有巨大的破坏力，海缆路由应尽量远离地震和火山活动区域。

二、人为因素

根据国际大电网会议（Conference Internation Des Grands Reseaux Electriques，CIGRE）报告统计，1950~1980 年期间的海缆故障 70%以上是由人为因素造成的。因此，路由选择时必须合理评估人为因素的影响，并采取相应的措施进行避让。人为因素主要包括人工障碍物和人类活动区两部分。

人工障碍物主要包括：① 海底管线，包括其他电力海缆、通信海缆、石油管道、燃气管道、给水管等；② 污水排水口；③ 沉船，尤其是码头和桥梁附近需特别注意；④ 码头、船坞、船坡道、基础等构筑物，有些可能是已废弃且位于水面以下的；⑤ 挖泥作业区和垃圾倾倒区；⑥ 海上油气平台；⑦ 限制区域，如军队训练区或测试区；⑧ 规划建设区域。

人类活动区包括：① 渔业捕捞、水产养殖等渔业活动区；② 海洋航运船舶抛锚区；③ 码头、桥梁等施工作业区；④ 疏浚作业区；⑤ 倾倒垃圾杂物区；⑥ 海缆或管道敷设及维护作业区等。

三、海岸条件

从海岸性质分类，常见类型有基岩海岸、沙砾质海岸、淤泥质海岸、红树林海岸、珊瑚礁海岸。

（1）基岩海岸海底及岸滩多石质基岩，海缆敷设后保护难度较大。在有更好的登陆点的前提下，尽量不选择基岩海岸作为登陆点。

（2）沙砾质海岸常见于基岩海岸和淤泥质海岸之间或局部地段，其为堆积性海岸。沙砾质海岸的底质适于埋设海缆，且施工方便，是较理想的海缆登陆点。

（3）淤泥质海岸通常在山地丘陵海岸段中的港湾内，一般岸线曲折、港湾狭长窄小。淤泥质海岸多由淤泥淤积形成，淤泥质海岸的底质较软，适于埋设海缆，但此类海岸一般近岸海水水深下降较慢，且多具备良好的渔场资源条件，各种海洋捕捞活动易危害浅海海缆安全。

（4）红树林海岸和珊瑚礁海岸由于其生物多样性丰富，具有很高的生态价值，已被列为国家生态保护的海岸，禁止破坏性开发活动，因此选择海缆登陆点时应避开此类海岸。

四、其他因素

1. 路由长度

一般海缆路由越长投资越高，因此在避开限制区之后，尽量选择较短的海缆路由。

2. 路由宽度

同路由内的相邻海缆间需要保持一定间距，间距主要由以下几个因素决定：① 避免一次锚害时同时伤及相邻海缆的可能性，限定故障范围；② 保证相邻海缆施工不互相影响；③ 方便海缆发生故障后的定位及打捞；④ 故障海缆重新接续及敷设至海底时，海缆自身刚性会导致修复后偏移原路由约 1 倍的水深，此时海缆修复后的路由不应与相邻海缆发生交叉。海缆修复后路由示意如图 5-2 所示。

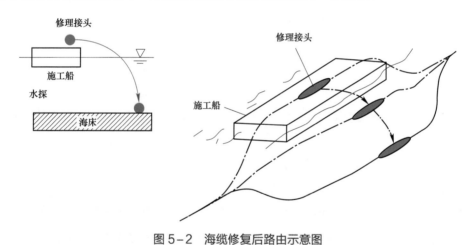

图 5-2 海缆修复后路由示意图

综合以上因素，并参照 GB/T 51190—2016 《海底电力电缆输电工程设计规范》的有关规定，海缆间距不宜小于最大水深的 1.2 倍，在登陆段海缆间距可适当减小。

3. 环境保护

对于路由可能会途经的海洋环境保护区或环境敏感区域，也需要特别注意。在这些区域海缆的施工可能会被禁止或受到严格的监督，受损的区域可能还要进行修复。故在海缆路由选择时，宜避开海洋环境保护区、环境敏感区。

5.1.2 路由选择的原则

海缆路由的选择应综合考虑上一节所述的各种因素，以安全可靠、技术可行、经济合理、便于施工维护、对海洋环境影响少、能保持海洋环境可持续发展为原则。

一、登陆点选择的原则

通过以上分析，海缆登陆点的选择一般应遵循以下原则：

（1）登陆点选择应综合考虑线路长度，选择至海缆终端距离较近的岸滩。

（2）登陆点宜选择在海岸稳定、全年风浪平稳、不易被冲刷与撞击的岸滩，避开红树林海岸、珊瑚礁海岸及基岩海岸等。

（3）登陆点应避开线缆、管道及其他设施或岸滩障碍，选择潮滩较短、水深下降较快、工程船只易靠近的地点。

（4）登陆点宜避开现有和规划中的开发活动热点区、港口开发区、填海造地区等。

（5）登陆点应避开对海缆有损害的腐蚀污染区。

二、海域路由选择的原则

海域路由的选择一般应遵循以下原则：

（1）海域路由宜选择曲折系数小的路由。

（2）海域路由宜选择海底地形平缓的海域，避开起伏剧烈的地形。

（3）海域路由宜选择水动力弱的稳定海床，避开不良地质因素分布区。

（4）海域路由宜选择水动力弱的海域，避开流速或海浪较大的海域或河道入海口。

（5）海域路由宜避开自然或人工障碍物、渔业和其他作业区以及锚地等，选择少有沉锚和拖网渔船活动的海域。

（6）海域路由宜选择施工运行与其他海洋开发活动相互影响最小的海域，路由宽度应充分结合建设规划需要进行确定。

（7）海缆路由与已建其他海底管线平行时，水平间距不宜小于下列数值：① 沿海宽阔海域为 500m；② 海湾等狭窄海域为 100m；③ 海港区内为 50m。

（8）海缆路由应尽量避免与其他管线交叉，若无法避免则应采取必要的安全措施。

（9）平行敷设的海缆应避免交叉、重叠。相邻的海缆应保持足够的安全距离，间距不宜小于最大水深的 1.2 倍，登陆段可适当缩小。

5.1.3 舟山 500kV 海缆路由选择

舟山 500kV 海缆连接浙江宁波镇海、舟山金塘岛两地，两地直线距离约 15km。在桌面路由选择阶段，综合考虑路由沿线地质、规划及登陆点情况，规划了南、北两个路由方案。

南方案：镇海侧登陆点位于澥浦镇，距离南端（南横堤）约 1km。金塘岛侧登陆点位于大鹏山岬湾。路由长度约 16.5km。

北方案：镇海侧登陆点位于澥浦镇，距离北横堤约 800m。金塘岛侧登陆点与南方案相同。路由长度约 16.4km。

南、北方案比选如下：

（1）登陆点条件评价。两方案镇海侧登陆点均位于新泓口东顺堤海塘，其为标准海塘，前沿海域为淤泥质边滩，后侧陆域地势低平，自然条件相似，均适合海缆登陆。大鹏山登陆点相同，为比较开敞的岬湾基岩海岸，前沿发育淤泥质边滩，比较适合海缆登陆。

（2）海底地形地貌和底质条件评价。路由海域处于杭州湾口南部与舟山群岛西部交汇海域，海底一般很平缓，水深约 0～8m（海图水深），底质以淤泥质为主，但大鹏山附近因发育潮流冲刷槽，最大水深约 50m，底质可能以砂砾和硬老地层（陆相）为主，局部也可能有岩石出露或浅埋。两方案最远相距约 1.3km，均穿越大鹏山潮流冲刷槽，因此海底地形地貌和底质条件相似，适合铺设本项目海底电缆。

（3）海洋水文气象评价。路由附近海域风速、风向的季节变化明显，台风活动较多的七八月份风速较大；秋季风速较小。因此单从风况条件看，秋季较为适宜施工。路由所在海域流速较大，但流态稳定，底部流速较小，较有利于海缆施工。波浪以风浪为主，受舟山群岛的阻挡作用，整体波高不大。总体来看，路由海域水文气象条件较为适宜，但在台风等灾害性天气或恶劣情况下，应注意施工安全管理。

（4）海洋开发活动评价。路由附近的海洋开发活动较多，主要有海底管线、跨海大桥、港口区、航道锚地、渔业捕捞和围填海等。两方案登陆点均占用镇海新泓口海塘、路由穿越张网区和航道。

北方案交越册镇油管、镇金水管路由（拟建）和宁波至定海海底通信电缆（已停用），海洋活动对其有直接影响，路由距离金塘大桥大于 1.5km。南方案约有 7km 路由与镇金水管路由、册镇油管分别平行，向东间距越来越大，海洋活动对其没有直接影响；镇海侧约有 3km 路由距离金塘大桥小于 1.5km，距海岸约 1km 处的路由距离金塘大桥最近 1km（7 号路由）。

路由穿越的海洋功能区包括农渔业区、港口航运区等。本项目用海性质属于海底工程用海中的海底管线用海，项目建设不改变各海洋功能区的海域自然属性，不会对附近海洋功能区产生明显影响。

综上所述，两方案最远相距约 1.3km，且东段路由基本重合，因此路由条件和海洋开发活动相似，自然条件均适合铺设本项目海底电缆。但考虑到北方案的路由中部交越册镇油管，需将油管压于下方，因此会明显影响该管道今后的维护作业和安全，而南方案没有直接影响。因此，最终选择南方案作为本工程海缆路由方案。舟山 500kV 海缆路由示意图如图 5-3 所示，舟山 500kV 海缆登陆点如图 5-4 所示。

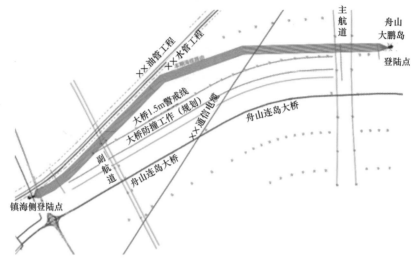

图 5-3　舟山 500kV 海缆路由图

(a) 　　　　　　　　　　　　　　(b)

图 5-4　舟山 500kV 海缆登陆点

（a）大鹏山陆点；（b）镇海登陆点

5.2　导体截面积选择和输送容量计算

海缆导体截面积一般按照电力系统要求设计载流量计算得到，具体步骤如下：

（1）根据电力系统远景规划要求，得到线路设计载流量。

（2）对不同工况下各种导体截面积的海缆载流量进行计算，得到对应的载流量表格。

（3）根据线路设计载流量和载流量表格，选择最经济的导体截面积。

因此，导体截面积选择的关键在于计算海缆载流量。

5.2.1　载流量计算方法

电缆载流量计算方法主要有两种，一是基于电缆的等值热路分析法，即 IEC 60287《电缆额定电流的计算》规定方法，这也是应用最广泛的一种方法；二是数值计算法，即通过温度场数值计算分析电缆周围温度分布情况。

一、等值热路分析法

等值热路分析法基于稳态温度场理论，并做如下假设：① 大地表面为等温面；② 电缆表面为等温面；③ 叠加原理适用。基于以上假设，将电缆视为以其几何中心为圆心的分层结构，用集中参数代替分布参数，把电流作用于电缆的热平衡视为一维形式的热流场，借助于欧姆定律、基尔霍夫定律相似的热欧姆定律等法则，进行简明的解析求解。IEC 60287《电缆额定电流的计算》对实际情况的某些参数取值未做规定，部分情况如下：

（1）与电缆结构材料有关的参数（如绝缘材料热阻系数），只给出代表性数据。

（2）与环境条件有关的参数，其值可能变化范围较大，取决于电缆敷设现场的条件和状况。

为了准确计算电缆在特定环境下的载流量，选取相应参数时应特别加以考虑。对实际工程中存在的各种电缆敷设情况，可以在上述计算原理的基础上进行拓展应用。等值热路分析法适用于简单电缆系统和边界条件，具有载流量直接计算的优点，但在适应电缆多样化使用方面仍有不足。

二、数值计算法

数值计算法是在给定电缆敷设、排列条件和负荷条件下对整个温度场进行分析，大地表面和电缆表面的温度都是待求量。

电缆温度场的主要数值计算法有有限元法、边界元法、有限差分法、有限容积法等。其中，有限元法适合处理复杂的边界条件，对分析复杂电缆群的温度场和载流量是一种有效的方法，已经较多地用于计算地下直埋电缆群的暂态、稳态温度场、桥架电缆群温度场和排管电缆群温度场。边界元法将无穷远处截断区域作为边界，不需像有限元法或有限差分法那样布置一个人为的边界，认为这个边界温度等于环境温度，但是当处理一个具有多层土壤的实际电缆沟问题或具有多根电缆敷设的问题时，边界元法的边界太多太复杂，计算量变得特别大。有限差分法很难表示复杂的边界条件，不易处理复杂问题。有限容积法适用于流体计算，可以应用于不规则网格，适用于并行计算，但是精度基本上只达到二阶。

三、等值热路分析法和数值计算法的比较

等值热路分析法的优点是可以用简单的公式近似计算电缆的载流量，但仅能解决一些几何上相对简单的问题。如在载流量计算中，将公式中土壤的热传导率和热容设为常数，并假设大地表面为等温面，导体的电阻率为常数。

数值计算法是在给定电缆敷设、排列条件和负荷条件下对整个温度场进行分析，大地表面和电缆表面的温度都是待求量，更加接近实际边界条件。因此，数值方法更适合几何、物理上比较复杂的问题，在分析复杂电缆系统中有很大的灵活性，计算的结果也比等值热路分析法中的解析算法更准确。

但在实际应用中，等值热路分析法的应用要比数值计算法普遍，原因如下：

（1）等值热路分析法计算电缆载流量已沿用已久。

（2）对于由单回路或双回路构成的系统，等值热路分析法的准确度已能满足工程的需要。

（3）等值热路分析法适用于多个回路以集群方式敷设的系统（如排管敷设和隧道敷设），需考虑回路间的电磁感应对电缆导体邻近效应和损耗的影响以及空气自然对流、热辐射和热传导三种导热方式的耦合。而对简单结构和敷设的电缆系统，用数值计算法反而烦琐。

因此，舟山 500kV 海缆载流量计算仍采用等值热路分析法，计算公式为

$$I = \sqrt{\frac{(\theta_c - \theta_0) - W_d(0.5T_1 + T_2 + T_3 + T_4)}{RT_1 + R(1+\lambda_1)T_2 + R(1+\lambda_1+\lambda_2)(T_3+T_4)}} \qquad (5-1)$$

式中　I——海缆载流量，A；

θ_c——海缆线芯允许工作温度，℃；

θ_0——环境温度，℃；

W_d——单根海缆单位长度绝缘层的介质损耗，W/m；

T_1——单根导体和金属套之间热阻，K·m/W；

T_2——金属套和金属铠装层之间的内衬层热阻，K·m/W；

T_3——海缆内护套热阻，K·m/W；

T_4——海缆表面和周围介质之间的热阻，K·m/W；

R——海缆线芯的交流有效电阻，Ω/m；

λ_1——海缆内护套损耗相对于导体损耗的比率；

λ_2——海缆金属铠装层损耗相对于导体损耗的比率。

由式（5-1）可知，海缆的载流量由海缆导体允许工作温度、本体损耗、各部分热阻决定。其中，T_1、T_2、T_3 取决于海缆结构尺寸和材料，T_4 与海缆敷设环境有关。各部分热阻计算方法如下。

（1）导体与金属套间热阻 T_1。

$$T_1 = \frac{\rho_{T1}}{2\pi} \ln\left(1 + \frac{2t_1}{D_c}\right) \tag{5-2}$$

式中　ρ_{T1}——海缆导体与金属套间绝缘层热阻系数，K·m/W；

$\quad\quad t_1$——海缆导体与金属套间绝缘层厚度，mm；

$\quad\quad D_c$——海缆导体的外径，mm。

（2）金属套和金属铠装层之间的内衬层热阻 T_2。

$$T_2 = \frac{\rho_{T2}}{2\pi} \ln\left(1 + \frac{2t_2}{D_s}\right) \tag{5-3}$$

式中　ρ_{T2}——海缆金属套与金属铠装层间内衬层热阻系数，K·m/W；

$\quad\quad t_2$——内衬层厚度，mm；

$\quad\quad D_s$——海缆金属套的外径，mm。

（3）海缆内护套热阻 T_3。

$$T_3 = \frac{\rho_{T3}}{2\pi} \ln\left(1 + \frac{2t_3}{D_a'}\right) \tag{5-4}$$

式中　ρ_{T3}——海缆金属铠装层内护套热阻系数，K·m/W；

$\quad\quad t_3$——内护套厚度，mm；

$\quad\quad D_a'$——海缆金属铠装层外径，mm。

（4）海缆表面和周围介质之间的热阻 T_4。

根据海缆工程线路敷设方式，需要计算单芯海缆在直埋敷设、空气中敷设时的外部热阻。计算空气中敷设条件下外部热阻时，不考虑风速的影响。

1）直埋敷设。

对单芯直埋海缆，外部热阻计算公式为

$$T_4 = \frac{\rho_{T4}}{2\pi} \ln\left[\left(\frac{2L}{D_e}\right) + \sqrt{\left(\frac{2L}{D_e}\right)^2 - 1}\right] \tag{5-5}$$

式中　ρ_{T4}——海缆外部土壤介质热阻系数，K·m/W；

$\quad\quad L$——地表面至海缆轴心的距离，mm；

D_e——海缆外径，mm。

考虑到相邻相海缆的散热影响，直埋敷设条件下的 T_4 可修正为

$$T_4 = \frac{\rho_{T4}}{2\pi} \left\{ \ln\left[\left(\frac{2L}{D_e}\right) + \sqrt{\left(\frac{2L}{D_e}\right)^2 - 1} \right] + \ln\left[1 + \left(\frac{2L}{s_1}\right)^2 \right] \right\} \tag{5-6}$$

式中　s_1——相邻相海缆轴间距，mm。

2）空气中敷设。

海缆在空气中敷设时应免于日光照射。架空绝缘海缆免于日光照射时，T_4 计算公式为

$$T_4 = \frac{1}{\pi D_e^* h (\Delta\theta_s)^{0.25}} \tag{5-7}$$

$$h = \frac{Z}{(D_e^*)^g} + E \tag{5-8}$$

式中　D_e^*——海缆的外径，mm；

　　h——热扩散系数，W/[m²·(K)⁵/⁴]，取 $Z=0.21$，$g=0.60$，$E=3.94$；

　　$\Delta\theta_s$——海缆表面相对于环境温度的温升，K。

采用迭代方法计算 $\Delta\theta_s$。

$$(\Delta\theta_s)_{n+1}^{0.25} = \left[\frac{\Delta\theta_s + \Delta\theta_d}{1 + K_A(\Delta\theta_s)_n^{0.25}} \right]^{0.25} \tag{5-9}$$

$$\Delta\theta_d = W_d \left[\left(\frac{1}{1+\lambda_1+\lambda_2} - 0.5 \right) T_1 - \frac{n\lambda_2 T_2}{1+\lambda_1+\lambda_2} \right] \tag{5-10}$$

$$K_A = \frac{\pi D_e^* h}{(1+\lambda_1+\lambda_2)} [T_1 + T_2(1+\lambda_1) + T_3(1+\lambda_1+\lambda_2)] \tag{5-11}$$

式中　$\Delta\theta_d$——导体对周围环境的允许温升，K。

计算时，$(\Delta\theta_s)^{0.25}$ 初始值选为 2，当两次迭代结果之间差值小于 0.001 时中止计算。

5.2.2　舟山 500kV 海缆载流量计算

考虑 $N-2$ 时切除 20% 以内的负荷，海缆线路输送容量需达到 1100MW，此时载流量必须满足 1411A。

海缆敷设环境按海床、滩涂、陆地、空气四种工况考虑，具体如下：

（1）海床。低潮位以下区域，采用直埋敷设，埋深 2.5~3m，基岩区埋深不小于

1.5m，土壤温度 20℃，土壤热阻系数 0.7K·m/W，海缆缆间距 50m。

（2）滩涂。堤脚至低潮位线之间的区域，采用直埋敷设，埋深 2.5m，土壤温度 25℃，土壤热阻系数 0.8K·m/W，缆间距 5m。

（3）陆地。过堤以及之后的陆地段，采用海缆沟敷设，空气温度 40℃，混凝土路面，海缆间距 5m，海缆沟敷设示意如图 5-5 所示。

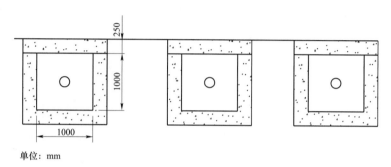

单位：mm

图 5-5　海缆沟敷设示意图

（4）空气。站内上终端段长约 4.5m 的区域，空气温度 40℃，有或无日照，缆间距 7m。考虑此状态海缆很短，且站内易采取降温措施，因此仅作为参考。

根据式（5-1）～式（5-7）计算不同截面积海缆的载流量，不同敷设环境 500kV 交联聚乙烯绝缘海缆载流量计算结果见表 5-1。从表 5-1 可以看出，制约海缆输送容量的敷设方式为滩涂敷设方式。

表 5-1　　　　　不同敷设环境 500kV 交联聚乙烯绝缘海缆载流量计算结果表

海缆截面积（mm²）	载流量（A）			
	海床直埋	滩涂直埋	陆地海缆沟	空气无日照
1600	1546	1471	1526	1526
1800	1611	1526	1600	1600
2000	1677	1589	1650	1650
2500	1809	1712	1790	1790

若考虑 $N-2$ 时不切负荷，则每回海缆线路输送容量至少需达到 1600MW，此时海缆载流量必须满足 2053A，此时即使采用最大截面积为 2500mm² 的海缆也不能满足要求。

若考虑 $N-2$ 时切除 20% 的负荷，则每回海缆线路输送容量需达到 1100MW，此时载流量必须满足 1411A。这时采用截面积为 1600mm² 的海缆即可满足要求。此时，各截面积的选择也符合各海缆生产厂家根据海缆制造能力提出的海缆截面积控制在

1600～2000mm² 的建议，且倾向于更成熟的 1600、1800mm² 截面积。最终考虑一定设计裕度后，海缆截面积确定为 1800mm²。

5.2.3 舟山 500kV 海缆线路参数对输送容量的影响

一、末端电压对输送容量的影响

对舟联工程海缆—架空线混合线路输送容量进行分析，获取不同工况下线路的沿线电流分布。考虑海缆线路中输送的有功功率为 1100MW，功率因数为 0.9，舟山变电站与镇海变电站两侧均配置 1 组 120Mvar 的高压电抗器。

1. 首末端电压不相等

若仅控制海缆线路末端电压为 500、510、525kV，受线路沿线电压下降和线路无功功率逐渐增加的影响，线路沿线电流逐渐增加，在线路末端输送电流达到最大，且最大电流随着末端电压的上升而下降。在末端功率因数为 0.9、电压为 500kV 的情况下，海缆最大电流达到 1425A。末端电压对沿线电流的影响（首末端电压不相等）如图 5-6 所示。

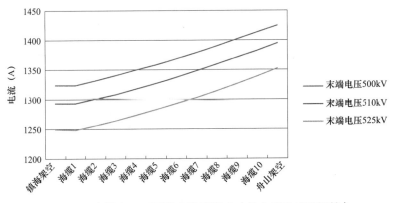

图 5-6　末端电压对沿线电流的影响（首末端电压不相等）

2. 首末端电压相等

若控制海缆线路首末端电压相等，均为 500、510、525kV，在维持首末端电压相等的条件下，两端电流大于中间段电流，且最大电流随着末端电压的上升而下降。在首末端电压 500kV 的情况下，海缆最大电流达到 1292A。末端电压对沿线电流的影响（首末端电压相等）如图 5-7 所示。

由以上分析可得，海缆最大电流随着电压的升高而降低，且系统流入的无功功率越大，海缆流过的最大电流也越大。

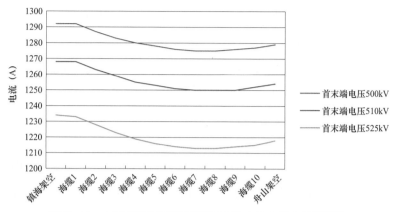

图 5-7　末端电压对沿线电流的影响（首末端电压相等）

二、功率因数对输送容量的影响

根据《电力系统设计手册》，500kV 电网无功功率应按就地平衡的要求配置无功补偿装置，要控制 500kV 电网层无功少流和不流向低电压网。500kV 变电站电压侧的送出功率因数宜控制为 0.98～1，并且当线路装有高压电抗器或送电容量超过自然功率时，送出功率因数宜取 1.0。因此，对不同功率因数对输送容量的影响进行分析，其中功率因数分别取 0.95、0.98、1。同时对受端不同功率因数对输送容量的影响进行分析，其中功率因数分别取 0.9、0.92、0.95、0.98。

1. 受端功率因数对输送容量的影响

分析海缆线路在不同受端功率因数下的海缆沿线电流分布情况，计算中考虑 1 回海缆线路中输送的有功功率为 1100MW，舟山终端站电压暂按 500kV 考虑，舟山变电站与镇海变电站两侧均配置 1 组 120Mvar 的高压电抗器。受端功率因数对沿线电流的影响如图 5-8 所示。

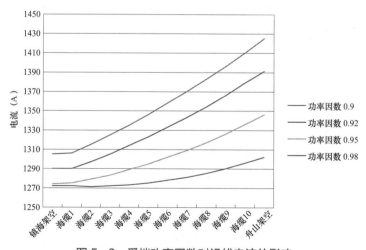

图 5-8　受端功率因数对沿线电流的影响

从图 5-8 可以看出，受线路沿线电压下降和线路无功功率逐渐增加的影响，线路沿线电流逐渐增加，在线路末端，输送电流达到最大。由于末端功率因数越高，所需系统无功功率越小，故最大电流随着末端功率因数的上升而下降。在末端功率因数为 0.9、电压为 500kV 的情况下，海缆最大电流达到 1425A。

2. 送端功率因数对输送容量的影响

分析海缆线路在不同送端功率因数下的海缆沿线电流分布情况，计算中考虑 1 回海缆线路中输送有功功率为 1100MW，舟山终端站电压按 500kV 考虑，舟山变电站与镇海变电站两侧均配置 1 组 120Mvar 的高压电抗器。送端功率因数对沿线电流的影响如图 5-9 所示。

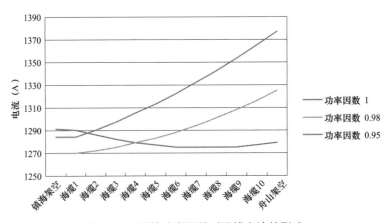

图 5-9　送端功率因数对沿线电流的影响

从图 5-9 可以看出，随着送端功率因数的下降，受线路沿线电压下降和线路无功功率逐渐增加的影响，线路沿线电流逐渐增加，在线路末端，输送电流达到最大。当送端功率因数为 0.95 时，线路末端电流达到 1377A。

三、高压电抗器配置方案对输送容量的影响

分析不同高压电抗器配置方案下舟山 500kV 海缆沿线电流分布情况，计算中考虑 1 回海缆线路中输送有功功率为 1100MW。

高压电抗器配置方案如下：

（1）镇海变电站和舟山变电站各配置 1 组 120Mvar 高压电抗器。

（2）镇海变电站配置 1 组 150Mvar 高压电抗器，舟山变电站配置 1 组 120Mvar 高压电抗器。

（3）镇海变电站配置 1 组 120Mvar 高压电抗器，舟山变电站配置 1 组 150Mvar 高压电抗器。

（4）镇海变电站和舟山变电站各配置 1 组 150Mvar 高压电抗器。

1. 系统流入无功功率

计算考虑舟山变电站功率因数为 0.9，控制线路首末端电压相等，且均为 500kV。可以看出，在维持首末端电压相等的条件下，两端电流大于中间段电流，海缆最大电流达到 1292A。送端功率因数对沿线电流的影响（系统流入无功功率）如图 5－10 所示。

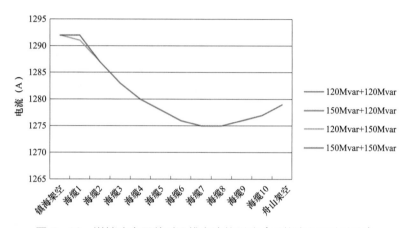

图 5-10 送端功率因数对沿线电流的影响（系统流入无功功率）

2. 系统不流入无功功率

控制线路首末端电压相等，且均为 500kV。可以看出，在维持首末端电压相等的条件下，两端电流大于中间段电流，海缆最大电流达到 1298A。送端功率因数对沿线电流的影响（系统不流入无功功率）如图 5－11 所示。

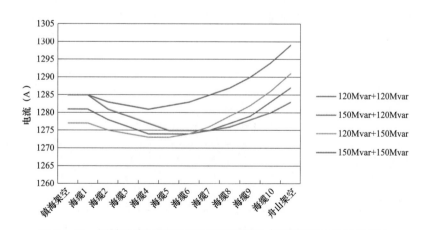

图 5-11 送端功率因数对沿线电流的影响（系统不流入无功功率）

5.3　金属护套接地方式

海缆在运行时，由于磁力线交链金属套，将使它的两端产生感应电压。这时如果对海缆金属套采用两端直接接地的方法，则护套内会形成很大的感应电流造成损耗，并且使护套发热，从而大大地降低了海缆的允许载流量。但是对于长距离的海缆线路，如果采取城市海缆常见的单端接地方式，则有可能在金属套非接地端形成一个很大的感应电压。以舟山 500kV 海缆为例，在单端接地方式下，正常运行时金属套上的感应电压为 0.608V/m，海缆长度为 17.7km，非接地端电压高达 10.76kV；在单相接地故障时，金属套上的感应电压为 14.307V/m，非接地端电压高达 253.23kV。所以对长距离海缆线路，不能采用常规的单端接地方式。同时，由于海缆采取整根制造，敷设于海底，无法人为制造护套分段点，而且海缆间距较远，无法实现交叉互联接地方式。综上所述，对长距离海缆线路，为了限制金属套的感应电压，须在金属套和金属铠装层两端实施直接接地。

对海缆线路金属套采用两端接地后，工频状态下金属套的感应电压被强制限制到地电位。但在故障状态下，金属套上仍有可能出现很高的感应电压。因此，必须确定各种工况下海缆金属套的耐压值，并对金属套上的感应电压进行校验。

5.3.1　内护套绝缘要求

（1）GB/T 51190—2016《海底电力电缆输电工程设计规范》规定，单芯海缆防腐层应能耐受金属套上的感应电压，电缆线路较长时，应采取措施限制金属套上的感应电压。海缆内护套采用绝缘材料分段接地的形式时，登陆段和陆上段金属套上的工频感应电压不应超过 300V，海域段金属套上的工频感应电压不宜大于 1000V。

（2）GB/T 2952.1—2008《电缆外护层　第一部分：总则》规定，海缆内护套应能经受表 5-2 规定的直流或工频火花试验而不击穿。

表 5-2　　　　　　　　海缆内护套直流或工频火花试验要求

火花试验类型	试验电压（kV）	最高试验电压（kV）
直流	9t	25
工频 50Hz	6t	15

注　t 为护套的标称厚度，mm。

（3）GB/T 2952.1—2008《电缆外护层　第一部分：总则》规定，海缆内护套应能承受表 5-3 规定的冲击试验电压正、负极性各 10 次而不击穿。

表 5-3 海缆冲击试验电压要求

主绝缘耐受标称雷电冲击电压峰值（kV）	绝缘内护套冲击电压峰值（kV）
1550	72.5

（4）GB/T 50217—2018《电力工程电缆设计标准》规定，可能最大冲击电流作用下护层电压限制器的残压，不得大于电缆内护层的冲击耐压被 1.4 所除数值。

综合上述标准，总结出了各工况下海缆内护套上的电压限值，海缆内护套电压耐压要求见表 5-4。

表 5-4 海缆内护套电压耐压要求

工况	正常工作（V）	工频过电压（kV）	冲击过电压（kV）
限值	陆地段：300；海洋段：1000	15	51.8

5.3.2 舟山 500kV 海缆线路金属套感应电压

按照海缆运行的工况，金属套感应电压包括工频感应电压、短路感应电压、冲击感应电压三类。设计时有必要对各类感应电压进行计算时，按照表 5-4 要求校核各种工况下的海缆绝缘内护套的耐压能力。

一、工频感应电压

金属套工频感应电压由工频电磁感应电压和工频静电感应电压组成。

（1）工频电磁感应电压由线芯电流产生的交变磁场与金属套交链感应产生。在实际工程中，由于海缆呈水平排列，三相的间距不可能完全相等，又由于在长距离海缆无功电流的作用下（包括电容电流和高压并联电抗器的影响），海缆沿线每一小段金属套的工频感应电压不能完全被抵消，其对地电压的最大值出现在海缆的两端附近。根据舟山 500kV 海缆结构和排列方式，极限运行时，两端对地电压最大值的感应电压为 4V，基本可以忽略不计。

（2）工频静电感应电压由海缆电容电流在金属套上产生的电压降形成。对金属套两端互联接地的海缆，感应电压的最大值出现在海缆的中点处，且感应电压与金属套阻抗、单位长度电容电流以及海缆长度的二次方成正比，具体可由式（5-12）和式（5-13）计算。

$$U_c = \int_0^{L/2} Z_c I_c x \mathrm{d}x \qquad (5-12)$$

$$I_c = (U_1 - U_2)\omega C_{12} \qquad (5-13)$$

式中　U_c——工频静电感应电压，V；

　　　L——海缆长度，km；

　　　Z_c——金属套的阻抗，Ω/km；

　　　I_c——电容电流，A/km；

　　　U_1——线芯相电压，V；

　　　U_2——金属套感应电压，V；

　　　ω——角频率，rad/s；

　　　C_{12}——线芯对金属套的电容，F/km。

根据舟山 500kV 海缆结构和金属套两端接地方式，单位长度电容电流约为 0.027A/m，工频静电感应电压最大值约为 93V，满足 GB/T 51190—2016《海底电力电缆输电工程设计规范》的相关规定。

二、短路感应电压

电力系统短路的典型方式有三相短路、两相短路、单相接地短路和两相接地短路 4 种。其中，单相接地短路发生在电缆段时，金属套上的感应电压最高。该电压由电磁感应电压、静电感应电压和地电位升组成。其中静电感应电压较小，可以忽略不计。故障电流的流向与两侧终端处金属套和金属铠装层的连接方式有关。根据工程需要，金属套和金属铠装层的连接方式主要有以下两种。

（1）金属套与金属铠装层分开接地。若金属套与金属铠装层分开接地，则两者中的短路电流以金属套和海水作为回流通道（此时不考虑通过金属铠装层），金属套短路感应电压的最大值出现在线路的两端，表现为短路电流引起的地电位升。金属套电流及短路感应电压与工频接地电阻的关系见表 5-5。从表 5-5 可以看出，当系统提供的短路电流一定时，可以通过降低两端电缆终端处的工频接地电阻来有效地降低短路感应电压。由于绝缘内护套的厚度一般大于 4mm，因此即使在较严苛的输入条件下，该短路感应电压仍小于绝缘内护套的短路耐受电压，对绝缘内护套的安全运行没有影响。

表 5-5　　　　　金属套电流及短路感应电压与工频接地电阻的关系

（金属套与金属铠装层分开接地）

工频接地电阻（Ω）	短路电流（kA）	金属套电流（kA）	金属套短路感应电压（kV）
4	50	46.77	44.81
3		46.69	34.66

续表

工频接地电阻（Ω）	短路电流（kA）	金属套电流（kA）	金属套短路感应电压（kV）
2		46.71	24.11
1	50	47.07	12.68
0.5		47.47	6.48

（2）金属套和金属铠装层集中接地。事实上，工程中往往将金属套与金属铠装层连在一起集中接地（舟山 500kV 海缆采用此种接地方式），则并联连接的金属套和金属铠装层将和海水一同构成短路电流的回流通道。需要注意的是，金属层的短路感应电压为并联连接的金属套与金属铠装层的对地电压，而绝缘内护套所承受的电压为金属套和金属铠装层之间的电压差，因此在此工况下，绝缘内护套并不承受感应过电压。

三、冲击感应电压

金属套冲击感应电压的来源是沿线芯传播的过电压侵入波，包括雷电过电压侵入波和操作过电压侵入波。舟山 500kV 海缆连接方式为海缆—架空线—变电站，对该连接方式，在校验金属套冲击感应电压能否满足设计要求时，一般仅考虑雷电过电压侵入波即可。

一般来说，海缆线路需配置相应的避雷器。因此在验算金属套冲击感应电压时，可认为过电压侵入波的幅值即为所配置避雷器的残压值。但有些工程在设计时，为使绝缘内护套在较为严苛的条件下仍能安全可靠的运行，将过电压侵入波的幅值取为相应工况电缆主绝缘耐受电压值的 0.85 倍。

海缆金属套冲击感应电压一般采用电容耦合法进行计算。该算法基于由 S.Rusck 和 E.Uhlman 于 1962 年提出的电容耦合原理，它给出了海缆线芯承受阶跃型过电压侵入波时，随距离变化的金属套冲击感应电压最大值 U_{23} 的计算方法，具体表达式如下：

$$U_{23} = \frac{U_{tr}C_{12}\left(1 - e^{-\beta x}\right)}{C_{12} + C_{23}}$$

$$\beta = \frac{vR_s\left(C_{12} + C_{23}\right)}{2}$$

（5－14）

式中　U_{23} ——金属套冲击感应电压最大值，kV；

U_{tr} ——过电压侵入波的幅值，kV；

C_{12} ——导体对金属套的电容，F/km；

C_{23} ——金属套对金属铠装层的电容，F/km；

x ——传播距离，km；

v ——侵入波在海缆中的波速，km/s；

R_s ——金属套电阻，Ω/km。

当海缆采用的接地方式为两端三相互联接地，中间不短接时，在雷击过电压工况下（电压侵入波幅值为 1317.5kV），采用电容耦合法计算得到的金属套冲击感应电压为 30.14kV。对 500kV 海缆，其绝缘内护套的冲击耐受电压为 72.5kV，考虑绝缘配合系数 1.4，冲击耐受电压的控制值应为 51.8kV。

综上所述，舟山 500kV 海缆采取金属套和金属铠装层两端直接接地后，各类感应电压均可以控制在允许值以下。但实际实施时，考虑了更大的安全裕度，在海缆中部设置了一个金属套和金属铠装层的短接点。

5.3.3 舟山 500kV 海缆线路接地线选型

一、终端站接地线选型

当海缆采取两端接地时，海缆金属套和金属铠装层需由接地电缆接入直接接地箱，三相互联后再通过接地电缆与终端站的接地网相连。

考虑到接地电缆耐压水平要与舟山 500kV 海缆内护套的耐压水平相匹配，绝缘厚度不小于 4mm，可以选择 8.7/15kV 电压等级的交联聚乙烯绝缘电力电缆。考虑到要与海缆金属铠装层材料相匹配，接地电缆采用铜导体。

由于海缆线路需要采取金属层两端接地方式运行，因此在接地电缆截面积选择时，还应根据正常运行时金属层感应电流大小进行校验。两端接地时，流过金属层的感应电流与线芯电流相当。同时，接地电缆的截面积应当满足短路热稳定校验的要求，根据计算，各种截面积的接地电缆通流能力见表 5-6。

表 5-6 各种截面积的接地电缆通流能力计算结果

电缆截面积（mm²）	载流量（A）	短路电流（kA）
300	780	42.9
400	910	57.1
500	1060	71.4
630	1230	90.0
800	1440	114.3
1000	1600	142.9
1200	1740	171.4

注 1. 载流量计算时，导体温度 90℃，环境温度 40℃，空气中敷设。

2. 短路电流持续短路时间取 1s。

从短路热稳定校验的要求来说，接地电缆截面积不应小于 400mm²，但为满足外护层感应电流的要求，接地电缆截面积宜为 800mm²。因此，舟山 500kV 海缆接地电缆采用 YJV – 8.7/15 – 800。

二、金属套—金属铠装层短接线选型

正常运行时，海缆短接点上流过的电流为电容电流、镇海侧—短接点与大地回路的环流、短接点—舟山侧与大地回路的环流的叠加，由于镇海侧—短接点与大地回路的环流、短接点—舟山侧与大地回路的环流在短接点处基本相互抵消，故短接点上电流主要表现为电容电流，计算公式同式（5–1）。

舟山 500kV 海缆在设置一处短接点后，短接线上的电容电流可达 145A，厂家设置短接线时，短接线载流量按电容电流校核。同时，接地电缆的截面积应当满足金属套上流过的短路电流的热稳定校验要求。此外，短接线制作及运行过程中存在发热现象，设置短接线位置时应避开软接头位置。

5.4　电气参数及不平衡度

舟联工程为长距离架空——海缆混合线路，其线路的电气参数及其不平衡度有何特点、有无必要采取降低不平衡度的措施均需要进行核算。

5.4.1　电气参数计算方法

海缆设计中涉及的电气参数计算有三相工作电阻计算、三相工作电容计算、三相工作电感计算 3 种。

一、三相工作电阻和三相工作电容计算

舟山 500kV 海缆长度为 17.7km，海缆截面积为 1800mm²，海缆等间距水平敷设于海底。显然，等长的三根海缆工作电阻相同。

海缆的工作电容由两部分组成，一是海缆芯线导体对金属套的部分电容 C_x，三相海缆的 C_x 相等；二是三相海缆芯线之间的部分电容 C_y，由于各相海缆金属套的屏蔽作用，C_y 为零。因此海缆段三相工作电容相同。

二、三相工作电感计算

1. 海缆线路水平等间距排列时单位长度的电感计算

工作过程中，每根海缆所交链的磁链可分为两部分，一部分为与整个电流交链的磁链，它包围海缆导电芯线整个截面的电流，称之为外磁链；另一部分为仅与电流的部分量所交链的磁链，称之为内磁链。单位长度海缆电感计算如下：

$$L = L_\mathrm{i} + L_\mathrm{e} \tag{5-15}$$

式中　L ——单位长度海缆电感，H；

　　　L_i ——单位长度海缆内自感，H；

　　　L_e ——单位长度海缆外自感，H。

舟山 500kV 海缆水平等间距排列。其中单位长度海缆内自感和单位长度三相海缆外自感可按式（5-16）、式（5-17）计算。

$$L_\mathrm{i} = 0.5[1 - (r_\mathrm{du} / r_\mathrm{c})^{1.5}] \tag{5-16}$$

$$\begin{aligned} L_\mathrm{eA} &= 2\big[\ln(S/r_\mathrm{c}) - a\ln 2\big] \\ L_\mathrm{eB} &= 2\ln(S/r_\mathrm{c}) \\ L_\mathrm{eC} &= 2\big[\ln(S/r_\mathrm{c}) - a^2\ln 2\big] \end{aligned} \tag{5-17}$$

式中　r_du ——海缆导体芯线内半径，m；

　　　r_c ——海缆导体芯线外半径，m；

　　　L_eA ——A 相单位长度海缆外自感，H；

　　　L_eB ——B 相单位长度海缆外自感，H；

　　　L_eC ——C 相单位长度海缆外自感，H；

　　　S ——海缆三相相间距离，m；

　　　a ——运算子，取 $\mathrm{e}^{\mathrm{j}120°}$。

记海缆三相工作电感为 L_A、L_B、L_C，由海缆内自感、外自感计算公式可得三相间单位长度工作电感差值如下：

$$\begin{aligned} L_\mathrm{A} - L_\mathrm{B} &= (L_\mathrm{i} + L_\mathrm{eA}) - (L_\mathrm{i} + L_\mathrm{eB}) = -2a\ln 2 \\ L_\mathrm{C} - L_\mathrm{B} &= (L_\mathrm{i} + L_\mathrm{eC}) - (L_\mathrm{i} + L_\mathrm{eB}) = -2a^2\ln 2 \\ L_\mathrm{A} - L_\mathrm{C} &= (L_\mathrm{i} + L_\mathrm{eA}) - (L_\mathrm{i} + L_\mathrm{eC}) = -\mathrm{j}2\sqrt{3}\ln 2 \end{aligned} \tag{5-18}$$

由式（5-18）可得，等间距水平敷设海缆各相单位长度上的工作电感差值与相间距间 S 无关，且均为常数。

当海缆护套形成通路，芯线电流在护套中的感应电动势将在护套中形成环流消耗能量，并引起海缆发热，成为限制海缆载流量的因素之一。对高压海缆，护套损耗对载流量的影响更大，因此需要减小护套损耗以提高载流量，可以采取的方式是使护套对地绝缘而在护套的一定位置采用特殊的护套连接及接地方式，如采取将护套单点接地等方式。导体中的电流变化会在自身及其他相护套中产生感应电压，但不在护套与大地间形成感应环流，不消耗能量，故计算时不考虑海缆芯线与自身及其他相护套的电感对系统电感参数的影响。

2. 架空线水平等间距排列时单位长度的电感计算

架空线各相工作电感分为导线自感及相与相之间导线互感两部分。设三相导线水平架设,则架空线各相自感和两相之间的互感分别按式(5-19)、式(5-20)进行计算。

$$L = \frac{\mu_0}{2\pi}\left(\ln\frac{2l}{D_s} - 1\right) \tag{5-19}$$

式中　L——各相自感,H;

　　　μ_0——磁常数,H/m;

　　　l——导线长度,m;

　　　D_s——分裂圆柱型导线每相的自几何均距,m。

两相之间的互感为

$$M = \frac{\mu_0}{2\pi}\left(\ln\frac{l}{D} - 1\right) \tag{5-20}$$

式中　M——两相之间的互感,H;

　　　μ_0——磁常数,H/m;

　　　l——导线长度,m;

　　　D——三相导线分裂中心线间的距离,m。

对于不换位三相架空线,由于工作电感为自感与互感之和,并计及两相之间互感相等,如 $M_{ab} = M_{ba}$, $M_{bc} = M_{cb}$, $M_{ac} = M_{ca}$,则 A、B、C 三相磁链 ϕ_a、ϕ_b、ϕ_c 计算关系如下:

$$
\begin{bmatrix} \phi_a \\ \phi_b \\ \phi_c \end{bmatrix} =
\begin{bmatrix} L & M_{ab} & M_{ac} \\ M_{ba} & L & M_{bc} \\ M_{ca} & M_{cb} & L \end{bmatrix}
\begin{bmatrix} I_a \\ I_b \\ I_c \end{bmatrix}
$$

$$
= \frac{\mu_0}{2\pi}
\begin{bmatrix} \ln(1/D_s) & \ln(1/D) & \ln(1/2D) \\ \ln(1/D) & \ln(1/D_s) & \ln(1/D) \\ \ln(1/2D) & \ln(1/D) & \ln(1/D_s) \end{bmatrix}
\begin{bmatrix} I_a \\ I_b \\ I_c \end{bmatrix}
\tag{5-21}
$$

式中　ϕ_a、ϕ_b、ϕ_c——三相磁链,Wb;

　M_{ab}、M_{bc}、M_{ac}——两相之间互感,H;

　　　I_a、I_b、I_c——三相电流,A;

　　　　　　L——各相自感,H;

　　　　　μ_0——磁常数,H/m;

　　　　　D_s——分裂圆柱型导线每相的自几何均距,m;

D ——三相导线分裂中心线间的距离，m。

根据电流三相对称可知，$I_a + I_b + I_c = 0$，且 $I_a = aI_b$，$I_a = a^2 I_c$（a 为运算子，取 $e^{j120°}$）。架空线三相单位长度的工作电感 L_a、L_b、L_c 计算关系如下：

$$\begin{bmatrix} L_a \\ L_b \\ L_c \end{bmatrix} = \begin{bmatrix} \dfrac{\phi_a}{I_a} \\ \dfrac{\phi_b}{I_b} \\ \dfrac{\phi_c}{I_c} \end{bmatrix} = \frac{\mu_0}{2\pi} \begin{bmatrix} \ln(1/D_s) + a^2\ln(1/D) + a(1/D_s) - a\ln 2 \\ a\ln(1/D) + \ln(1/D_s) + a^2\ln(1/D) \\ a^2\ln(1/D) - a^2\ln 2 + a\ln(1/D) + \ln(1/D_s) \end{bmatrix} \quad (5-22)$$

式中　L_a、L_b、L_c ——架空线路三相单位长度工作电感，H；

μ_0 ——磁常数，H/m；

a ——运算子，取 $e^{j120°}$。

由式（5-22）可得三相架空线路的工作电感，则单位长度工作电感差值计算如下：

$$L_a - L_b = (L_i + L_{ea}) - (L_i + L_{eb}) = -2a\ln 2$$
$$L_c - L_b = (L_i + L_{ec}) - (L_i + L_{eb}) = -2a^2\ln 2 \quad (5-23)$$
$$L_a - L_c = (L_i + L_{ea}) - (L_i + L_{ec}) = -j2\sqrt{3}\ln 2$$

由式（5-23）可得，水平等间距架设的架空线路各相单位长度上的工作电感差值与三相导线分裂中心线间的距离 D 无关，且均为常数。

5.4.2　舟山 500kV 海缆单回线路电气参数计算

舟联工程海缆结构示意如图 5-12 所示。海缆运行的最大水深为 50m，平均水深为 15m。海缆线路的相间距离为 50m。为避免锚害，根据地质情况及现有施工水平，要求海缆全线采用深埋敷设，埋深 2.5~3.0m，除航道和冲刷区采用 3m 埋设深度外，其余区域考虑 2.5m 埋设深度。海域土壤电阻率为 5~20Ω·m，海水电阻率一般小于 1Ω·m。海缆两端金属套和金属铠装层均接地，终端站的接地电阻为 4Ω。

每回海缆线路的每一小段可看成

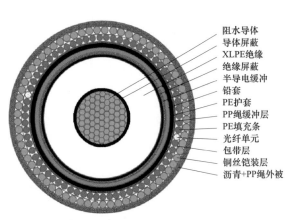

阻水导体
导体屏蔽
XLPE绝缘
绝缘屏蔽
半导电缓冲
铅套
PE护套
PP绳缓冲层
PE填充条
光纤单元
包带层
铜丝铠装层
沥青+PP绳外被

图 5-12　舟联工程海缆结构示意图

共有 9 根各以大地为回路的金属导线。其中，海缆线芯 3 根（A1、B1、C1）、金属套 3 根（X1、Y1、Z1）、金属铠装层 3 根（P1、Q1、R1）。由于海缆金属铠装层实际上与海水接触，故可看作接地导体，在计算海缆参数时可将金属铠装层直接消去。表 5-7、表 5-8 分别给出了相间距为 50m 和 5m 时的海缆单位长度的参数，比较两表可以看出，相间距为 50m 和 5m 时的参数差别不大。

表 5-7　　　　海缆单位长度的参数－铠装按接地导体考虑（相间距 50m）

参数		A1	B1	C1	X1	Y1	Z1
电阻 （Ω/km）	A1	0.019 64					
	B1	−0.000 01	0.019 65				
	C1	0.000 00	−0.000 01	0.019 64			
	X1	0.006 58	−0.000 01	0.000 00	0.123 49		
	Y1	−0.000 01	0.006 58	−0.000 01	−0.000 01	0.123 49	
	Z1	0.000 00	−0.000 01	0.006 58	0.000 00	−0.000 01	0.123 49
电抗 （Ω/km）	A1	0.081 22					
	B1	−0.000 01	0.081 22				
	C1	0.000 00	−0.000 01	0.081 22			
	X1	0.012 79	−0.000 01	0.000 00	0.012 07		
	Y1	−0.000 01	0.012 80	−0.000 01	−0.000 01	0.012 07	
	Z1	0.000 00	−0.000 01	0.012 79	0.000 00	−0.000 01	0.012 07
电容 （μF/km）	A1	0.171 67					
	B1	0.000 00	0.171 67				
	C1	0.000 00	0.000 00	0.171 67			
	X1	−0.171 67	0.000 00	0.000 00	1.885 79		
	Y1	0.000 00	−0.171 67	0.000 00	0.000 00	1.885 79	
	Z1	0.000 00	0.000 00	−0.171 67	0.000 00	0.000 00	1.885 79

表 5-8　　　　海缆单位长度的参数－铠装按接地导体考虑（相间距 5m）

参数		A1	B1	C1	X1	Y1	Z1
电阻 （Ω/km）	A1	0.019 66					
	B1	−0.000 01	0.019 66				
	C1	−0.000 01	−0.000 01	0.019 66			
	X1	0.006 59	−0.000 01	−0.000 01	0.123 50		
	Y1	−0.000 01	0.006 60	−0.000 01	−0.000 01	0.123 50	
	Z1	−0.000 01	−0.000 01	0.006 59	−0.000 01	−0.000 01	0.123 50

续表

参数		A1	B1	C1	X1	Y1	Z1
电抗 （Ω/km）	A1	0.081 23					
	B1	− 0.000 04	0.081 24				
	C1	− 0.000 03	− 0.000 04	0.081 23			
	X1	0.012 81	− 0.000 04	− 0.000 03	0.012 08		
	Y1	− 0.000 04	0.012 82	− 0.000 04	− 0.000 04	0.012 09	
	Z1	− 0.000 03	− 0.000 04	0.012 81	− 0.000 03	− 0.000 04	0.012 08
电容 （μF/km）	A1	0.171 67					
	B1	0.000 00	0.171 67				
	C1	0.000 00	0.000 00	0.171 67			
	X1	− 0.171 67	0.000 00	0.000 00	1.885 79		
	Y1	0.000 00	− 0.171 67	0.000 00	0.000 00	1.885 79	
	Z1	0.000 00	0.000 00	− 0.171 67	0.000 00	0.000 00	1.885 79

考虑海缆终端站的接地电阻（三相护套互联，再经接地海缆接地），终端站接地电阻为 4Ω，消去金属套后，500kV 海缆线路单位长度的参数见表 5-9。本研究中的每回 500kV 海缆线路单位长度电容为 0.172μF/km，相应的单位长度充电功率为 16.3Mvar/km，约为架空线路的 13 倍。作为比较，表 5-10 中还给出了相间距为 5m 时的计算结果。比较表 5-9、表 5-10 可以看出，相间距为 50m 和 5m 时的参数差别不大。

表 5-9   500kV 海缆线路单位长度的参数（相间距 50m）

参数		A1	B1	C1
电阻 （Ω/km）	A1	0.020 25		
	B1	− 0.000 26	0.020 25	
	C1	− 0.000 25	− 0.000 26	0.020 25
电抗 （Ω/km）	A1	0.080 24		
	B1	0.000 44	0.080 24	
	C1	0.000 44	0.000 44	0.080 24
电容 （μF/km）	A1	0.171 67		
	B1	0.000 00	0.171 67	
	C1	0.000 00	0.000 00	0.171 67

表 5-10　　　　　　　　　500kV 海缆线路单位长度的参数（相间距 5m）

参数		A1	B1	C1
电阻 （Ω/km）	A1	0.020 26		
	B1	− 0.000 26	0.020 27	
	C1	− 0.000 26	− 0.000 26	0.020 26
电抗 （Ω/km）	A1	0.080 25		
	B1	0.000 40	0.080 26	
	C1	0.000 42	0.000 40	0.080 25
电容 （μF/km）	A1	0.171 67		
	B1	0.000 00	0.171 67	
	C1	0.000 00	0.000 00	0.171 67

假如海缆的金属套与铠装层焊接在一起，则金属套也可看作接地导体，在计算海缆参数时金属套也可直接消去，海缆单位长度的参数见表 5-11。

表 5-11　　　　　　　海缆单位长度的参数－金属套和铠装均按接地导体考虑

参数		A1	B1	C1
电阻 （Ω/km）	A1	0.020 48		
	B1	− 0.000 01	0.020 48	
	C1	0.000 00	− 0.000 01	0.020 48
电抗 （Ω/km）	A1	0.079 77		
	B1	− 0.000 01	0.079 77	
	C1	0.000 00	− 0.000 01	0.079 77
电容 （μF/km）	A1	0.171 67		
	B1	0.000 00	0.171 67	
	C1	0.000 00	0.000 00	0.171 67

上述三种情况下，500kV 海缆的单回近似序参数见表 5-12。从表 5-12 可以看出，当金属套和铠装均按接地考虑时，海缆的零序和正序参数是基本相同的；而仅有铠装接地且终端站的接地电阻为 4Ω 时，相应的零序电抗略高于正序电抗。相间距为 50m 和 5m 时，500kV 海缆线路的近似序参数基本相同。

表 5-12　　　　　　　　　500kV 海缆的单回海缆的近似序参数

计算条件	序参数	电阻（Ω/km）	电抗（Ω/km）	电容（μF/km）
仅有海缆的铠装接地	零序	0.019 7	0.081 1	0.171 7
	正序	0.020 5	0.079 8	0.171 7

续表

计算条件	序参数	电阻（Ω/km）	电抗（Ω/km）	电容（μF/km）
仅有海缆的铠装接地*	零序	0.019 7	0.081 1	0.171 7
	正序	0.020 5	0.079 8	0.171 7
金属套和铠装均接地	零序	0.020 5	0.079 8	0.171 7
	正序	0.020 5	0.079 8	0.171 7

注　带*者为相间距为5m时的情况；其余为相间距为50m时的情况。

5.4.3　舟山500kV海缆双回线路电气参数计算

双回 6 相海缆线路呈等间距排列，其相间距均为 50m。此时双回海缆线路的每一小段可看成共有 18 根各以大地为回路的金属导线。其中，海缆线芯 6 根（A1、B1、C1 和 A2、B2、C2）、金属套 6 根（X1、Y1、Z1 和 X2、Y2、Z2）、铠装 6 根（P1、Q1、R1 和 P2、Q2、R2）。为简明起见，略去相应的 500kV 双回海缆线路单位长度的相参数。考虑不同的铠装或金属套接地方式后，铠装按接地导体考虑、金属套和铠装均按接地考虑的 500kV 海缆双回线路单位长度的参数分别见表 5-13 和表 5-14，500kV 海缆双回线路的近似序参数见表 5-15。

表 5-13　　500kV 海缆双回线路单位长度的参数-铠装按接地导体考虑

参数		A1	B1	C1	X1	Y1	Z1
电阻（Ω/km）	A1	0.020 36					
	B1	−0.000 14	0.020 37				
	C1	−0.000 14	−0.000 14	0.020 37			
	A2	−0.000 13	−0.000 14	−0.000 14	0.020 37		
	B2	−0.000 13	−0.000 13	−0.000 14	−0.000 14	0.020 37	
	C2	−0.000 13	−0.000 13	−0.000 13	−0.000 14	−0.000 14	0.020 36
电抗（Ω/km）	A1	0.080 03					
	B1	0.000 22	0.080 03				
	C1	0.000 23	0.000 22	0.080 03			
	A2	0.000 23	0.000 23	0.000 22	0.080 03		
	B2	0.000 23	0.000 23	0.000 23	0.000 22	0.080 03	
	C2	0.000 23	0.000 23	0.000 23	0.000 23	0.000 23	0.080 03
电容（μF/km）	A1	0.171 67					
	B1	0.000 00	0.171 67				
	C1	0.000 00	0.000 00	0.171 67			
	A2	0.000 00	0.000 00	0.000 00	0.171 67		
	B2	0.000 00	0.000 00	0.000 00	0.000 00	0.171 67	
	C2	0.000 00	0.000 00	0.000 00	0.000 00	0.000 00	0.171 67

表 5-14 　　　　　500kV 海缆双回线路单位长度的参数－金属套和铠装均按接地导体考虑

参数		A1	B1	C1	X1	Y1	Z1
电阻（Ω/km）	A1	0.020 48					
	B1	-0.000 01	0.020 48				
	C1	0.000 00	-0.000 01	0.020 48			
	A2	0.000 00	0.000 00	-0.000 01	0.020 48		
	B2	0.000 00	0.000 00	0.000 00	-0.000 01	0.020 48	
	C2	0.000 00	0.000 00	0.000 00	0.000 00	-0.000 01	0.020 48
电抗（Ω/km）	A1	0.079 77					
	B1	-0.000 01	0.079 77				
	C1	0.000 00	-0.000 01	0.079 77			
	A2	0.000 00	0.000 00	-0.000 01	0.079 77		
	B2	0.000 00	0.000 00	0.000 00	-0.000 01	0.079 77	
	C2	0.000 00	0.000 00	0.000 00	0.000 00	-0.000 01	0.079 77
电容（μF/km）	A1	0.171 67					
	B1	0.000 00	0.171 67				
	C1	0.000 00	0.000 00	0.171 67			
	A2	0.000 00	0.000 00	0.000 00	0.171 67		
	B2	0.000 00	0.000 00	0.000 00	0.000 00	0.171 67	
	C2	0.000 00	0.000 00	0.000 00	0.000 00	0.000 00	0.171 67

表 5-15 　　　　　　　500kV 海缆双回线路的近似序参数

计算条件	序参数	电阻（Ω/km）	电抗（Ω/km）	电容（μF/km）
仅有海缆的铠装接地	零序	0.019 7	0.081 2	0.171 7
	正序	0.020 5	0.079 8	0.171 7
金属套和铠装均接地	零序	0.020 5	0.079 8	0.171 7
	正序	0.020 5	0.079 8	0.171 7

值得注意的是，表 5-13 和表 5-14 中的海缆参数接近于平衡线路（所有非对角线元素的数值均很接近），此时只有地模（零序）和线模（正序）两个模量。比较以上各表可以看出，双回海缆线路的近似序参数与单回海缆线路基本相同。

综上所述，舟山 500kV 海缆线路电气参数的平衡性均较好，单回和双回海缆线路可近似视为三相和六相平衡线路，无须采取降低不平衡度的措施。

5.5　暂态电压和过电压特性

5.5.1　舟山 500kV 海缆线路电磁暂态仿真模型

舟联工程新建 500kV 舟山变电站和镇海变电站的变压器采用单相自耦变压器，额定容量为 334MVA；并联电抗器采用单相油浸式电抗器，中性点经小电抗接地，额定电压为 525kV，三相容量为 150Mvar；断路器采用户外混合气体绝缘开关（hybrid gas insulated switchgear，HGIS），额定电流为 4kA，2s 热稳定电流为 63kA；海缆两端避雷器型号为 Y20W−444/1106kV。输电线路包括 2 回 37.8km 架空线路、15.7km 海缆线路及 1.3km 陆缆线路，海缆和陆缆均采用截面积为 1800mm² 的交联聚乙烯绝缘海缆，海缆与陆缆两部分直接连接中间无接头，三相海缆呈水平分布，海缆海底间距为 50m，陆缆的陆上间距为 7～10m；架空线大跨越线路长 2×9.2km，普通线路长 2×26.3km。2×13km 线路按混压四回路架设，其余按同塔双回路架设；新建架空线路导线截面积按 4×300mm² 考虑；工程全线划为 e 级污区，线路绝缘子及海缆终端统一爬电比距不小于 50mm/kV；线路设计最大三相短路电流为 35.6kA。舟联工程全线路示意图如图 5−13 所示。

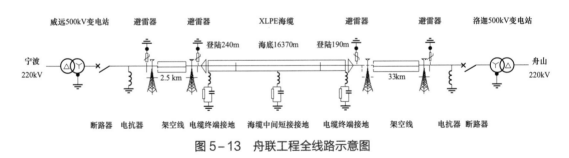

图 5−13　舟联工程全线路示意图

为获取舟联工程海底电缆在系统切换、短路、雷电等工况下的过电压情况，根据上述设计所采用的输电、变电设备及其参数，建立电磁暂态仿真模型。

一、海缆模型的建立

1. 500kV 海缆等效结构参数

舟山 500kV 海缆典型分层结构参数见表 5−16。6 层是起防止海缆磨损、虫蚀等作用的保护层，不起绝缘保护和防水作用，所以仅在陆缆的模型中设置。

表 5—16　　　　　　　　舟山 500kV 海缆典型分层结构参数

层编号	层名称	层参数	外径（mm）
1	导体（铜）	电阻率：$2.83 \times 10^{-8} \Omega \cdot m$	51.5
2	主绝缘（XLPE）	等效相对介电常数：2.7	125
3	金属套（铅）	电阻率：$21.4 \times 10^{-8} \Omega \cdot m$	135
4	绝缘内护套（HDPE）	相对介电常数：2.5	142
5	铠装	电阻率：$13.8 \times 10^{-8} \Omega \cdot m$	162
6	内护套（仅陆缆部分）	—	170

2. 缆芯导体电阻率的等效

在电磁暂态仿真软件 PSCAD 中将海缆线芯默认为一个实心导体，而实际的海缆线芯导体是由多匝细导线绞合压制而成，通过等效绞合公式对其电阻率进行校正，等效绞合公式为

$$\rho' = \rho \times \frac{R_1^2 \pi}{A} \qquad (5-24)$$

式中　ρ'——校正后的电阻率，$\Omega \cdot m$；

　　　ρ——线芯导体的电阻率，$\Omega \cdot m$；

　　　R_1——导体的实际半径，m；

　　　A——导体标称横截面积，m^2。

ρ 取铜导体 90℃（XLPE 海缆最高工作温度）时的电阻率，为 $2.26 \times 10^{-8} \Omega \cdot m$，导体实际半径为 25.75mm，标称横截面积为 $1800mm^2$，所得绞合后的线芯导体电阻率为 $2.62 \times 10^{-8} \Omega \cdot m$。

3. 半导电层的等效

XLPE 海缆主绝缘内外均各有一层半导电缓冲层，用以避免金属层工艺导致的电场集中，但还没有一款电磁暂态仿真软件可以将半导电层等效为电路参数进行仿真计算。半导电层对雷电过电压传输的影响如下：

（1）工频分量作用下半导电层与绝缘层按照阻抗比分配电压，由阻抗比确定分压比，其中半导电层的电阻率在 $0.18 \Omega \cdot m$ 以下，XLPE 的容抗率约为 $1.8 \times 10^5 \Omega \cdot m$。舟联工程所使用的海缆半导电屏蔽层厚度在 0.4mm 左右，主绝缘层 XLPE 材料厚度约为 31mm。根据半导电屏蔽层与主绝缘的单位长度阻抗公式［式（5-25）］进行计算，所得到的半导电屏蔽层与主绝缘分压比在 1.02×10^{-6} 以下。因此，工频分量作用下可忽略半导电屏蔽层对 XLPE 分压的影响。

$$Z = \frac{\rho}{\pi(R_2^2 - R_1^2)} \quad\quad (5-25)$$

式中　Z——柱体单位长度阻抗，$\Omega \cdot m^{-1}$;

　　　ρ——介质电阻率，$\Omega \cdot m$;

　　　R_1——柱体内半径，m;

　　　R_2——柱体外半径，m。

（2）在雷电暂态分量下，首先对雷电试验中广泛采用的双指数型 2.6/50μs 标准雷电流波的波前做傅里叶分解，得到其幅值与频率曲线图，2.6/50μs 标准雷电流波形频谱如图 5-14 所示，可见其振幅基本集中在 1MHz 以下，1MHz 以上部分幅值几乎为零。

一般来说，对不同参数的雷电冲击电流，其 1MHz 之前分量的振幅和能量已经积累达到99%以上，1MHz 之后分量具有的能量可以忽略不计。因此，近似认为作用在输电系统上的雷电暂态电压的分量频率均在 1MHz 以下。

对已有高压海缆用半导电屏蔽层料做 1kHz~1MHz 之间的频谱分析，得到其电抗率与频率的关系图，半导电屏蔽材料电抗率频谱如图 5-15 所示。在 1MHz 以下 XLPE 的相对介电常数几乎不变，按照舟联工程所使用海缆计算，1MHz 频率下 XLPE 主绝缘单位长度上电抗为 $1.03 \times 10^3 \Omega \cdot m^{-1}$，半导电屏蔽层与主绝缘分压之比约为0.02。

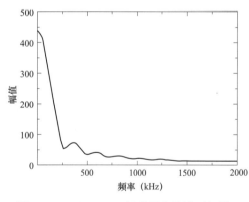

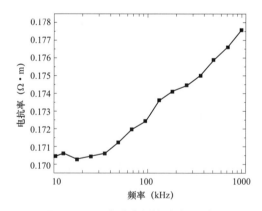

图 5-14　2.6/50μs 标准雷电流波形频谱　　　　图 5-15　半导电料电抗率频谱

在雷电暂态及以下频率的电磁暂态仿真过程中，忽略半导电层对电磁暂态过程的影响，建立模型时将半导电层的厚度等效至 XLPE 绝缘层内。等效后的绝缘层半径范围将扩大至包含半导电屏蔽层的厚度，所以实际的等效相对介电常数将会增大，等效公式如式（5-26）所示。

$$\varepsilon' = \varepsilon_i \times \frac{\ln(R_2/R_1)}{\ln(R_2'/R_1')} \qquad (5-26)$$

式中　ε' ——等效后相对介电常数；

$\quad\quad \varepsilon_i$ ——原相绝缘材料介电常数；

$\quad\quad R_2$ ——屏蔽层的内半径，mm；

$\quad\quad R_1$ ——导体线芯的外半径，mm；

$\quad\quad R_2'$ ——XLPE 绝缘层内半径，mm；

$\quad\quad R_1'$ ——XLPE 绝缘层外半径，mm。

根据海缆结构，ε_i 取值为 2.3，R_2 取 61.0mm，R_1 取 25.75mm，R_2' 取 58.99mm，R_1' 取 28.0mm。

二、海缆接地体模型的建立

海缆的金属套和铠装互联后，一般将通过一个低阻抗且允许通过大电流的金属导体接地，接地系统的阻抗将影响出现在绝缘内护套上的工频、操作、雷电感应暂态电压以及雷电流沿金属套和铠装的接地体反击等暂态过程，并会对线路过电压保护选择产生影响。

由于接地系统等效模型与暂态电压的频率相关，因此对接地系统分别采用工频与高频模型。

1. 工频模型

工频时接地系统的入地阻抗可以表示为

$$Z = (R_L + R_E + R_C) + j(X_E + X_L) \qquad (5-27)$$

式中　Z ——接地系统的入地阻抗；

$\quad\quad R_L$ ——接地电极本身的电阻，Ω；

$\quad\quad R_E$ ——入地电流耗散在无穷远处的电阻，Ω；

$\quad\quad R_C$ ——接地极表面和接地介质（土壤或海水）之间的接触电阻，Ω；

$\quad\quad X_E$ ——入地电流在接地介质内电流路径的电抗；

$\quad\quad X_L$ ——接地电极本身的电抗。

接地极电阻与接触电阻一般远小于耗散电阻，同时由于工频下的电抗也远小于耗散电阻，故有式（5-28）的等效关系。

$$Z \approx R_E \qquad (5-28)$$

2. 高频模型

雷电所包含的最高频率分量可达数百千赫兹，雷电暂态下的接地体应采用高频等效模型。当雷电流波刚侵入接地极时，接地等效阻抗等于接地极的波阻抗，在几微秒

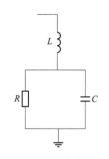

图 5-16　高频集总
参数接地模型

内接地阻抗会迅速下降为泄漏电阻。随着波在导线内来回反射，直至建立稳定的电压分布时，接地体阻抗最终等于低频接地电阻，可以采用如图 5-16 所示的高频集总参数接地模型模拟高频分量下的接地体。

图 5-16 中，L 主要体现为接地体的高频阻抗；R 代表接地装置的泄漏电阻，其数值可通过有限元计算直接求出；C 体现了接地体高频阻抗向低频阻抗的过渡过程。L、R、C 三者的数值均与接地装置的尺寸密切相关。

对于垂直接地体，其高频集总参数计算如下：

$$\begin{cases} R = \dfrac{\rho}{2\pi} A_1; L = \dfrac{\mu_0}{2\pi} A_1; C = \dfrac{2\pi\varepsilon}{A_1} \\ A_1 = \ln\dfrac{4l}{a} - 1 \end{cases} \qquad (5-29)$$

式中　ρ ——接地介质电阻率，$\Omega \cdot m$；

　　　μ_0 ——真空磁导率，H/m；

　　　ε ——接地介质的介电常数，F/m；

　　　l ——导体长度，m；

　　　a ——导体半径，m。

根据表 5-17 的典型接地体结构尺寸，同时根据设计院反馈户外接地电阻不低于 4Ω，计算得到该接地模型参数，典型接地极模型参数见表 5-18。

表 5-17　　　　　　　　　　　典型接地极结构尺寸

参数名称	参数	结构示意图
导线直径（m）	0.05	
导线长度（m）	10	
臂直径（m）	0.05	
臂长（m）	1	
臂数量（个）	4	
导线电导率（S·m⁻¹）	108	
圆盘直径（m）	0.5	
圆盘厚度（m）	0.1	
海水模型范围直径	50	
海水深度（m）	200	
海水介电常数	81	
海水电导率（S·m⁻¹）	4	

表 5 – 18　　　　　　　　　　典型接地极模型参数

模型	海水中参数	陆地参数
低频电阻 R_0 （Ω）	0.036	4
高频集总参数	$L=12.76\mu H$ $R_0=0.036\Omega$ $C=287.12nF$	$L=12.76\mu H$ $R_0=4\Omega$ $C=3.54nF$

三、其他设备仿真模型建立

避雷器参数和具有合闸电阻的断路器的模型需列出说明,线路中其他电气设备的仿真模型用 PSCAD 软件元件模块来建立。

1. 避雷器模型

舟山 500kV 海缆终端站采用 Y20W – 444/1106 型线路避雷器,Y20W – 444/1106 型线路避雷器仿真伏安特性见表 5 – 19。

表 5 – 19　　　　　　Y20W – 444/1106 型线路避雷器仿真伏安特性

电流（kA）	10^{-7}	10^{-6}	5×10^{-4}	10^{-3}	0.25	0.5	1	3	5	20	30
电压（kV）	222	650	680	740	760	788	806	823	835	1106	1160

2. 具有合闸电阻的断路器模型

合闸操作时,需要在断路器加装合闸电阻用以增加线路阻尼,达到抑制合闸暂态电压的目的。合闸电阻断路器仿真模型如图 5 – 17 所示,若设置断路器在仿真时间 t 时刻闭合,在（$t-10$）ms 时刻,首先将 QF1 闭合,合闸电阻此刻被投入该支路,相当于在合闸时在输电线路中串联电阻,t 时刻再将 QF2 闭合,并在（$t+10$）ms 时刻打开 BRK_1,将合闸电阻从电路中切除,减少线路损耗。

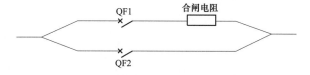

图 5 – 17　合闸电阻断路器仿真模型图

四、500kV XLPE 海缆输电线路仿真计算模型

通过上述建模最终建立舟联工程 500kV 海缆输电线路全线路 PSCAD 仿真模型,500kV 海缆输电线路全线路仿真模型如图 5 – 18 所示。

基于建立的舟联工程 500kV 海缆输电线路全线路 PSCAD 仿真模型,接下来在 5.5.2～5.5.4 对海缆的工频暂态电压、谐振暂态电压、短路过电压、操作过电压、雷电暂态电压进行计算。

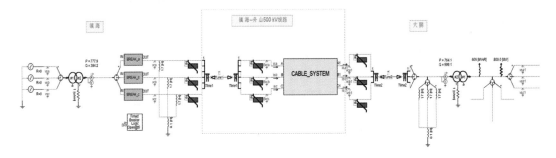

图 5-18　500kV 海缆输电线路全线路仿真模型

5.5.2　工频和谐振暂态电压

一、最高稳定运行状态时金属套上的电压

海缆处于最高稳定运行状态时（即最高运行线电压为550kV，电流以最大载流量有效值 1.4kA 计算），最大电压有效值出现在距离首段 8.5～12.15km 区域，其最大电压有效值约为 91V。额定工频工作时海缆金属套上最大电压分布如图 5-19 所示。

二、最大短路电流时金属套上的电压

以工程设计时所规定的三相短路电流 35.6kA 核算，最大工频感应电压有效值可达 3.04kV；以断路器 2s 内允许通过最大电流 63kA 核算，最大工频感应电压有效值可达 5.38kV。35.6kA 最大短路电流时 A 相海缆金属套上的电压波形分布如图 5-20 所示。

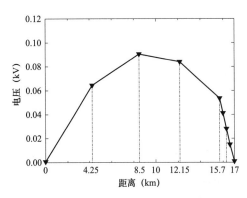

图 5-19　额定工频工作时海缆金属套上最大电压分布（有效值）

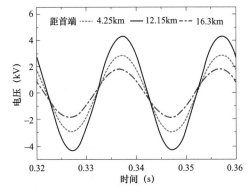

图 5-20　35.6kA 最大短路电流时 A 相海缆金属套上的电压波形分布

三、甩负荷引起的工频过电压

电压仅在甩负荷后两个周期内有略微振荡，此后电压峰值维持在 460kV，金属套

上的电压最大值出现在 8.5km 处，最大值约为 130V。甩负荷时三相海缆首端电压波形、甩负荷时 A 相海缆金属套上电压分布分别如图 5-21 和图 5-22 所示。

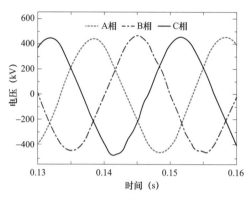

图 5-21　甩负荷时三相海缆首端电压波形　　图 5-22　甩负荷时 A 相海缆金属套上电压分布

四、谐振过电压

舟联工程系统中性点采用直接接地或经小阻抗接地的方式，在不考虑变压器饱和等因素时，谐振主要是与系统中的并联电抗器有关。当线路两端并联电抗器容量在155Mvar 左右时，谐振过电压在海缆端部达到最大幅值。综合考虑无功补偿和过电压限制效果，建议并联电抗器的容量在 140Mvar 左右进行选取，最终实际工程选用的电抗器容量为 120Mvar。并联电抗器 140Mvar 单相断开两相供电时断开相（A 相）首端电压波形、并联电抗器 140Mvar 两相断开两相供电时断开相（A、B 相）首端电压波形分别如图 5-23 和图 5-24 所示。

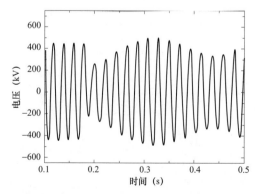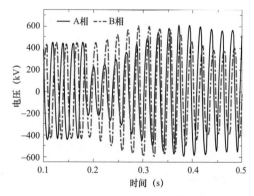

图 5-23　并联电抗器 140Mvar 单相断开两相　　图 5-24　并联电抗器 140Mvar 两相断开两相
供电时断开相（A 相）首端电压波形　　　　供电时断开相（A、B 相）首端电压波形

5.5.3 短路及操作过电压

一、单相接地故障

假定镇海海缆终端站 A 相线路单相非金属性接地，按照线路设计将最大三相短路电流（35.6kA）作为单相接地短路电流计算。单相接地故障引起三相海缆首端过电压电压波形如图 5-25 所示，过电压幅值较低。单相故障消除后 A 相海缆绝缘护套上的暂态电压分布如图 5-26，最大值出现在距离首端 12.15km 处，达到约 5.91kV，并伴有短时振荡过程。

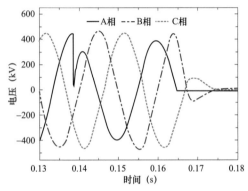

图 5-25 单相接地故障引起三相海缆
首端过电压电压波形

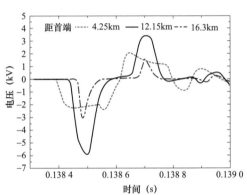

图 5-26 单相接地故障消除后 A 相海缆
绝缘护套上暂态电压分布

二、两相短路故障

假定镇海海缆终端站 A、B 两相线路非金属性短路，同样按照将线路设计最大三相短路电流作为两相短路电流计算，模拟额定工作状态下两相短路故障。两相短路故障引起的三相海缆首端过电压电压波形如图 5-27 所示，其中 A 相电压峰值可抬升到约 485kV，两相短路故障发生时 A 相海缆绝缘护套上暂态电压分布如图 5-28

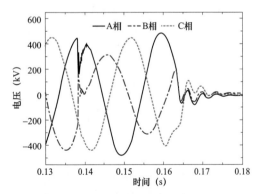

图 5-27 两相短路故障引起的三相
海缆首端过电压波形

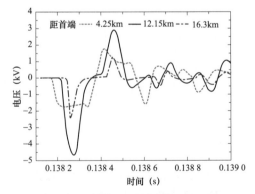

图 5-28 两相短路故障发生时 A 相
海缆绝缘护套上暂态电压分布

所示，最大值出现在距离首端 12.15km 处，达到 4.63kV，幅值小于单相接地故障时绝缘护套上的暂态电压幅值。

三、三相短路故障

假定镇海海缆终端站三相线路非金属性短路,模拟额定工作状态下发生三相短路故障。三相短路故障引起的三相海缆首端过电压电压波形如图 5−29 所示，其中 A 相过电压峰值可达约 533kV。故障消除后，A 相海缆绝缘护套上的暂态电压最大值出现在距离首端 12.15km 处，达到 6.45kV，三相短路故障消除后 A 相海缆绝缘护套上暂态电压分布如图 5−30 所示。

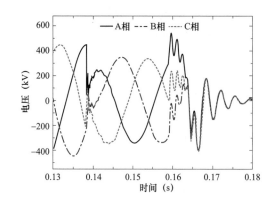

图 5−29　三相短路故障引起的三相海缆
首端过电压波形

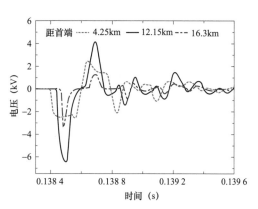

图 5−30　三相短路故障消除后 A 相海缆
绝缘护套上暂态电压分布

四、金属性短路故障

发生在高压输电线路中的短路故障一般都因存在过渡电阻而不是金属性的,即使金属性短路故障发生。由于金属性短路故障将会产生非常大的短路故障电流，保护会迅速收到故障信号并及时动作,以防止故障进一步发展。实际运行中若发生长时间金属性短路故障而保护不动作,较大的短路电流将会对包括海缆和避雷器等在内的设备造成严重破坏,发生这种情况的概率是极低的,因此计算结果仅作为研究参考,用来对比不同性质的短路故障的暂态特性。

A 相金属性短路故障发生时三相海缆首端电压波形如图 5−31 所示,A 相过电压峰值达到了 497kV。A 相金属性短路故障发生时,A 相海缆绝缘护套上的暂态电压最大值出现在距离首端 12.15km 处,且最大值达到 7.50kV,A 相金属性短路故障发生时 A 相海缆绝缘护套上暂态电压分布如图 5−32 所示。

三相金属性短路故障时的短路电流最大,达到了 91kA,而单相金属性短路故障时绝缘护套上的暂态电压峰值最大可达 7.50kV。

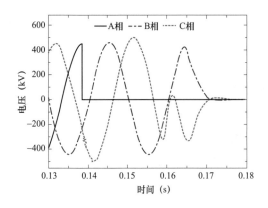

图 5-31　A相金属性短路故障发生时
三相海缆首端电压波形

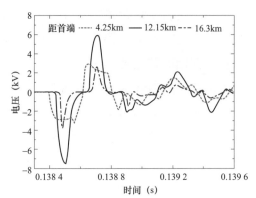

图 5-32　A相金属性短路故障发生时
A相海缆绝缘护套上暂态电压分布

五、分闸空载线路

切除空载线路并考虑重击穿时，最大过电压工况为相电压峰值时切除线路、半周期后（相电压反相峰值）发生重击穿。仿真计算时为防止谐振对结果的干扰，暂时将并联电抗器去掉。计算结果显示，在避雷器的保护限制下，单相、两相、三相一次或多次重击穿引起的海缆过电压水平均比较接近 850kV；绝缘护套上的暂态电压也无明显区别，各相重击穿引起暂态感应电压最大值约为 4.20kV，且最大值出现在距首端12.15km 处。分闸操作发生单相4次重击穿时三相海缆首端电压波形、分闸操作发生单相 4 次重击穿时海缆绝缘护套上 12.15km 处暂态电压波形分别如图 5-33 和图 5-34 所示。

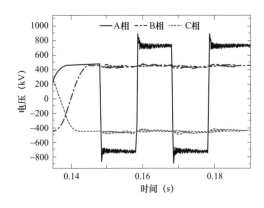

图 5-33　分闸操作发生单相 4 次重击穿时
三相海缆首端电压波形

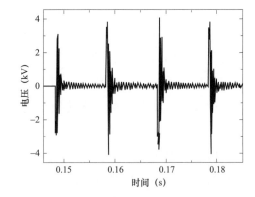

图 5-34　分闸操作发生单相 4 次重击穿时
海缆绝缘护套上 12.15km 处暂态电压波形

六、合闸空载线路

使用 400Ω 合闸电阻合闸时，三相海缆首端电压波形无明显过电压出现，振荡时间也较短，合闸空载线路时三相海缆首端电压波形（400Ω合闸电阻）如图 5-35 所示。此时 A 相暂态电压最大幅值约 520V，最大值出现在距首端 12.15km 处，且衰减较快,合闸空载线路时 A 相海缆绝缘护套上暂态电压分布（400Ω合闸电阻）如图 5-36 所示。

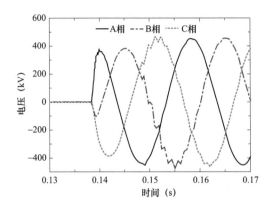

图 5-35　合闸空载线路时三相海缆首端
电压波形（400Ω合闸电阻）

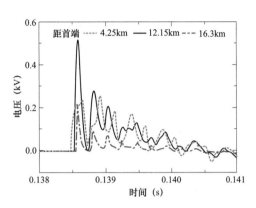

图 5-36　合闸空载线路时 A 相海缆绝缘
护套上暂态电压分布（400Ω合闸电阻）

无合闸电阻合闸控制线路时，三相海缆首端电压波形纹波较多,合闸空载线路时三相海缆首端电压波形（无合闸电阻）、合闸空载线路时 A 相海缆绝缘护套上暂态电压分布(无合闸电阻)分别如图 5-37 和图 5-38 所示,A 相首端电压最大值可达 800kV，振荡时间较长；A 相海缆护套上电压峰值可达 1.6kV，且峰值出现在 8.5km 处。

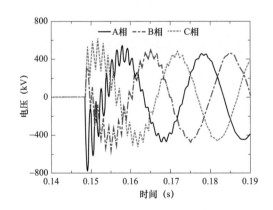

图 5-37　合闸空载线路时三相海缆首端
电压波形（无合闸电阻）

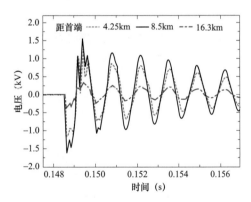

图 5-38　合闸空载线路时 A 相海缆绝缘
护套上暂态电压分布（无合闸电阻）

5.5.4　雷电暂态电压

根据《2015 舟山市雷电监测公报》报道，2015 年舟山陆域闪电强度平均值为

51.2kA，全年中 13%的雷电流大于 80kA，其中雷电流强度最大的月份为 10 月份，平均强度超过 100kA，最高可达 105kA。因此，舟联工程选取正极性幅值为 100kA、波前/半波峰时间为 2.6/50μs 的标准雷电流波形，雷电入侵时线路的波阻抗取为 300Ω。海缆接地系统使用高频集总模型。

一、雷电流直击线路

假设雷击架空线路 A 相导线，雷电流入侵线路时三相海缆首端过电压波形如图 5-39 所示，A 相暂态电压峰值最大可达 1230kV，但在较短时间振荡后趋于稳定。A 相海缆雷电直击过电压分布如图 5-40 所示，雷电直击过电压传播至末端（17km）时衰减至 1060kV 左右。雷电流入侵后 A 相海缆绝缘护套上暂态电压分布如图 5-41 所示，暂态电压最大值可达 11.6kV，最大值出现在 12.15km 处，且振荡在 1ms 内便基本衰减至正常状态。

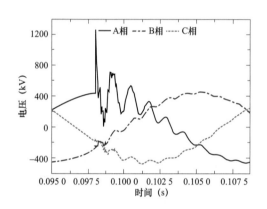

图 5-39 雷电流入侵线路时三相海缆首端过电压波形

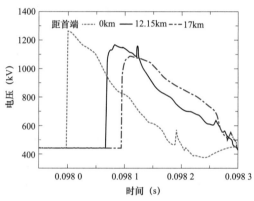

图 5-40 A 相海缆雷电直击过电压分布

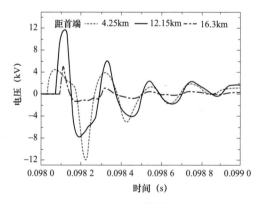

图 5-41 雷电流入侵后 A 相海缆绝缘护套上暂态电压分布

二、雷电流入地反击

架空段线路发生雷电反击时，雷电流由金属套和铠装层的首端或末端接地侵入，在接地体上形成高电位，并将同时沿着金属套和铠装层进行传播。首端接地反击 A 相海缆绝缘护套上的暂态电压最大值约为 520V，最大值出现在距首端 15.7km 位置处，海缆首端雷电流沿接地反击时 A 相海缆绝缘护套上的暂态电压分布如图 5-42 所示。末端接地反击时 A 相海缆绝缘护套上暂态电压最大值约为 480V，最大值出现在距首端 8.5km 的位置，海缆末端雷电流沿接地反击时 A 相海缆绝缘护套上的暂态电压分布如图 5-43 所示。以上数据表明雷电流反击引起的暂态电压对绝缘内护套冲击较小。

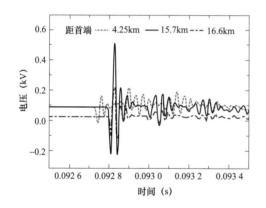

图 5-42　海缆首端雷电流沿接地反击时
A 相海缆绝缘护套上的暂态电压分布

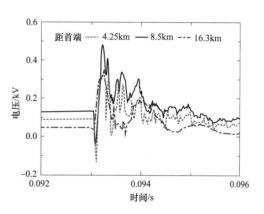

图 5-43　海缆末端雷电流沿接地反击时
A 相海缆绝缘护套上的暂态电压分布

5.5.5　过电压校核及绝缘配合裕度分析

一、过电压校核

电缆主绝缘上的暂态电压主要由电缆两端的避雷器限制，根据 DL/T 804—2014《交流电力系统金属氧化物避雷器使用导则》的评定标准，本项目通过分析避雷器过电压电压保护水平和能量吸收情况，来评价该避雷器参数是否可以有效抑制暂态过电压。不同类型过电压下避雷器通流和能量吸收情况见表 5-20。

由表 5-20 可知，避雷器对各类操作及雷电过电压限制效果明显，并可以将各类过电压产生的能量及时吸收，防止其对电缆的绝缘结构造成巨大破坏。

表 5-20 不同类型过电压下避雷器通流和能量吸收情况

线路状态	电缆上过电压峰值（kV）	通过避雷器电流峰值（kA）	三相避雷器总吸收能量（kJ）
单相接地（非金属性）	465	$<10^{-5}$	45.0
两相短路（非金属性）	485	$<10^{-5}$	47.0
三相短路（非金属性）	533	$<10^{-5}$	<1
分闸单相一次重击穿	850	5.80	2600
分闸两相一次重击穿	848	5.75	4800
分闸三相一次重击穿	850	5.71	7100
合闸空载线路（无合闸电阻）	800	0.4	300
雷电直击	1230	70.0	5400

二、绝缘配合裕度分析

电缆以及外护套的绝缘设计必须对各类可能出现的工频和暂态电压留有一定的裕度，GB/T 22078—2008《额定电压 500kV（U_m =550kV）交联聚乙烯绝缘电力电缆及其附件》规定了 500kV 交联聚乙烯电缆的试验电压，GB/T 22078—2008 对电缆试验电压的部分规定见表 5-21。

将各种线路情况出现在电缆和绝缘外护套上的暂态电压与 GB/T 22078—2008 规定的试验电压以及绝缘配合裕度进行比较，实际线路情况对应的试验电压以及绝缘配合裕度见表 5-22。

表 5-21 GB/T 22078—2008 对电缆试验电压的部分规定

绝缘护套	电缆		
短时工频击穿强度（MV/m）	10h 工频试验电压（kV）	十次正负操作冲击不击穿或闪络电压（kV）	十次正负雷电冲击不击穿电压（kV）
$\geqslant 35$	不低于 435	1170	1550

表 5-22 实际线路情况对应的试验电压以及绝缘配合裕度

线路状态	电缆电压（kV）	电缆绝缘配合裕度	绝缘外护套上电压（kV）	绝缘外护套绝缘配合裕度
最高运行电压	317	27.5%	0.1	$\geqslant 99\%$
单相接地（非金属性）	465	60.3%	5.91	$\geqslant 96\%$
单相接地（金属性）	497	57.5%	7.50	$\geqslant 95\%$
两相短路（非金属性）	485	58.5%	4.63	$\geqslant 97\%$
两相短路（金属性）	447	61.8%	5.60	$\geqslant 96\%$
三相短路（非金属性）	533	54.4%	6.45	$\geqslant 95\%$
三相短路（金属性）	351	70.0%	7.28	$\geqslant 95\%$

续表

线路状态	电缆电压（kV）	电缆绝缘配合裕度	绝缘外护套上电压（kV）	绝缘外护套绝缘配合裕度
分闸单相四次重击穿	850	27.4%	3.30	≥97%
合闸空载线路（无合闸电阻）	800	31.6%	1.60	≥99%
雷电直击	1230	20.6%	11.4	≥92%

绝缘材料的工频下的击穿场强最低，本研究中绝缘护套上最大的瞬时冲击电压为 11.4kV，击穿强度为 2.85MV/m（雷电直击），绝缘配合裕度可达 90%以上，远小于短时工频下的击穿强度，所以认为绝缘护套的设计是合理的。

操作过电压中无超过 1170kV 的过电压，其中最大的操作过电压为断路器分闸重击穿引起的过电压，峰值达 850kV，绝缘配合裕度 27.4%；雷电直击过电压为 1230kV（接近 2015 年度统计的最强雷电强度），未超过标准中规定雷电冲击电压水平 1550kV，绝缘配合裕度 20.6%，所以综合仿真计算结果，舟联工程 500kV 海缆过电压与绝缘配合裕度设计合理。

5.6　保护方案

海缆面临的风险可分为人工风险和自然风险。人工风险包括船舶的抛锚、拖锚、渔业活动海底施工作业等；自然风险包括地质灾害、冲刷等。其中，人工风险是最主要风险。实际工程中需针对海缆工程的海缆敷设方式，综合评估风险等级，提出合理的海缆保护方案，确保工程安全可靠运行。

5.6.1　海缆敷设保护措施

海缆敷设保护的措施主要有埋设保护、套管保护、覆盖保护等。

1. 埋设保护

经过多年实践，通常认为最经济、最有效的海缆保护方式是埋设保护，即使用专业设计的海缆埋设机械（各类型号的埋设犁或水下机器人）将海缆埋设至海床表面以下常见的渔具、锚具无法触及的深度，最大限度地保护海缆，使其免受外部风险的威胁。对 1960～2000 年间拖网及其他渔业活动造成的海底通信电缆事故进行统计，渔业活动造成的海底通信电缆事故统计分析如图 5-44 所示。从图 5-44 可以看出，自采用埋设保护后，故障率（故障数/1000km）显著降低。因此，近年来几乎所有的海缆都采用埋设保护方式。

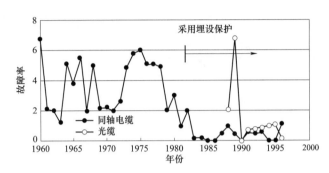

图 5-44 渔业活动造成的海底通信电缆事故统计分析

2. 套管保护

海缆路由近海浅滩段的渔业活动频繁，是渔船作业抛锚的频发点，当海缆埋设深度达不到要求时，可采用铁套管、玻璃钢套管保护和预埋钢管或钢筋混凝土管保护。

套管由两个半片对称连接组装，而后用螺栓紧固。施工中水下潜水员首先在已被流砂掩埋的海缆路由地带寻找到海缆位置，而后使海缆暴露在海床上；撬起海缆下部，先安放下半片套管，而后对接上半片，同时将螺栓孔紧固。套管之间通过大口套小口连接，连接处允许小角度弯曲。穿管保护如图 5-45 所示。

（a）   （b）

图 5-45 套管保护

（a）潜水员寻找海缆位置；（b）安装套管

预埋钢管或钢筋混凝土管保护也是近海浅滩段常用的海缆敷设保护方式。一般在近海浅滩段预先挖好沟槽，并在沟槽中布置好钢管或钢筋混凝土管，然后回填，敷设海缆时应使其从保护管中穿过。坚硬的钢管或钢筋混凝土管对捕捞渔具和渔船锚具有较强的抵御能力。

3. 覆盖保护

当海床为礁岩难以埋设、埋深不满足设计要求或者因海缆与其他管线交叉而无法埋设套管时，可采取覆盖保护的方式，即采用岩石、混凝土块、水泥砂袋等将海缆覆盖起来，从而起到保护的作用。常用的有抛石保护、混凝土垫保护和混凝土袋（沙袋）保护。

抛石保护是典型的覆盖保护方式之一。通过在抛石船上加装托架固定抛石导管的方法，将抛石导管延伸到海缆上面 1～2m 处抛石。抛石全过程采用水下机器人监控，如发现悬空部分则补充抛石。因为抛石导管是延伸到海缆上方 1～2m 处才开始抛石，因此对海缆的冲击力很小，并且能够比较准确的定位。抛石保护如图 5−46 所示。抛石保护需要使用特殊施工机械，且施工速度慢、费用高昂，不宜大范围使用。

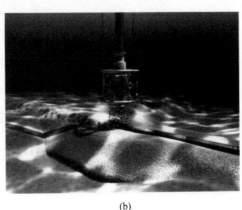

(a) (b)

图 5−46　抛石保护

（a）抛石船海上操作图；（b）海底细节图

混凝土垫保护也是常用的覆盖保护方式之一。近百块大小相同的混凝土块通过钢筋连接在一起，构成一个保护垫，通过吊装设备将保护垫整体吊放在海缆上部，从而起到保护的作用，混凝土垫保护如图 5−47 所示。由于混凝土垫需要特殊加工，且需要吊装设备进行安装，施工有所不便，因此一般适用于管线交叉等局部区域。

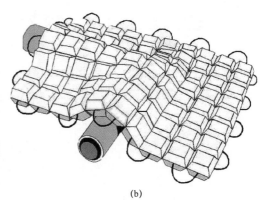

(a) (b)

图 5−47　混凝土垫保护

（a）吊装设备吊起保护垫；（b）混凝土垫铺设示意图

混凝土袋（沙袋）保护是将混凝土或沙制成的袋子堆放到海缆的上部，以起到固定和保护海缆的作用，混凝土袋（沙袋）保护如图 5-48 所示。该保护方式需要潜水员将混凝土袋（沙袋）搬运至准确位置，工作量巨大，一般作为埋设保护和沟槽保护埋设深度不够时的辅助措施。

（a）　　　　　　　　　　　（b）

图 5-48　混凝土袋（沙袋）保护

（a）整体图；（b）潜水员搬运过程

5.6.2　国内外海缆保护工程经验

国内外已实施的海缆工程众多，具体工程实施中均采用了适合自身工程特点的海缆保护方案。因此调研国内外成功的海缆保护经验，对舟山 500kV 海缆保护设计具有指导意义。

一、加拿大本土—温哥华岛 500kV 交流海缆工程

加拿大本土—温哥华岛的输电系统是建设两回平行的输电线路。每回输电线路的额定输送容量为 1200MW。每回输电线路长度为 148km，其中架空线路 109km，海缆 39km。海缆被特克塞达（Texada）岛分为两个部分，一部分海缆长度为 9km，另一部分海缆长度为 30km。

该工程最大海深接近 400m。该工程仅对最低潮水位时海深小于 20m 的海缆进行了埋设保护。海床为硬土地质时埋深为 1.5m，海床为砂土地质时埋深为 2m，其他部分在海中直铺。该工程自运行后三十年内未发生过海缆损坏事故。

二、日本纪伊海峡±500kV 直流海缆工程

日本纪伊海峡±500kV 直流海缆工程海缆长度为 49km，最大海深为 75m。电缆

保护采用的是全程掩埋敷设的保护方式。对海缆的埋设深度，日本进行了详细的试验研究并进行了现场试验，最终确定海缆埋深为 2～3m（硬土为 2m）。自 2000 年投运以来 20 年内未发生海缆损坏事故。

三、西班牙—摩洛哥跨越直布罗陀海峡 400kV 海缆工程

西班牙—摩洛哥跨越直布罗陀海峡 400kV 海缆工程海缆长度 26km，最大海深615m。采用的是浅海分段掩埋敷设的保护方式，掩埋深度为 1～3m。

该工程海缆的埋设方法如下：

（1）在西班牙侧海岸（总保护长度 3.5km）：

1）海深小于 10m 时，埋深 3m 并采用铁护套保护；

2）海深 10～26m 时，埋深 2m；

3）海深 26～80m 时，埋深 1m。

（2）在摩洛哥侧海岸（总保护长度 1.5km）：

1）海深小于 5m 时，采用预埋钢管保护，埋深 1m（长 100m）；

2）海深 5～12m 时，开挖电缆沟，埋深 1m，并加铁护套（长 400m）；

3）海深 12～30m 时，海缆直铺在海床上，在海缆上加盖水泥沙袋和碎石保护。

（3）其他部分均直铺在海床上。

截至 2020 年未发生过海缆损坏事故。

四、南方主网与海南电网第一回联网工程 500kV 海缆工程

南方主网与海南电网第一回联网工程 500kV 海缆工程起于广东徐闻终端站，止于海南林诗岛终端站，跨越琼州海峡，路由长度约 31km，共敷设 3 根海缆。该工程最大海水深度约 100m，所经海底陡坡最大约为 10°。该工程采用全程埋设和覆盖保护的方法，埋深 1.5～2m。电缆埋设主要采用耐克森（Nexans）的 CAPJET 挖沟冲埋机，利用水力进行挖沟冲埋，对海床较硬、不能挖沟冲埋的部分采取抛石保护。该工程 2009 年正式投入运行，运行情况良好。

五、厦门交流 220kV 李安线跨海电缆工程

厦门交流 220kV 李安线跨海电缆工程的最大海水深度为 20m，海缆路径部分基本为淤泥和海沙底质，海缆采用全程埋设保护方案，电缆埋在淤泥和海沙下 2m 左右，电缆上面无专门的保护层。该电缆工程始建于 1987 年，1989 年正式投入运行，已安全运行了 30 余年。

六、其他工程

（1）英法海峡直流联网工程、新西兰南北岛直流联网工程等海缆工程均采用了浅海区埋设保护、深海区不保护的海缆保护方案。

（2）国内舟山群岛敷设有较多海缆线路，采用的保护方式基本为浅海区埋设保护、深海区（大于 40m 海深）不专门设置保护。

综上所述，对国内外同类工程的海缆保护方式的调研结果显示，国内外海缆工程保护主要采用电缆埋设保护，掩埋深度取决于海水深度和地质条件等因素。大部分的海缆工程都采取的是浅海区埋设保护、深海区不保护的分段保护方式。

5.6.3 舟山 500kV 海缆保护方案设计

舟山 500kV 海缆路由穿越金塘大桥主、副航道，航道上来往的大吨位船只的落锚及拖锚是可能破坏海缆的最主要因素。当船舶主动或被动抛锚时，船锚在海水中自由下落，下落过程中受到重力、浮力和海水对锚的阻力作用，不同型号、质量的船锚在不同水深的情况下的触底速度不同。落锚首先要在海床土中贯入一定的垂直距离，然后在锚链的拉力作用下拖动船锚。拖锚开始后，船锚逐渐倾倒，船锚与海床土的垂直方向接触面积减小，海床土对船锚的竖直方向阻力可能不足以与重力平衡，因此在拖动过程中，船锚可能会继续向下穿透。随着穿透深度的增加，船锚所受阻力也逐渐增大，向上的净阻力使贯入海床土中的船锚做减速运动，直到垂直方向速度减为零，达到最大穿透深度。船锚的贯入深度取决于锚的质量和形状，还取决于水深及土壤特性。船锚贯入及拖动示意如图 5-49 所示。

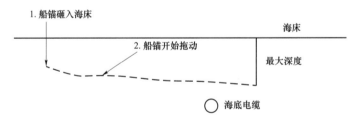

图 5-49　船锚贯入及拖动示意图

根据对海缆路由上的通航船只锚重的统计可知，舟山 500kV 海缆路由主航道区间的船只锚重等级包括 500、1000、2100kg 三个等级，其他区域船只锚重等级均小于 500kg 等级；潮间带区域存在渔船捕捞活动，锚重 1t 左右。根据海缆路由的底质勘察报告，将海缆路由海底底质分为 6 种类型。针对不同锚重及不同海底底质情况，分别仿真计算出每段海缆路由上的最大船锚贯入深度。设计海缆埋深时，埋深必须大于最大船锚贯入深度，并考虑一定的裕度。

经过仿真计算及经济性比选，舟山 500kV 海缆保护方案最终采用埋设保护为主、覆盖保护为辅的保护方案，舟山 500kV 海缆路由各区域船锚贯入深度及相应海缆保护方案设计见表 5-23。部分区域介绍如下：

（1）冲刷区及冲刷区两侧合计 2km 区域（KP8.2～KP10.2），埋深为 4m。

（2）航道区（淤泥质粉质黏土地质）电缆埋深为 3m，航道区（亚粘土地质）电缆埋深为 2.5m。

（3）潮间带电缆埋深为 3.0m，露滩区域考虑盖混凝土联锁排。

（4）其余区域考虑 2.5m 埋深。

表 5-23　　舟山 500kV 海缆路由各区域船锚贯入深度及相应海缆保护方案设计

区域	路由区	锚重等级（kg）	船锚最大贯入深度（仿真计算结果）(m)	海缆保护方案设计
潮间带区域	KP0.03～KP0.5	1000	1.87	电缆埋深 3m，露滩段盖混凝土联锁排
水下敷设区域	KP0.5～KP8.9	500	1.154	电缆埋深 2.5m
水下敷设区域	KP8.9～KP9.8	500	0.86	电缆埋深 4m
水下敷设区域	KP9.8～KP14.2	500	1.16	电缆埋深 2.5m
水下敷设区域（金塘跨海大桥主航道）	KP14.2～KP15	2100 或 1000	2.68	电缆埋深 3m
水下敷设区域	KP15～KP16.05	500	1.197	电缆埋深 2.5m
潮间带区域	KP16.05～KP16.5	1000	1.852	电缆埋深 3m，露滩段盖混凝土联锁排

注　舟联工程海缆路由以镇海侧登陆点为起点，KP 代表至登陆点的路由里程，例如 KP1.5 表示距离登陆点 1.5km。

5.7　载流量提升技术

海缆载流量提升的关键点是降低海缆登陆段的损耗和改善登陆段的散热条件，消除登陆段的载流能力瓶颈。见诸文献的降低海缆损耗的方法有采用剥离登陆段海缆铠装、采用非磁性铠装、在铅护套和铠装回路串联电阻、改变铅护套互联接地等，改善散热条件的方法有电缆沟内平行于海缆敷设冷却水管、回填特殊土壤、将电缆沟充水等。以舟联工程中采用的铜丝铠装海缆为例，通过有限元电一热耦合场仿真计算的方法，研究在冷水管冷却、回填特殊土壤和电缆沟充水等条件下海缆登陆段的载流量提升作用，并对比不同措施的优劣。

5.7.1　载流量提升方案及计算模型

一、海缆载流量提升方案及原理
登陆段海缆与电缆沟的相对位置示意如图 5-50 所示。

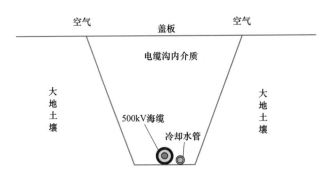

图 5-50 登陆段海缆与电缆沟的相对位置示意图

海缆载流量提升方案有以下三种：

（1）电缆沟内不填充任何材料，冷却水管与登陆段海缆平行布置，强迫电缆沟内空气在海缆径向上流动。冷却水管与海缆无接触，海缆导体中所产生的热量经过电缆诸层传导至电缆表面，部分热量经空气传导和辐射作用由冷却水吸收，其余热量经空气传导至电缆沟壁后再向大地土壤流散。

（2）电缆沟内回填土壤，考虑有无冷水管时海缆载流能力的变化。海缆导体中产生的热量经由回填土壤分别传导至冷却水管和电缆沟壁。

（3）电缆沟内充满海水，无冷水管，海水沿海缆径向流动。海缆导体中产生的热量经由海水的对流和传导作用由电缆沟壁吸收。

上述三种方案中，电缆沟盖板吸收的热量还以辐射、对流和传导的方式向大气中流散，同时电缆沟盖板的上表面和大地表面也接受来自太阳的辐射能量。

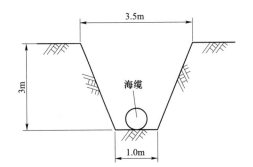

图 5-51 海缆登陆段预挖电缆沟断面示意图

二、电缆及电缆沟的结构及模型参数

500kV 海缆参数和材料导热系数见表 5-24。

海缆登陆段预挖电缆沟断面示意如图 5-51 所示，其中，电缆沟口宽 3.5m，底宽 1m，沟深 3m（取较大值）。

表 5-24   500kV 海缆参数和材料导热系数

序号	材料名称	标称外径（mm）	导热系数［W/（m·K）］
1	阻水铜导体	50.2	380
2	导体屏蔽层	55.4	0.28
3	交联聚乙烯主绝缘层	118.4	0.286
4	绝缘屏蔽层	121.4	0.28

续表

序号	材料名称	标称外径（mm）	导热系数［W/（m·K）］
5	缓冲阻水层	125.4	0.167
6	合金铅套	134.0	33
7	沥青+低密度聚乙烯护层	143.0	0.4
8	光纤单元填充	155.0	0.5
9	光纤单元	155.0	0.5
10	铠装垫层	158.0	0.22
11	铜丝铠装	170.0	380
12	外被层	178.0	0.22
13	水	—	0.59
14	铝水管	—	236
15	混凝土	—	1.74
16	土壤	—	0.6
17	空气	—	0.023

三、电—热场耦合场数学模型

电缆导体电流场的控制方程如下：

$$\nabla \times [\sigma(-\nabla V) + j\omega D + J_e] = Q_{j.v} \tag{5-30}$$

式中　σ ——电缆导体电导率，S/m；

　　　V ——导体上的电位，V；

　　　ω ——角频率，rad/s；

　　　D ——电位移场，C/m²；

　　　J_e ——外部电流密度，A/m²；

　　　$Q_{j.v}$ ——体积电流密度，A/m³。

固体和流体域内的通用热传导控制方程如下：

$$\rho C_p(\partial T / \partial t) + \rho C_p u \cdot \nabla T + \nabla \cdot (-\lambda \nabla T) = Q_e \tag{5-31}$$

式中　ρ ——密度，kg/m³；

　　　C_p ——比热容，J/（kg·K）；

　　　T ——温度，K；

　　　u ——流体速度矢量，m/s；

　　　λ ——导热系数，W/（m·K）；

　　　Q_e ——单位体积热源，W/m³。

由于海缆采用铜丝铠装，可忽略金属铠装上的附加损耗，电流流过电缆导体产生的焦耳热即为总内部热源，即 $Q_e=Q_{j.v}$。

计算模型中的辐射发生在两个位置，一是电缆沟内无任何填充物时，电缆沟内电缆外表面、冷却水管外表面、电缆沟内壁之间的辐射体系；另一个是电缆沟外地表和电缆沟盖板上表面与大气的辐射。辐射关系控制方程如下：

$$J = \varepsilon e_b(T) + \rho_d \left[G_m(J) + F_{amb} e_b(T_{amb}) + G_{ext} \right] \tag{5-32}$$

式中　J——表面辐射度，W/m^2；

　　　ε——表面辐射率；

　　　e_b——黑体辐射功率，W/m^2；

　　　T——温度，K；

　　　ρ_d——辐射方向；

　　　G_m——表面相互辐射，W/m^2；

　　　F_{amb}——环境角系数；

　　　T_{amb}——环境温度，K；

　　　G_{ext}——外部辐射，W/m^2。

其中，黑体辐射功率可表示为

$$e_b(T) = n^2 \delta T^4 \tag{5-33}$$

式中　n——透明介质折射率；

　　　δ——黑体辐射常数，取 $5.67 \times 10^{-8} W/(m^2 \cdot K^4)$。

四、边界条件

为减小计算量，计算模型为海缆连同电缆沟轴向垂直的一个有限长度段，该段模型与轴线垂直的两个端面为电热绝缘。将模型中除电缆沟盖板之外的电缆沟外表面向大地土壤方向等比例放大 5 倍，得到一个封闭域，认为封闭域之外的土壤温度不再发生变化，电热耦合计算域示意如图 5-52 所示。

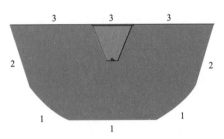

图 5-52　电热耦合计算域示意图

该封闭计算域的边界分为三类，第 1 类边界的温度已知且不变，第 2 类边界的热流密度为已知，第 3 类边界的流体介质温度和换热系数已知。

边界条件分别如下：

第 1 类边界条件：

$$T\big|_\Gamma = T_w = f(x,y,t) \tag{5-34}$$

第 2 类边界条件：

$$-(\partial T / \partial n)\big|_\Gamma = q = g(x, y, t) \tag{5-35}$$

第 3 类边界条件

$$-(\partial T / \partial n)\big|_\Gamma = \alpha(T - T_f)\big|_\Gamma \tag{5-36}$$

式中　T——温度，K；

　　　Γ——边界；

　　　T_w——边界壁面温度，K；

$f(x,y,t)$——已知温度函数，K；

　　　q——热流密度，W/m^2；

$g(x,y,t)$——已知热流密度函数，W/m^2；

　　　α——换热系数，W/（m^2·K）；

　　　T_f——已知流体介质的温度，K。

舟山 500kV 海缆所在位置夏季最高环境温度为 35℃，电缆沟内所有物体的初始温度取 30℃，正午太阳法向辐照度取 484W/m^2，风速为 4.5m/s，环境相对湿度为 80%。

5.7.2　强迫水冷却仿真分析

电缆沟内仅采用冷水管冷却时，分析空气流速、冷却温度、冷却布置方式和冷却水量对海缆载流量的影响情况。

一、空气流速与冷却温度

海缆在电缆沟轴线方向上产生的焦耳热与电流流过铜导体产生的焦耳热相同，电缆导体中的热量主要沿电缆的径向流动扩散，因此设想电缆沟内的空气在电缆径向上有一定流动速率。电缆沟内不同流速的空气对海缆载流量的影响不同，空气流速对海缆载流量的影响如图 5-53 所示。

电缆沟内空气的径向流动有利于海缆的散热，因此海缆允许载流量有所扩大。有/无冷却水管时，空气径向流速 0.1m/s 下海缆载流量提升分别为 5.97% 和 3.05%，径向流动的空气进一步发挥冷水管的冷却作用。

调整冷却水管内冷却水的温度，在电缆沟内空气不流动的情况下，海缆载流量受到的影响很弱，冷却水温度对海缆载流量的影响如图 5-54 所示。

虽然降低冷却水的温度海缆载流量的确得到了提升，但提升度非常微弱，冷水温度从 20℃ 减小到 0℃，载流量提升作用仅从 0.16% 增大到 0.62%。因此，调整冷却水温度在实际应用中的投入产出比是极不经济的。

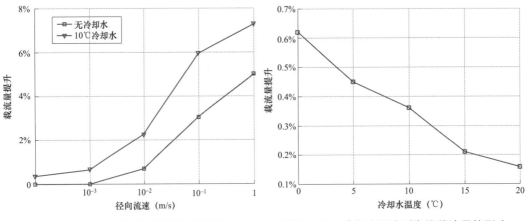

图 5-53　空气流速对海缆载流量的影响　　　图 5-54　冷却水温度对海缆载流量的影响

二、海缆的冷却布置方式和冷却水量

仿真计算结果显示，改变电缆在电缆沟中的位置，海缆载流能力非但不能增大，还会因为空气热导率很低，散热效果变差，造成海缆载流能力下降。

调整海缆与冷却水管的距离、增大冷却水管的外径以增加冷却水量、改变海缆在电缆沟中的布置位置，从而使海缆载流量得到不同的提升效果。强迫水冷却时海缆与冷却水管距离对海缆载流量的影响、强迫水冷却时冷却水管外径对海缆载流量的影响分别如图 5-55 和图 5-56 所示。

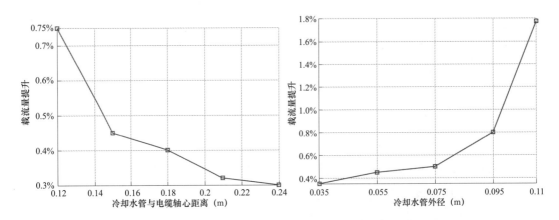

图 5-55　强迫水冷却时海缆与冷却水管　　　图 5-56　强迫水冷却时冷却水管外径
距离对海缆载流量的影响　　　　　　　　对海缆载流量的影响

冷却水管与海缆的距离从 0.24m 缩小到 0.12m，海缆的载流量提升从 0.3%增大到 0.75%；冷却水管的外径从 0.035m 增大到 0.11m，载流能力提升从 0.35%增大到 1.78%。由此可见，减小冷却水管与海缆的距离、增大冷却水量，均可有效提升海缆的载流能力。

电缆沟内空气的流动显然有利于海缆散热,冷却系统在电缆沟内空气产生流动时才能发挥一定的散热作用。考虑电缆沟内自然冷却的各项因素最优时,海缆的载流能力提升可达 11.2%。

5.7.3　电缆沟回填土壤仿真分析

电缆沟内回填土壤时,分析土壤导热系数、冷却水温度、海缆冷却水管布置方式对海缆载流量的影响情况。

一、回填土壤导热系数与冷却水温度

同时考虑电缆沟内回填土壤和采用冷却水管冷却,不同的冷却水温度和土壤导热系数对海缆载流量的影响不同,回填土壤导热系数和冷却水温度对海缆载流量的影响如图 5−57 所示。

电缆沟内回填土壤,在土壤导热系数为 0.6W/（m·K）、没有冷却系统的条件下,海缆的载流能力增大 2.79%;土壤导热系数为 0.6W/（m·K）,在冷却水管作用下,冷却水温度从 20℃减小到 0℃,载流量提升作用从 2.83%增大到 4.98%。

改善回填土导热能力,将导热系数为 0.6W/（m·K）的土壤更换为 1.279W/（m·K）的土壤,冷却水温度为 10℃时,海缆载流能力提升到了 4.78%。

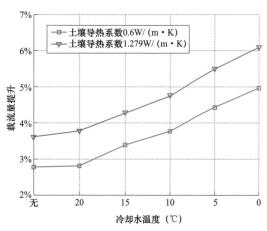

图 5−57　回填土壤导热系数和冷却水温度对海缆载流量的影响

二、回填土壤时海缆冷却水管布置方式

无冷却系统时,改变海缆在电缆沟内的位置,可得到不同位置上海缆载流量的变化情况,电缆沟回填土壤时海缆在电缆沟不同位置时载流量的变化如图 5−58 所示。

海缆在电缆沟顶部时的载流量提升效果比较小,载流量的提升作用相比在电缆沟底部时下降 1.15%;海缆在电缆沟中靠近两侧边界时的载流量提升略大于沿电缆沟垂直中线上布置时的载流量提升。

电缆沟回填土壤时,调整海缆与冷却水管的距离、增大冷却水管的半径以增加冷却水量、改变海缆在电缆沟中的布置位置,从而使海缆载流量得到不同的提升效果,电缆沟回填土壤时海缆与冷却水管距离对海缆载流量的影响、电缆沟回填土壤时冷却水管外径对海缆载流量的影响分别如图 5−59 和图 5−60 所示。

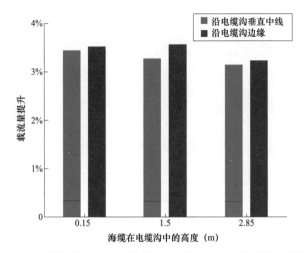

图 5-58　电缆沟回填土壤时海缆在电缆沟不同位置时载流量的变化

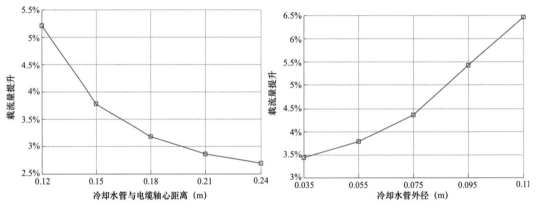

图 5-59　电缆沟回填土壤时海缆与冷却　　图 5-60　电缆沟回填土壤时冷却水管外径
　　　　水管距离对海缆载流量的影响　　　　　　　　对海缆载流量的影响

　　冷却水管与海缆轴心的距离从 0.24m 缩小到 0.12m，海缆的载流量提升从 2.69% 增大到 5.21%；冷却水管的外径从 0.035m 增大到 0.11m，载流能力提升从 3.44% 增大到 6.47%。

　　由此可见，回填土壤对电缆沟内海缆的载流量提升效果比较明显，冷却系统能充分发挥对海缆的冷却散热作用。考虑电缆沟内回填土壤时的各项因素最优时，海缆的载流能力提升可达 6.54%。

5.7.4　电缆沟充水仿真分析

　　海缆径向海水流速对载流量提升的影响如图 5-61 所示。电缆沟内充满海水时，海水在海缆外径方向上流动，改变海缆在电缆沟内的位置，观察海缆在不同位置时载流量受到的影响。

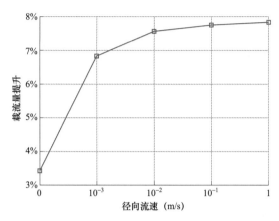

图 5-61　海缆径向海水流速对载流量提升的影响

电缆沟内充水时，海缆载流能力的提升效果非常明显，而且优于电缆沟内回填土壤。电缆沟内水的流速对海缆的散热影响显著，不考虑水流速度时，海缆载流能力提升为 3.4%；考虑微小的水流速度，如水流速度为 0.001m/s 时，海缆载流量提升能力可增大至 6.84%，水流速度增大到 1m/s 时，海缆载流量提升能力可增大至 7.84%。流速达到 1m/s 时，充水电缆沟对海缆载流量的提升有明显的饱和趋势。

电缆沟充水时，改变海缆在电缆沟内的位置，不同位置上海缆载流量的变化情况不同，海缆在充水电缆沟不同位置时载流量的变化如图 5-62 所示。

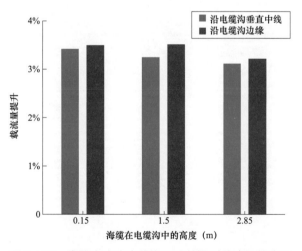

图 5-62　海缆在充水电缆沟不同位置时载流量的变化

在电缆沟内充水的条件下，海缆在电缆沟内不同位置时，海缆载流能力提升的效果差异不大，载流能力变化的规律与电缆沟内回填土壤时基本一致。考虑电缆沟内充海水时的各项因素最优时，海缆的载流能力提升可达 8.03%。

考虑三种海缆载流量提升方案的效果，从可实现角度看，强迫电缆沟内空气沿径向流动对海缆载流量提升幅度最大，电缆沟充海水的方案次之，回填特殊土壤的方案效果一般。而实际工程应用中，一定长度的电缆，实现流体介质在全长度上的径向强迫流动存在不小的难度；而回填特殊土壤的方法，虽然省去了实现径向强迫流动的困难，但海缆被土壤深埋（海缆电缆沟深 3m）不利于工程保护和运维检修。因此，就地取材将电缆沟充满海水对提升海缆的载流量存在工程和技术上的可取之处。

第 6 章
海底电缆敷设施工

海缆的敷设施工是指将海缆布放、安装在设定的路由上,以形成海缆线路的过程。海缆敷设前需要综合考虑路由环境、相关方影响、水文气象条件。敷设设备一般为专用海缆敷设系统。海缆敷设施工涉及水上和水下作业,技术难度大、风险高,对敷设人员的技术水平要求较高。

海缆的敷设常因跨越水域不同,敷设方法差异较大。敷设应选用最佳敷设方法及相应装备,以满足具体工程的设计要求。目前,自世界第一条海缆敷设成功已有近150 年的历史。至今,海缆的敷设技术主要经过 3 个发展阶段:

第一阶段,是采用木制或铁制的船舶,将海缆装载在船上,并以风帆和蒸汽涡轮作为动力,罗盘作为导航设备,将海缆直接抛敷在海床上。

第二阶段,是采用具有专用工具的铁制或钢制船舶,并在船的甲板上安装了敷设海缆专用的鼓轮装置,把海缆盘绕在鼓轮上,然后将海缆直接抛敷到海床上。

第三阶段,是采用钢制的海缆专用敷设船,应用拖曳式埋设装置、自行式埋设装置,将海缆埋设在海床下。

6.1 施工装备

海缆敷设施工需要主敷设船及其配套船只,配套船只包括警戒船、拖轮、锚艇、交通船等。一般主敷设船与配套船只布置如图 6-1 所示。

6.1.1 敷设船

海缆敷设船是海缆敷设施工作业的心脏,目前英、法、美、中等国都具有载缆量超过 5000t 的敷设船,如图 6-2~图 6-6 所示。上述敷设船设备齐全、工艺先进,满足全球范围内的海缆敷设施工作业需求。

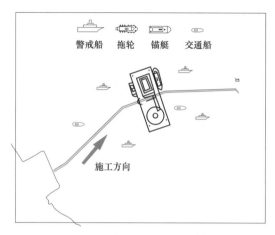

图 6-1　主敷设船与配套船只布置示意图

图 6-2　英国 Team Oman 海缆敷设船（载缆量 8500t）

图 6-3　美国 GLOBAL SENTINEL 海缆敷设船（载缆量 7900t）

图 6-4　挪威 102 海缆敷设船（载缆量 7000t）

图 6-5　法国 C/S Nexans Skagerrak 海缆敷设船（载缆量 7000t）

　　国内海缆工程建设起步较晚，早期海缆敷设船大多通过驳船和供给船改造而来。近年以来国内建造了比较先进的海缆敷设船，如启帆 9 号、中天 5 号、东方海工 01 号等。

图 6-6　中国启帆 9 号海缆敷设船（载缆量 5000t）

舟山 500kV 海缆敷设施工由新型大容量专用海缆敷设船启帆 9 号完成，启帆 9 号海缆敷设船三维示意图如图 6-7 所示。

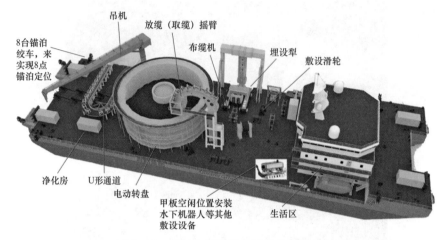

吊机
放缆（取缆）摇臂
8台锚泊绞车，来实现8点锚泊定位
布缆机
埋设犁
敷设滑轮
净化房
U形通道
电动转盘
甲板空闲位置安装水下机器人等其他敷设设备
生活区

图 6-7　启帆 9 号海缆敷设船三维示意图

启帆 9 号敷设船功能划分主要包括海缆接续区、海缆敷设区及生活区。其中海缆接续区主要用于海缆的接续工作；海缆敷设区主要用于海缆的敷设作业；生活区主要用于海缆敷设施工人员的办公和休息。

启帆 9 号海缆敷设船配备的主要敷设装备有布缆机、放缆/取缆摇臂、海缆通道、导轮、滑道、敷设滑轮、吊机、埋设机、水下机器人等，其布置如图 6-7 所示。

海缆敷设船的敷设能力主要体现在载缆量和定位系统上。载缆量是指海缆敷设施工作业过程中，敷设船最大承载的海缆重量。海缆承载方式一般有电动转盘、固定储缆托盘、移动海缆盘。启帆 9 号海缆敷设船采用的是电动转盘，可承载 5000t 海缆，并具有良好的退扭效果。船舶定位系统是海缆敷设船在海上稳定精准作业的保障，一般有锚泊和动力定位（dynamic position，DP）两种定位系统。启帆 9 号海缆敷设船同时配备 DP-1 动力定位和八点锚泊定位系统，可抵御 10 级大风等恶劣海况。

6.1.2　转盘

海缆转盘主要用于存储（释放）海缆，按动力方式划分主要有液压转盘和电动转盘。启帆 9 号海缆敷设船采用的是电动转盘，可承载 5000t 海缆。

电动转盘主要构件包括：海缆盘、支架和轴承、控制海缆放出速度和张力的制动装置、履带牵引装置、导轮、滑槽、张力监视装置等。海缆盘在盘轴上转动释放海缆，海缆通过导轮、滑槽、布缆系统到达入水槽，然后由海缆埋设机将海缆埋设在海床下。

6.1.3 埋设机

海缆埋设机主要用于海底挖沟作业,同时将海缆埋设在海床下,防止海缆遭受外力破坏。海缆埋设机主要有射流式、机械式、犁式 3 种类型。不同类型海缆埋设机的特点见表 6-1,不同类型海缆埋设机如图 6-8 所示。

表 6-1 不同类型海缆埋设机的特点

类别	优 点	缺 点
射流式	结构简单、造价低,操作简易	不能挖掘所有土质
犁式	故障率低、挖沟速度快,可挖掘各类土质	造价昂贵,对母船要求较高,不能间断作业
机械式	可挖掘各类土质,作业水深大	结构复杂,作业效率低

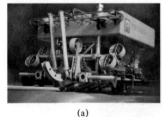(a) 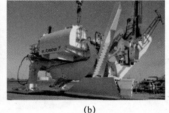(b) (c)

图 6-8 不同类型海缆埋设机
(a) 射流式;(b) 犁式;(c) 机械式

射流式海缆埋设机应用历史最长,可追溯至 20 世纪 40、50 年代,是使用最普遍的一种海缆埋设机。它经历了人工射流、滑橇式射流、牵引式射流、自行式射流几个发展阶段。射流式埋设机利用两个独立的工作系统来挖沟敷设海缆。其中,射流系统由高压水泵产生高速水流,高速水流通过埋设机前端的喷嘴进行喷冲挖沟。另一个独立的工作系统则利用巨大的吸力将挖掘出的泥沙除去。埋设机在挖掘过程中,海沟的深度可能会根据要求有所改变,需要不断调整机械臂高度来控制挖掘深度。最大的可行挖掘深度取决于海底泥沙类型和挖掘速度。

犁式埋设机理念始于 20 世纪 50 年代末,在 20 世纪 70 年代第一台浅水挖沟机研制成功,至 20 世纪 90 年代末及 21 世纪初技术趋于成熟。犁式埋设机需要大马力动力定位船作为拖曳母船。犁式埋设机的发展一方面需要建造更大马力的敷设船,另一方面需要改进埋设技术减少埋设机对拖曳母船的动力需求。

机械式埋设机始于 20 世纪 70 年代。在 21 世纪初,深水机械式埋设机技术及设备获得快速发展,主要用于切割强度较强(如岩石)的海底土壤。通过机械切割设备（如链锯、柱状切割片等）将硬质土质切碎甚至液化，排泥系统将切碎的土质吸排出去，形成管线埋设所需的沟壑。机械式埋设机主要由主支架、铰刀系统、射流系统、排泥系统、履带、动力系统、监控系统组成。机械式埋设机结合了机械切割与射流切割技术，能适用海底任何土质，弥补射流式埋设机不能切割硬质土质、犁式埋设机需大马力母船拖曳的不足。目前，按工作原理划分，机械式埋设机主要有链式埋设机、盘状旋削埋设机、柱状铣削埋设机 3 种类型。

启帆 9 号海缆敷设船配备的是射流拖曳式海缆埋设机，埋设机重 20t，淤泥底质下海缆埋设深度可达 4m。其工作部件主要是挖掘臂，如图 6-9 所示。挖掘臂下方密布高低压喷嘴，低压喷嘴直径较大，布置在挖掘臂的前部；高压喷嘴直径较小，布置在挖掘臂的后部；高压水泵喷射水流切割土体形成沟槽，将海缆埋设其中。

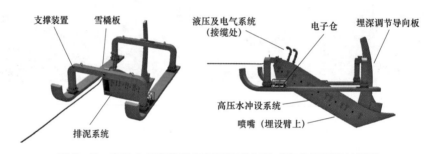

图 6-9　启帆 9 号海缆敷设船配备的射流式海缆埋设机挖掘臂

6.1.4　水下机器人

海缆敷设过程中，有些区域需要依靠水下机器人辅助施工，工程级水下机器人如图 6-10 所示。水下机器人是水下动力驱动工具的运载车，可以装备不同的操作器和各种工具，如摄像机、声呐、多波束等水下探测设备。水下机器人的探测数据能为施工和后续海缆运行检修提供数据支撑。水下机器人可进行水下取物、海缆损伤检测及故障检修协助作业。

海缆敷设船上应有足够容纳整个水下机器人的空间，包含作业车辆停车空间，悬吊起重机、脐带海缆盘放置和操作空间，水下机器人操作船员的起居空间等。

启帆 9 号海缆敷设船配备的水下机器人重 200kg，工作水深 200m，运动速度 2knot。其主要作业能力包括：

图 6-10　具有夹持和摄像能力的工程级水下机器人

（1）海缆巡检。通过水下机器人搭载视觉摄像机和声呐设备进行海缆通道的巡视和检查。通过已知的线缆经纬度坐标和水下机器人的定位信息确定目标位置，并遥控至海缆上方。再通过水下机器人自带的磁力梯度仪和姿态传感器进行巡检。巡检过程中可通过返回的声呐、图像、位置信息对紧急情况进行处理。

（2）故障点探测。在巡视海缆的过程中，搭载于水下机器人的故障检测传感器一直处于工作状态，当发现线缆异常点时，船上工作人员将根据水下海缆探测系统异常信号分析原因并进行处理，继续巡视海缆或记录。水下机器人也会实时记录故障点的相关信息，如位置坐标、摄像头图像、声呐图像、故障点检测传感器值。

6.1.5　辅助船只

海缆敷设施工通常还需要其他船舶。在强风或海流情况下，海缆敷设船要靠一艘或多艘拖轮帮助定位。当海缆登陆操作时，往往要有较小型的船队操作拉绳、锚、浮胎、海缆。在复杂的路由情况下安装海缆时，用勘测船是必不可少的。在完成海缆保护前需要警戒船驱走捕鱼船以及防护海缆避免未经许可的船只靠近。

6.2　舟山 500kV 海缆线路敷设工法

启帆 9 号海缆敷设船利用射流式埋设机进行埋设施工，敷、埋同步进行，采用基于平面退扭技术的海缆埋设施工方法，最大埋设深度由埋设机性能、海床土质以及设计要求确定。该方法利用可旋转的海缆托盘，将托盘上的海缆依靠布缆机牵引通过过缆桥、滚轮装置、线缆入水槽至埋设机，埋设过程中控制托盘、布缆机、埋设机速度同步。该方法实现了海缆不打扭，可安全平稳地将海缆敷设至海床下，其工艺流程如图 6-11 所示。

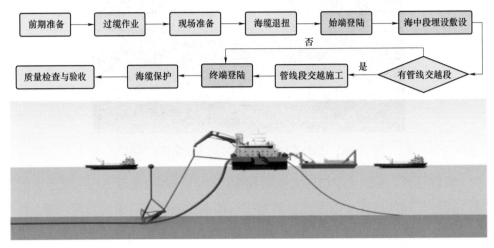

图 6-11 海缆敷设工艺流程

6.2.1 前期准备

前期准备应编写周密详细的施工技术方案，并进行技术交底，同时需完成技术资料准备及报审，开工前需完成施工手续办理，各阶段完成需要准备的技术资料，见表 6-2。

表 6-2　　　　　　　　　　主要技术资料准备一览表

序号	项目	技术资料名称
1	开工准备阶段	项目管理实施规划
2		安全文明施工实施细则
3		施工安全管理及风险控制方案
4		质量验收及评定范围划分表
5		质量通病防治措施
6		现场应急处置方案
7		水上水下施工许可证
8	海缆施工阶段	海缆施工作业指导书
9		海缆试验方案

6.2.2 过缆作业

对于小而轻的海缆一般采用整体吊运方案，而对于大截面、超长、超重的海缆则采用散装过缆。具体为将海缆沿栈桥输送至海缆排线架顶，然后海缆头绑扎上钢绳网套，再与牵引钢绳连接，将海缆头经过排线架后，牵引至电动转盘内。盘绕前，海缆头部预留 3m 长度在海缆转盘圈外，以方便海缆测试。此过程中，旋转电动排线架、限位排线装置、施工船上转盘应保持同步转动，且过缆速度控制在 500m/h 以内。

6.2.3 现场准备

（1）路由复测海缆施工前，须对海缆的设计路由进行复测，特别是海缆登陆点、海上管线交越点、路由拐点、海况复杂区域的坐标及水文参数复核，以确保施工的准确性。

（2）试航施工船舶到达施工现场之后，首先安排在设计施工路由区域内进行试航，以熟悉施工区域内设计路由的各个关键点及潮水情况。然后对船上的所有埋设设备及后台监测设备进行模拟操作演练，确保所有施工设备及监测装置正常，保证施工顺利进行及工程质量。

（3）扫海。该工作主要解决施工路由轴线上影响施工顺利进行的废弃缆线、渔网等小型障碍物。扫海过程中，锚艇尾系扫海工具，沿每条设计路由往返扫海多次，直至施工路由上无影响埋设机施工的障碍物。

6.2.4 海缆退扭

海缆施工过程中的退扭方式选取平面退扭，该方式最重要的部分是可旋转的电动转盘。电动转盘的下面装有回转机构，自身带有驱动装置，能够配合布缆机的海缆敷设速度，调节自身旋转速度，将海缆释放到海床上，此过程海缆退扭所经由的机械设备如图 6-12 所示。利用平面退扭方式进行退扭，能保证施工船在受到风、流的影响时，即使晃动状态，也能确保在一定的晃动下保持平衡。

图 6-12　海缆退扭所经由的机械设备

6.2.5 海缆登陆

海缆始端登陆宜选择在登陆作业相对困难的一侧，登陆前在登陆点的路由轴线上挖设绞磨机地坜，在登陆的滩涂上按设计轴线敷设海缆登陆的牵引钢丝，登陆点位置搭设脚手架，两侧船舶无法进入的潮间带区域需预挖沟槽，并在海缆登陆路由沿途设置专用滑车及转角滑车，以减少海缆登陆时的摩擦力。海缆登陆应注意以下事项：

（1）施工应在平潮时进行，施工船应尽量靠近登陆点，以减少登陆的距离。施工船只宜八字开锚固定在路由轴线上，同时要防止潮流变化使船位移动。

（2）海缆应用气囊助浮，同时岸上用绞磨机牵引海缆登陆。对于光缆也可以采用人工牵引的方法上岸。登陆长度应满足设计要求，并留足够裕量。

（3）海缆登陆完毕后在登陆岸边应用钢缆或绳子固定住海缆，以防海缆开始敷设时施工船只将登陆海缆牵引至海中。

1. 始端登陆

始端登陆流程为高潮位施工船就位、八点锚泊定位、登陆点设置绞磨机、充气轮胎助浮、牵引海缆入水、绞磨机牵引登陆、登陆点锚固并拆除浮胎、沉放海缆至设计路由海床，海缆始端登陆示意如图 6-13 所示。

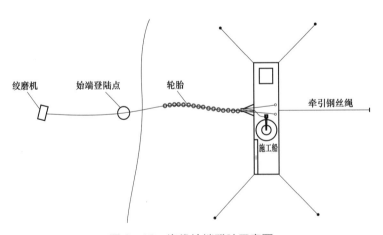

图 6-13 海缆始端登陆示意图

2. 末端登陆

末端登陆流程为八点锚泊定位、海缆入水轮胎助浮、海缆形成Ω形、设置活络转头、截断封堵防潮处理、牵引海缆至末端、登陆点锚固并拆除浮胎、沉放海缆至设计路由海床，海缆末端登陆示意如图 6-14 所示。

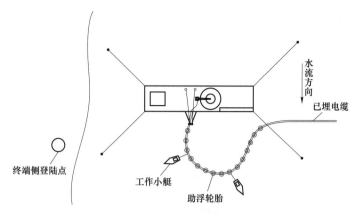

图 6-14　海缆末端登陆示意图

6.2.6　海中段埋设施工

大型船舶往来的海域需用海缆埋设机进行深埋敷设作业，深埋敷设示意如图 6-15 所示。目前国内水力机械埋设机的埋设深度可达 2~4m，具有开沟宽度窄及回淤速度快的优点。

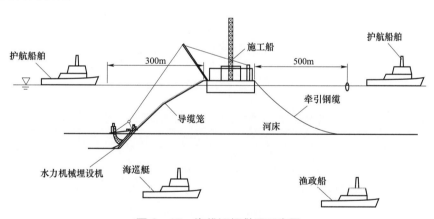

图 6-15　海缆深埋敷设示意图

说明：施工船前进方向 500m，后方 300m 禁止通航。

海中段埋设需要注意以下几点：

（1）布置警戒船舶。现场所有施工船上均安装船舶自动识别系统（AIS），并设专人查看。敷设施工过程中需配备警戒船舶，必要时需"海巡艇"现场警戒辅助，警戒范围为施工船左右 500m，前后 300m，警戒船舶平面布置示意如图 6-16 所示。

（2）埋设机投放及回收。埋设机投放，首先海缆通过入水槽，进入埋设机腹部，关上门板。然后，利用扒杆吊机将埋设机吊入水中，缓缓搁置在海床面上。埋设机的投放操作流程如图 6-17 所示。埋设机回收顺序与投放顺序相反。

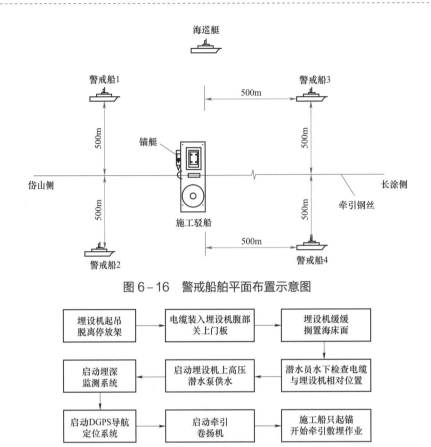

图6-16 警戒船舶平面布置示意图

图6-17 埋设机投放作业流程图

（3）敷设施工工艺。海缆敷设可分中间侧出缆和尾部出缆两种敷设方法，其中船尾出缆的敷设方法国内应用较少，启帆9号海缆敷设船采用的是中间侧出缆的敷设方法。海中段敷设过程中对于浅水区域无法满足DP吃水深度的海域，采取"慢速绞锚牵引式埋设施工"工艺进行海缆敷设，即施工船上设置牵引卷扬机，收绞预先敷设在路由轴线上的牵引钢缆，牵引施工船前进。对于绝大多数的水深海域采用DP定位系统提供船舶前进及左右偏差的控制动力。以上两种方式均通过主施工船牵引水下埋设机，海缆通过导缆笼进入埋设机后，被埋设于海床上。埋设施工过程中由差分全球定位系统（DGPS）定位、监控系统监测，埋设机监控系统显示海缆埋设深度，调节埋设机水压来控制埋设深度。对于施工船产生的路由偏差，前者利用绞锚、拖轮或锚艇顶推加以调整，将海缆准确敷设在设计路由上，后者水深满足DP吃水区域采用自航顶推敷设。对于水流较大水域或大风期间，主施工船需带牵引钢丝，以策安全。

（4）水力喷射式埋设机技术要点。作业时主敷设船需要具备良好的抗流性能，在6～7节水流中能保持良好姿态；埋设深度通过变幅水力开沟刀调节，埋设深度可在 0~4m 之间变化；埋设机埋设深度 $d=L-s\times\sin\theta$，其中，L 为埋设机水力刀长度，s 为埋设机水力刀转轴距泥面高度，θ 为埋设机水力刀与海床面角度；主敷设船的工作水深可以是 2~100m 的任何水深；施工过程中，根据不同土质情况，埋设机埋设速度需实时调节，由卷扬机的绞缆速度或 DP 前进速度来决定，一般埋设速度控制在 3~10m/min；海缆埋设深度可通过调节埋设机牵引速度、水泵压力、牵引力以及姿态等手段来控制。

6.2.7　管线交越段施工

对于设计路由于原有管线存在交越的施工海域，需要先将海缆抛敷后再进行交越段保护。施工之前，需取得交越路由精确坐标。施工中，距离交越点 200m 左右时，应认真核对差分全球定位系统（DGPS）的定位及埋设机的姿态情况。密切观察水深及潮流状况；当主施工船将海缆埋设至距管线交越点 50m 处时，主施工船停止埋设施工，并原地定位；待平潮时缓缓提起埋设机，使埋设机离开海床面约 3m，然后启动施工船前进进行抛放施工；直至距离管线交越点 50m 处时停止抛放施工，并原地定位；待平潮时缓缓放下埋设机再进行海缆的埋设施工。

6.2.8　海缆保护

在特殊地形冲刷区进行施工时，需采取防冲刷措施以对海缆进行保护。具体为抛石支撑及混凝土块压载法，如图 6-18 所示。该方法在海缆路由上礁石区段一定范围内抛填块石，代替块石的材料可以是砂袋，砂袋中装一定比例的粗砂和水泥。砂袋质量由冲刷条件和施工能力决定，做到不被冲刷运移。抛填砂袋完成后再在海缆上方用混凝土块覆盖，可提高覆盖层抗冲刷和锚勾等外力破坏的能力。

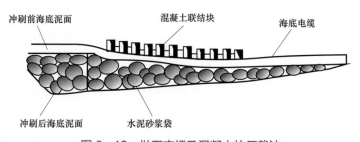

图 6-18　抛石支撑及混凝土块压载法

对于礁石段沟槽、潮间带、管线交越段海缆均可采用安装海缆专用护套管方式保护海缆，如图 6-19 所示。即在平潮时由潜水员在水下完成保护套管的安装工作，船上的施工人员做好上下联系及材料、工具的供应工作。为了防止保护套管受潮水影响来回移动，可对其进行水泥浇注固定。

6.2.9 质量检查与验收

海缆敷设施工完成后，应严格参照国家标准、行业标准、国网公司标准进行海缆敷设施工质量检查与验收，参照标准或文件如下：

图 6−19　礁石段保护套管保护海缆

GB 50168—2018《电气装置安装工程　电缆线路施工及验收标准》；

GB/T 51191—2016《海底电力海缆输电工程施工及验收规范》；

国网（基建/3）188—2014《国家电网公司输变电工程验收管理办法》；

国网（基建/3）186—2015《国家电网公司输变电工程标准工艺管理办法》；

国网（基建/3）187—2014《国家电网公司输变电工程安全文明施工标准化管理办法》；

国网（基建/3）182—2014《国家电网公司输变电优质工程评定管理办法》；

建质〔2007〕223 号《绿色施工导则》。

质量控制检查如下：

1. 海缆埋设的路由偏差标准

（1）严格按照施工方案及施工路由扫海，并对扫海过程中所遇到障碍物情况（即障碍物为何物、经纬度等）进行详细记录。同时核对登陆点及路由坐标，熟悉施工区域的海况。

（2）通过差分全球定位系统（DGPS）控制海缆的路由轨迹，由有相应资质的卫星定位专业公司来测量海缆的敷设轨迹，再与设计路由轨迹相比较，将其控制在设计允许的敷设偏差范围之内。

（3）海缆严禁交叉、重叠，相邻的海缆应保持足够的安全距离，不宜小于平均最大水深的 1.2 倍。海缆与海底管道之间的水平距离原则上不小于 50m，受条件限制的特殊情况下不得小于 15m。

2. 海缆埋设裕量

（1）投放埋设机前应检查起吊钢丝、牵引钢丝与埋设机连接是否可靠，开启水泵检查水压是否正常，确保喷水口出水正常无堵塞现象。

（2）投放埋设机时，根据海缆入水角及受力情况，随时调整放缆速度、牵引速度。

投放完毕，应派遣潜水员下水检查海缆是否出现打扭、海缆和埋设机姿态信号传输线被埋设机牵绊现象。

（3）海缆敷设过程中要保持少许张力，要按不同的水深、船速来改变入水角，以保证海缆的最小允许弯曲半径大于 20 倍海缆外径，入水角度保持在 45°～60°。

（4）对绞磨机地锚受力情况及现场地质进行分析，合理布置；各滑车安放位置、间隔距离合理并安放牢固；对锚位进行分析，防止对已敷设海缆及原有海缆造成伤害；海缆锯断前应重新测量船只与登陆点的距离，计算应释放的海缆长度，并有适当裕量；海缆锯断处端口封铅应由专业人员操作，封铅层应均匀、光滑，厚度符合工艺要求。

（5）警戒船只应全程警戒，保证施工船只前后 500m、左右 300m 范围内无其他船只经过；船舶自动识别系统（automatic identification system，AIS）值班人员保持警惕，随时监视海面船只航向，保持高频通畅。

3. 海缆埋设深度偏差

（1）分析牵引锚的锚位对已敷设海缆是否会有影响，是否会因海洋条件影响产生移锚现象。

（2）抛牵引锚前应检查锚的坐标数据，数据与施工方案所设定的数据一致。

（3）现场的辅助船只型号、数量、到位率符合施工方案要求及现场实际需求。

（4）检查埋设机信号、传输系统及船只定位系统是否正常，并现场校正。

（5）应有专人对埋设机姿态进行监控，发现偏差及时调整，使埋深达到设计要求。在埋深不足时可采用降低埋设速度、增加水泵压力两种方式。在埋深达到设计要求时可适当提高埋设速度或减小水泵压力。

（6）海缆的埋设质量检查，除了通过船上监测仪表监视水下埋设机在水下的工作姿态、挖掘张力和埋设深度等外，必要时应进行埋设效果抽查，这是因为埋设监测仪表的指示有时不能准确地反映实际的埋设深度。抽查的方法可以通过潜水员海底探摸或采用水下遥控装置等方式进行检查。

4. 海缆电气、通信性能

（1）过缆前应检查海缆的性能，试验项目主要包括：① 主绝缘交流耐压；② 局部放电试验；③ 电容测量；④ 光纤衰减测试；⑤ 成品海缆外观检测。

（2）确保海缆在装船输送过程中无异常，在海缆装船过程中进行光纤在线监测，输送回路安装实时监控，若有发生光纤断裂现象及异常现象，则应立即终止海缆装船，依据应急预案开展后续工作。

（3）施工船舶到达施工现场之后，应在施工路由区域按设计路由进行一次试航作业，检验敷设用的各类机械运转是否正常，电气设备是否安全可靠，若有异常情况立即排除。

5. 应急预案

台风季节施工，应随时掌握台风动态，定时收听台风动向、线路，在台风来临前对船舶进行一次全面检查，检查船机、救生设备、足够的缆绳及抢险器材。风力达到 7～8 级时施工船应马上停止所有作业，撤离施工现场，进港避风，并随时掌握台风动态。在锚地避风须加强值班，确保船舶与人员安全。

（1）如果船舶必须在大雾条件下作业，应注意和采取以下措施：

1）在抛锚和施工现场要做好应急预防措施，派专人敲响雾钟和汽笛，以警示周围船舶，以防撞船。

2）施工船舶每隔 1min 鸣号，声号为一短、一长、一短，警告驶近的来船。

3）机动船每隔一分钟急敲号钟或鸣汽笛 5s。

4）锚泊时听到来船声号时，应当不间断急敲号钟和汽笛鸣号，直到判定来船已对本船无碍为止。

（2）如果有施工人员坠海采取以下应急措施：

1）施工现场一旦发生人员落水事件，应立刻停止作业，采取各种应急手段进行施救，必要时立即用甚高频电话 CH16 频道或救助信号向附近船舶发出协助求救，人员落水警报信号为警铃和汽笛三长声，持续 1min。

2）落水人员从水中救出后，如有必要应立即就地救护。首先将落水者俯卧于救护者屈曲膝上，使头倒悬，以排出呼吸道和胃内水；将落水者仰卧解开衣扣和裤带，撬开口腔，除去口鼻内污染物；立即进行人工呼吸。如心跳停止，应同时进行胸外心脏按压辅助起搏。

（3）大气环境保护措施如下：

1）柴油机废气的排放按国家排放标准控制。

2）施工现场垃圾应及时清理，运到指定的垃圾堆放区。

3）除设有符合规定的装置外，禁止在施工现场焚烧油毡、塑料、橡胶等易产生有害烟尘和恶臭气体的物质。

（4）水环境保护措施如下：

1）机械设备等维修产生的废油及含油废水，禁止直接排入水域，必须进行隔油和沉淀，达到排放标准后方可排放。

2）船舶油污水，按船舶检验局对油污水分离装置的技术要求达到合格校准。

3）食堂含油污水，进入隔油池经生化处理达到合格标准后排放。

4）厕所污水入化粪池经生化处理达到合格标准后排放。

5）船舶的压舱、洗舱、机舱等含油污水，到港口油污水处理设施接收处理，港口无接收处理条件、船舶含油污水又确需排放时，应事先向港务监督提出书面报告，经批准后按规定条件和指定区域排放。

（5）通航环境的保护措施如下：海缆埋设施工期间，施工船只对各航线上正常航行的船舶可能会有一定影响，施工前应与相关主管单位做好协调工作，发布海上作业通告，以便过往船舶配合。同时，施工单位应加强对施工船只的管理，规范船舶的航行行为，加强瞭望工作，并制定应急预案。

6.3　舟山 500kV 海缆线路敷设施工关键技术

6.3.1　退扭技术

海缆在盘圈与敷设过程中会产生扭力。扭力随着海缆盘圈与敷设长度的增加而积聚，严重时会损伤海缆金属铠装层，如图 6-20 所示，因此，在海缆敷设过程中消除扭力是海缆敷设的关键技术之一。目前用于消除扭力的方法主要有高度退扭方法和平面退扭方法。

图 6-20　扭力造成的海缆铠装损伤

一、高度退扭

国内用于海缆敷设施工的海上平台大多采用高度退扭方式，这种退扭方式适合截面尺寸较小的海缆。

1. 技术原理

高度退扭利用有一定高度的退扭架将要敷设的海缆牵引至退扭架最高处后利用自重释放其内部的扭力。高度退扭方式的海缆盘常为固定托盘的形式，海缆逐层盘绕在固定托盘上，退扭过程为逆盘绕过程。高度退扭方式最重要的部分是退扭架，退扭架多为桁架结构，材质为无缝钢管，强度好，结构稳定，便于安装和拆卸，高度退扭架如图 6-21 所示。海上敷设平台海缆高度退扭方式原理示意如图 6-22 所示，海缆过驳时，退扭架布置在海上平台海缆盘正上方，海缆通过牵引机盘绕至海缆盘里；海缆敷设施工时，通过布缆机将海缆牵引通过退扭架，通过入水槽、埋设机敷设至海床下。

图 6-21　高度退扭架

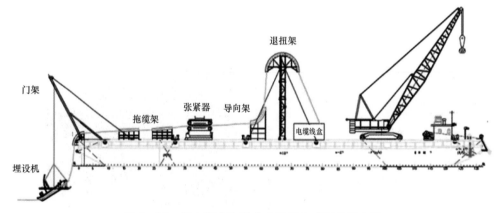

图 6-22　海上平台海缆高度退扭方式原理示意图

2. 技术特点

海缆高度退扭方式的主要特点是海缆盘不发生转动，固定到海上平台的甲板上，把海缆抽高到一定的高度，使海缆释放掉盘绕时产生的扭力，然后通过布缆机的牵引，将海缆敷设到海床上。

高度退扭适用于中小截面的海缆敷设。高度退扭的缺点是大截面海缆需要很高的退扭架，海缆在退扭架上过渡可能会有所损伤；高退扭架庞大而笨重，安装和拆卸也很困难，费用很高；高度退扭后海缆上必然会有残余的旋转应力，不能实现海缆应力全部释放，应力累积到一定程度就会造成海缆损伤。

3. 高度退扭架尺寸计算

高度退扭方式退扭架计算如式（6-1）所示：

$$
\begin{aligned}
L &= h + H + R \\
h &= n\phi \\
H &= 2R \\
R &= 20\phi \\
n &= F/G
\end{aligned}
\tag{6-1}
$$

式中　L——高度退扭架高度；

　　　h——海缆堆放高度；

　　　H——退扭高度；

　　　R——海缆最小盘绕半径；

　　　n——海缆允许堆放最大层数；

　　　ϕ——海缆外径；

　　　F——海缆允许最大承载侧压力；

　　　G——海缆单位重力。

舟山 500kV 海缆设计外径 ϕ 为 190mm，单位质量 m 为 83.5kg/m。计算得海缆允许最大承载侧压力 F 为 14 800N，海缆允许堆放最大层数 n 为 18，海缆最小盘绕半径 $R=3.8\text{m}\approx4\text{m}$，退扭高度 H 为 8m，海缆盘放最大允许高度 h 为 3.42m，若采取高度退扭方式，则高度退扭架的高度 $L=15.42\text{m}\approx16\text{m}$。

16m 高的退扭架的搭建工作存在一定难度，且如此高的退扭架对整个施工平台在海上工作的稳定性是极其不利的。因此，从安全性考虑，选择更为先进稳妥的电动转盘平面退扭方式。

二、平面退扭

国外大截面海缆过驳和敷设都是采用平面旋转退扭方式，即海缆厂生产好的海缆直接存储在电动转盘内，电动转盘如图 6-23 所示。海缆交接试验完成后，直接通过导缆通道过驳至海上平台海缆电动转盘上，海缆敷设也是通过海上平台的电动转盘将海缆输送到海床上，整个过程中海缆退扭均匀，自动化程度高，操作安全且效率非常高，不会发生因退扭不均造成的海缆损伤事故发生。

1. 技术原理

平面退扭即利用一个可旋转的电动转盘，将要敷设的海缆由电动转盘牵引至敷缆入水处，期间，海缆整个退扭过程不依赖高度退扭架，而是通过电动转盘的旋转逐层消除海缆内应力。海缆平面退扭方式的电动转盘是转轴的形式，电动转盘的下面装有回转机构，自身带有驱动装置，能够配合布缆机的敷设速度，调节自身旋转速度，将海缆释放到海床上。

图 6-23　电动转盘

2. 技术特点

平面退扭最大特点是海缆退扭为平面水平方式，无需搭建高度退扭架，并且退扭均匀、流畅，实现完全退扭，可以和布缆机、海上平台敷设速度协调一致，效率和自动化程度高。

三、舟山 500kV 海缆退扭方式选择

舟联工程中海缆的截面积、外径、单重都比较大，海缆最小弯曲半径应大于 4m。若海缆采用传统高度退扭方式，退扭架高度为 16m，才能退扭到一定安全范围内。16m 高的退扭架的搭建工作存在一定难度且如此高的退扭架显然对整个施工平台在海上工作的稳定性是极其不利的。

由于海缆单重比较大，届时海缆输送效率比较低下，且容易造成海缆退扭不均匀，当海缆打扭、绕圈，应力积累过于集中时，会造成海缆铠装膨胀或绝缘破损。

此外，由于舟山 500kV 海缆为大截面 500kV 海缆，单位比重大，需要非常大的牵引力才能将海缆提升到退扭高度，容易造成海缆布放速度与海上作业平台前进速度不一致，最终造成海缆受损，不利于工程的整体进行，因此舟联工程选用平面退扭方式。

四、平面退扭转盘尺寸计算

在海缆敷设施工中，无论采用何种退扭装置，施工船采用哪种布局方式，海缆存放区一般都是一样的，都是利用大小两个缆圈，将海缆约束在一个环装区域内，储缆

区的布置同高度退扭一样，依然要考虑到海缆的自重、最大允许侧压力和海缆最小弯曲半径。因此，储缆区的设计，必须在满足海缆容载要求的前提下，兼顾施工船甲板设备的布置，既要能盘放下所有的海缆，并使海缆所受侧压力在最大值以下，又要合理控制盘放海缆的最小弯曲半径，防止海缆内部铅包、绝缘层因过度挤压受损破裂，而且转盘本身的尺寸要严格控制，确保施工船主甲板有足够的空间承载。平面退扭方案中电动转盘尺寸设计如图 6-24 所示，海缆存放区内圈尺寸（海缆最小弯曲半径）计算见式（6-2）：

$$R = 20\phi \qquad (6-2)$$

式中　R ——转盘最小允许盘绕半径；

　　　ϕ ——海缆外径。

海缆允许堆放最大层数计算见式（6-3）：

$$n = F / G \qquad (6-3)$$

式中　n ——海缆允许堆放最大层数；

　　　F ——海缆允许最大承载侧压力；

　　　G ——海缆单位重力。

海缆存放区外圈尺寸计算见式（6-4）：

$$2\pi \left(ri + D \frac{i^2}{2} \right) = \frac{L}{j} \qquad (6-4)$$

式中　i ——海缆水平最大排列层数；

　　　j ——海缆垂直最大排列层数；

　　　L ——海缆总长；

　　　r ——存放区外圈尺寸；

　　　D ——海缆外径。

通过海缆基本力学参数，计算得到舟山 500kV 海缆允许堆放最大层数 $n=18$；最大允许高度 $h=3.42$m；转盘内径应不小于 4m，外径不小于 8.56m 时，即可满足海缆载缆量需求。

为了提高启帆 9 号海缆敷设船持续作业时间，敷设船载缆量不应只满足舟山 500kV 海缆需求，而是扩大载缆量适用范围，适应不同载缆量工程的使用，以更好地服务于多种工程要

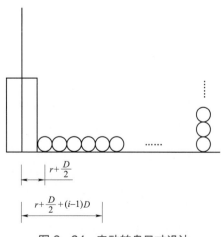

图 6-24　电动转盘尺寸设计

求。因此在电动转盘建造时，为满足更小与更大截面尺寸转盘的盘放，建造尺寸为内径 4m，外径 18m。

6.3.2 接头制作净化房设计

为了应对舟山 500kV 海缆敷设、运维中可能出现的维修需求，在启帆 9 号敷设船上配套了海缆接头制作净化房。

一、技术方案及要求

修理接头一般为刚性接头，在制作环境允许时也可采用柔性接头形式。刚性接头为圆柱形，两头需加装防弯器，其外形尺寸远大于柔性接头，接头制作净化房的设计尺寸以刚性接头为准。舟联工程可能需要的刚性接头总长度约 7m，外径约 0.6m，接头本体质量约 1t。建议接头制作房尺寸规格为 10m×3m×2.5m，净化房如图 6-25 所示。

图 6-25 海缆现场接头制作净化房

500kV 交流海缆接头制作需要连续为 10～15 个昼夜的时间才能完成，必须在洁净的封闭空间内来完成，以克服环境变化对接头制作的影响。其制作净化房技术要求应满足以下主要条件：

（1）温度：20～26℃。

（2）湿度：70%以下。

（3）室内洁净度：1000 级以上。

（4）配备海缆接头制作所需工器具。

（5）平台前后左右倾斜度小于 10°。

（6）具备照明、海缆除湿、导体熔接、加热、海缆固定和移位等功能。

海缆接头制作净化房布置在船体的中轴线上，避免海缆在布缆牵引过程中转弯过多，造成转弯牵引而发生的内部折弯。另外，净化房大多在布缆船上现场制作安装，安装制作速度慢，容易受制作环境影响。

海缆净化房设计方案包括船体、中央操作室、船体中部海缆盘、导缆架、船体中后部布缆机、用于制作海缆接头的净化房和入水槽。所述的导缆架、布缆机、净化房和入水槽均设于船体前后方向中轴线的一侧。通过把导缆架、布缆机、净化房和入水槽设于船体前后方向中轴线的一侧，使海缆在侧向出缆后沿前后方向的直线进行传送、接头制作和布缆入水，减少了因传统的布缆机、净化房布置在船身的中轴线上而出现海缆多次转弯情况。该方法降低了因海缆转弯而出现的海缆故障概率，提升了布缆的操作方便性，加快了布缆速度，具体布置方案如图 6-26 所示。

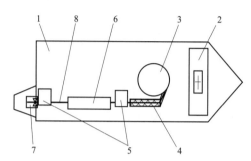

图 6-26　接头制作净化房设计结构示意图

1—船体；2—中央操作室；3—海缆储盘；4—导缆架；5—布缆机；
6—接头制作净化房；7—入水槽；8—海缆

净化房布局包括可拆卸的紧固于船体甲板的房体、用于海缆接头制作的海缆固定双头模座、便于海缆移动支撑的海缆托架、用于对净化房进行换气的净化通风系统、用于对进入净化房的人及物品进行灰尘清除的风淋室、用于控制净化房温度和湿度的温度控制设备、用于对净化房的空气质量进行监测的空气洁净度检测系统。房体的可拆卸式固定便于房体在其他地方制作后整体吊装到船上安装。一整套完善的净化房设备，能够高质量地完成海缆接头的制作。其中，净化房房体的结构布局如图 6-27 所示，包括净化接头室、与净化接头室相邻的办公室、与办公室相邻的仓库。所述的房体为全钢框结构，包括与船体的甲板密封处理的墙板、与墙板密封处理的顶棚，办公室朝向船体中轴线的一侧开设有推门，办公室、仓库朝向船体中轴线的一侧开设有移窗，净化接头室朝向船体中轴线的一侧开有固定窗，净化接头室设有工具放置区。通过合理地分割办公室、仓库及净化接头室的区域，便于工作时的物品存取和办公，通过设置窗户提高净化接头室、办公室及仓库的室内亮度，降低了房体内照明系统的应用。

净化接头室、办公室、仓库在近船体中心轴线侧墙板平齐，净化接头室在近船体船舷侧的横向宽度大于办公室和仓库的宽度 0.5m 以上，净化接头室在近船体船舷侧

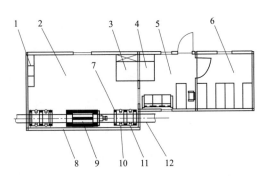

图 6-27　接头制作净化房结构布局示意图

1—工具放置区；2—净化接头室；3—风淋室；4—更衣室；5—办公室；6—仓库；7—水平滚动轮；
8—密封防护窗；9—海缆固定双头模座；10—立式滚动轮；11—海缆托架；12—海缆

的前后墙板设有用于海缆进出的开口、净化接头室与船舷相邻的侧面墙板设有侧向的开口，所述的开口设有上下可闭的密封防护窗，所述的密封防护窗通过气缸推拉开启。通过把净化接头室在近船体船舷侧的宽度大于办公室和仓库的宽度 0.5m 以上，便于设置前后方向的开口，侧向的开口有助于对海缆进入净化接头室后的操作，便于检修，密封防护窗通过气缸推拉开启便于密封。所述的办公室设有进入净化接头室的净化门和进入仓库的仓库门，风淋室设置在净化门的净化接头室一侧，净化门的办公室一侧设有与风淋室相邻的更衣室。通过办公室进入净化接头室和仓库，便于对净化房进行整体的管理，并且方便仓库物品和人员进入净化接头室。所述的海缆固定双头模座包括底座、设于底座上的上下可合拢打开的 2 套对开模口，所述的 2 套对开模口均可移动地设于底座顶部的来回丝杆上。根据海缆的接头位置可以移动模口到相应位置，通过模口上下合拢固定海缆，便于制作接头。所述的海缆托架共 2 个，设于海缆固定双头模座的进出海缆方向的前后两端，所述的海缆托架包括采用矩形方管焊接的底架和设于底架上的多个均匀排列的水平滚动轮，每两个滚动轮之间位置的两侧竖向排列有立式滚动轮。采用滚动轮的海缆托架便于支撑海缆在其上的滑动，减少海缆移动摩擦阻力，竖向的立式滚动轮可以阻止海缆侧向移动。海缆固定双头模座和海缆托架的底部均配有 4 组滑动轮和定位锁。通过 4 组滑动轮和定位锁便于移动和锁定。船体上需布置 2 套布缆机，分别设于净化房的前后两端的船体甲板上。便于制作接头的前后海缆的牵引移动，方便接头制作时的定位。

净化房减少了因海缆转弯所需要的转向装置的数量，降低了成本，降低了因海缆转弯过多而可能出现的海缆故障概率，提升了布缆的操作方便性，加快了布缆速度，房体的整体吊装及可拆卸固定方式简化了安装，在海缆托架和海缆固定双头模座底部安装滑动轮和定位锁便于位置的定位和固定，使设备在外部制作完成后可以直接在船上移动后固定，便于安装移动，降低了劳动工作强度。

二、主要设备

1. 净化房房体

净化房房体整体考虑海陆两用，可搬运移动，采用全刚性框式结构，高强度型钢制作，整体吊装、起吊搬运不变形，并配有 4 个起吊吊环及 4 根专用起吊绳，方便每次起吊搬运。房体正侧面设有开启通道，使整根海缆进出移动，并设有密封防护开启门，采用气缸推拉开启。双面覆塑料薄膜，壁板表面平整无划痕、无凹凸缺陷、色泽均匀，无明显色差，不脱落异物，耐强氧化剂腐蚀、易清洁，颜色为白灰色。彩钢复合板耐火极限不小于 0.68h（有消防检测报告）。所有的型材材质为铝合金喷塑，厚度不小于 1.2mm，马槽厚度不小于 1.0mm，吊铝厚度不小于 1.2mm。同一房间的彩钢板宜使用同一批号，缩小色差。壁板安装前必须严格放线，墙角应垂直交接，防止累积误差造成壁板倾斜扭曲，壁板的垂直度偏差不应大于 0.2%。墙壁与地面结合处，安装时须采取可靠密封措施，防止液体在不同工艺间相互渗透或影响彩钢板。吊挂、锚固件等与主体结构和楼面、地面的联结件固定。墙壁与墙壁、墙壁与顶棚、墙壁与地面等交接处（阴阳角）全部使用硅胶密封处理，并采用与彩钢板颜色一致的不小于 R50 铝合金圆弧过渡，铝合金材质厚度不小于 1.2mm，喷塑，色泽光滑，无缺陷。吊顶应按房间宽度方向起拱，使吊顶在受荷载后的使用过程中保持平整。吊顶周边应与墙体交接严密。板缝缝隙要均匀一致，板缝理论宽度为 2～3mm。彩钢板墙板可在现场开洞。板上各类洞口（风口、开关插座、消火栓、电话、压差表、风管洞口等）切割方正、边缘整齐，洞口四周需用铝合金封闭，避免填充材料外露，保证彩板的密封性。门上设观察窗（更洁净衣等人流通道除外），采用不锈钢 L 形锁，门与锁有加固处理，门框上的锁舌孔与门框结合处应密封处理，门下应有密封胶条等可靠密封措施。门锁采用柱式执手锁、品牌、名门或同等品牌。

2. 净化通风系统

舟山 500kV 海缆千级洁净实验室净化系统采用一台高效自动净化装置，对洁净车间内进行加压送风，换气次数达到每小时 50～52 次。洁净空气通过送风管道送至洁净车间，室内正压。净化房间与普通空调房间保证正压大于 10Pa；非净化空调房间与室外保证正压大于 5Pa；洁净实验室噪声，净化区小于等于 65dB（A）；净化性能，粒径大于等于 5μm，大气尘效率大于 60%。配备空气洁净度检测系统 1 套，实时显示设定。气流组织，顶送侧下回（紊流）。结构装修，洁净实验室、更衣室内围护隔断和天花采用 50mm 厚的岩棉加芯彩钢板，吊顶高度为 3m。洁净实验室内采用铝合金彩钢板单门、双门。人员进入洁净区必须经过换鞋间、更衣室、缓冲间进入。洁净车间的地面采用防静电 PVC 地板。

3. 风淋系统

风淋系统经高效过滤器过滤后的洁净气流由可旋转喷嘴从各个方向喷射至人身上，从而有效而迅速地清除尘埃粒子。清除后的尘埃粒子再经由初、高效过滤器过滤后重新循环到风淋区域内。系统自动控制运行，双门电子互锁，并设有光电感应器。整体冷轧钢板制作，外表面静电喷塑处理。门、底板、喷嘴均采用不锈钢制造，美观大方。模块化组装方案，可以按实际需要拼装成各种长度的风淋尺寸，组装运输极为方便。风淋时间 0～99s 可调，采用初、高效两级过滤系统。为了达到最佳吹淋效果，风嘴出风口风速高达 25m/s 以上，吹到人体上风速 18m/s 以上，出厂初始风淋时间设置为 15s。采用 EVA 密封材料，密闭性能高。

4. 温湿度控制系统

千级洁净车间采用原结构的空调机。其制冷量为 10kW，以供应洁净实验室的温度和湿度要求。空调机组根据现场实际设置于夹层内，外机根据现场实际设置于室外。

5. 供电照明系统

洁净实验室和普通办公区域照明灯具均采用吸顶式净化荧灯。洁净实验室照度为 250～300lx；更衣室、缓冲区照度为 150～200lx；固定设备穿管敷线，活动设备现场动力箱配电。配电系统采用 TN－S 系统（三相五线制），电源电压 380V/220V/50Hz，单相插座回路加装漏电保护器。

6.3.3　敷设船系泊稳定性设计

系泊稳定系统是海缆敷设船的重要组成部分，系泊系统不仅要控制敷设船在工作状态下保持稳定，也要保护船只在极端海况下（如台风来临、出现风暴潮与较大波浪时）不被破坏，同时也要保证敷缆设备在实施投放、泊位、避风等海上作业时顺利进行。

对装置系泊系统进行设计，应满足以下几个原则：

（1）稳定性。平台在风、浪、流的联合作用下，适应不同潮位、波高，能保持进行施工，有效限制船只整体的纵荡、纵摇等运动响应在一定范围内。

（2）生存性。在极端海况下，系泊张力不应大于锚线破断力，锚线不应全部破断。

（3）系泊半径限定及经济性。应尽量减小系泊半径，减少海域使用，节约成本。

目前，海洋工程中主要采用悬链式系泊系统和张紧式系泊系统两种系泊系统。悬链式系泊系统，由悬链线实现浮体的定位，通常适用于较浅海域，水深过大时，船体可变载荷变小。张紧式系泊则是通过缆索将平台直接固定于海底，其回复力由缆索的轴向刚度提供。张紧式系泊无沉重的卧链段，虽其锚线张力远大于悬链线式系泊，对材料强度和安全性要求较高。随着海洋工程与材料科学的不断发展，悬链线式系泊系统与张紧式系泊系统都被广泛采用，启帆 9 号海缆敷设船采用了悬链式系泊系统。

关于系泊方式，辐射型系泊方式是海洋工程中常用的系泊方式，在系泊缆数目上采用八根系泊方案，如图 6-28 所示。为保证系泊缆绳结构上的对称性并根据实际海域风浪流来流方向的考虑，在舟联工程中对锚缆之间的夹角进行了研究。

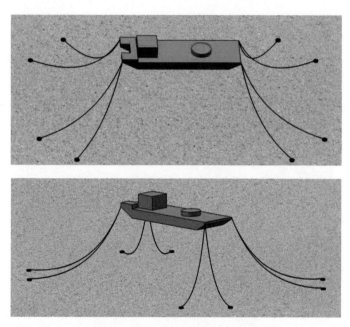

图 6-28　系泊系统设计三维图

1. 施工海域环境

舟山 500kV 海缆路由海底地形平缓，除大鹏山西侧潮流冲刷槽外，海底坡度不足 1°。施工海域一般水深 5～13m，冲刷槽内水深较大，实测最大水深为 50m，位于潮流冲刷槽底部，距本路由大鹏山登陆点约 1.4km。现以镇海登陆点为起点，以 KP 表示路由上某点至登陆点的距离，如 KP1.5 表示距离登陆点 1.5km，则推荐路由沿程海底的地形特征如图 6-29 所示，海缆路由地形剖面图如图 6-30 所示。KP0.03～KP2.0，为杭州湾口南岸浅滩，水深 0～5m，海底地形平坦，向东微倾。KP2.0～KP14.5，路由主体海域，为杭州湾口堆积冲刷平原，水深为 5～13m，海底地形整体平缓。路由中部和中东部各发育较强的冲刷微地形地貌，分别位于路由 KP8.9～KP9.8 和 KP13.1～KP13.8。

冲刷坑从地形剖面上看呈不规则"U"形，一般高差为 1～2m，但在 KP8.9～KP9.5

之间局部高差最大可达约 4m。此外，在 KP13.1～KP13.8 之间也一定程度上发育冲刷微地形地貌。KP14.5～KP16.0（大鹏山西侧深槽），该段为大鹏山潮流冲刷槽，水深为 15～47m。冲刷槽两侧边坡较陡，槽底较平坦，KP14.5～KP15.0 为冲刷槽西坡，水深在 15～48m，坡度为 3.8°，KP15.4～KP16.0 为冲刷槽东坡，水深为 3～45m，坡度为 4°。KP16.0～KP16.45，该段为大鹏山西侧浅滩，水深为 0～3m，海底地形整体平缓。

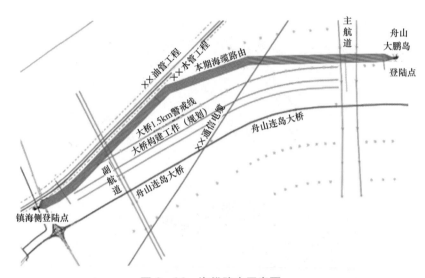

图 6-29　海缆路由示意图

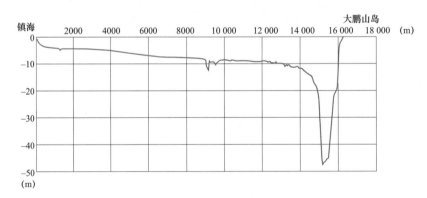

图 6-30　海缆路由地形剖面图

结合施工海域自然环境条件，研究所设计的环境条件如下：风速 13.8m/s、流速 4knot、有义波高为 1.5m、波谱采用 JONSWAP Spectrum，根据设计方案，本船能够在环境条件较好的情况下，进行单个锚点移动船布缆作业，并利用拖船辅助作业，能满足的环境条件和作业能力见表 6-3。

表 6-3   启帆 9 号海缆敷设船满足的环境条件和作业能力

序号	环境条件	1	2	3	4
1	风速	4 级风（8m/s）			
2	波高 $H_{1/3}$	1.25m			
3	最大作业水深	100m			
4	流速	1knot	2knot	3knot	4knot
5	定位能力	全方向 360°	船首或船尾 -40°～40°方向	船首或船尾 -30°～30°方向	船首或船尾 -20°～20°方向

2. 试验模型加工制作

采用缩比模型开展试验研究，根据国际船舶与海洋工程界的一般惯例，船舶模型试验的缩尺比为 40～80。针对具体的船舶，还应综合试验中的各项要求和试验水池本身的特点，以及对环境条件的模拟能力。

模型的大小是决定模型缩尺的首要因素。如果模型过小，试验的尺度效应突出，模型制作和模拟的相对精度降低，以及试验测量数据的相对误差增大；模型过大则会受到水池池壁效应影响，造成水池中过量的波浪反射而干扰正常结果。需考虑以下因素：试验水池的尺度，试验中要对响应海域的水深进行模拟，从水深模拟要求可以得到模型缩尺比的上限；水池中配置的造波能力均有一定的极限，缩尺比选取时不应超过该极限。此外，水池可以模拟的最高波浪和最小波浪（短波）分别决定了缩尺模型比的上限和下限，各类测量仪器的测量范围等。

基于以上几点考虑，确定本试验所采用模型和实际船舶的缩尺比为 $\lambda=1:49$。在船模、系泊钢丝绳按照此缩尺比进行，其船模尺寸参数见表 6-4。船模采用防水板材进行加工制作，接缝处采用玻璃胶密封，船体内使用细沙进行填充并作为部分配重，所制作的船舶模型如图 6-31 所示。

表 6-4   船 模 尺 寸 参 数

参数	实际船	模型船	备注
船长（m）	99	2.02	长度比尺 49:1
型宽（m）	32	0.65	长度比尺 49:1
型深（m）	6.5	0.134	长度比尺 49:1
最大吃水深（m）	4.8	0.098	长度比尺 49:1

续表

参数	实际船	模型船	备注
最大排水量（t）	14 300	0.121 5	模型 69kg 配重 52.5kg
钢丝绳直径（mm）	50	1.02	长度比尺 49:1

图 6-31　用于物理模型试验的船模

3. 试验工况设计

在进行物理模型试验工况设计时，需考虑以下几个因素：水深、波高、波浪周期、船模系泊方式、荷载方向、缩比模型。

海缆敷设过程中海域最大水深约为 47m，海域平均波高约为 2m，波浪周期为 7～10s。经过比尺换算，最终确定试验水深为 1m，试验波高设定为 5～17.5cm，试验周期为 1.5、1.75、2s。

船模系泊方式，考虑如下：辐射型系泊方式是海洋工程中常用的系泊方式，在系泊缆数目上采用八根系泊方案，为保证系泊缆绳结构上的对称性并根据实际海域风浪流来流方向的考虑，在物理模型试验中设计了两种辐射型系泊方案，分别为 10°、16.6°，具体如图 6-32 所示。

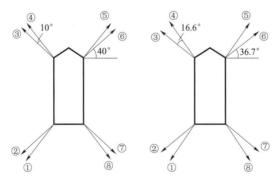

图 6-32　系泊方式设计

以船体为基准构建坐标系，其中船舶的艏-艉（前后）方向称纵向，用 x 来表示，左-右舷（左右）方向称横向，用 y 来表示，船的上甲板-船舱底（上下）方向称垂直方向，用 z 来表示。入射波方向设计两种情况，分别为 0°与 90°，即船首迎波与船体右舷迎波，具体如图 6-33 所示。

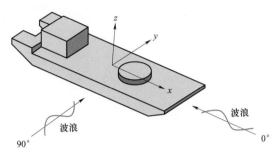

图 6-33　系泊方式设计

最终确定水深 1m，10°与 16.6°夹角系泊方式，0°与 90°荷载方向，波高 5cm 与 17.5cm，周期 1.5、1.75s 与 2s 共计 24 个规则波工况以及 4 个不规则波工况。表 6-5、表 6-6 分别为规则波与不规则波条件下所设计的不同工况汇总，试验环境如图 6-34、图 6-35 所示。

表 6-5　　　　　　　　　　　　规 则 波 工 况

工况	系泊方式	荷载方向（°）	有效波高（cm）	有效周期（s）
1	10°系泊	0	5	1.5
2	10°系泊	0	5	1.75
3	10°系泊	0	5	2
4	10°系泊	0	17.5	1.5
5	10°系泊	0	17.5	1.75
6	10°系泊	0	17.5	2
7	10°系泊	90	5	1.5
8	10°系泊	90	5	1.75
9	10°系泊	90	5	2
10	10°系泊	90	17.5	1.5
11	10°系泊	90	17.5	1.75
12	10°系泊	90	17.5	2
13	16.6°系泊	0	5	1.5
14	16.6°系泊	0	5	1.75
15	16.6°系泊	0	5	2
16	16.6°系泊	0	17.5	1.5
17	16.6°系泊	0	17.5	1.75

续表

工况	系泊方式	荷载方向（°）	有效波高（cm）	有效周期（s）
18	16.6°系泊	0	17.5	2
19	16.6°系泊	90	5	1.5
20	16.6°系泊	90	5	1.75
21	16.6°系泊	90	5	2
22	16.6°系泊	90	17.5	1.5
23	16.6°系泊	90	17.5	1.75
24	16.6°系泊	90	17.5	2

表 6-6 不 规 则 波 工 况

工况	系泊方式	荷载方向（°）	有效波高（cm）	有效周期（s）
1	10°系泊	0	4.1	1.43
2	10°系泊	90	4.1	1.43
3	16.6°系泊	0	4.1	1.43
4	16.6°系泊	90	4.1	1.43

图 6-34 平面水池

图 6-35 系泊方式试验

对试验所得数据充分处理的基础上，得到以下结论：0°荷载方向条件下，10°系泊方式要优于 16.6°系泊；90°荷载方向条件下，16.6°系泊方式要优于 10°系泊。而在任意系泊方式条件下，综合比较，船艏迎波（荷载方向为 0°）均比船舷迎波（荷载方向为 90°）方案优，这与荷载作用面越小对作用物影响越小的结论是相符的。对于物模试验所设计的不规则波工况，10°系泊方式、船艏迎波为最优方案。而对于规则波极限工况，即波高为 17.5cm 时，平台 16.6°系泊时在某些工况下无法满足施工要求。故平台在实际极端海况海域中作业需要下锚时，应调整平台，使平台纵向（船长方向）顺着水流方向，并且采用小角度系泊方式，更有利于平台系泊稳定性。

综合物模试验研究结果，推荐敷设船在实际海域中作业需要下锚时，应调整平台，使平台纵向（船长方向）顺着水流方向，并且采用小角度系泊方式，此方案更有利于平台系泊稳定性；而在极端海况下应停止施工，紧急避险停靠，若无法停泊则需要开启平台动力系统或借助辅助推船等设备保持船体的稳定性，以防平台发生破坏。

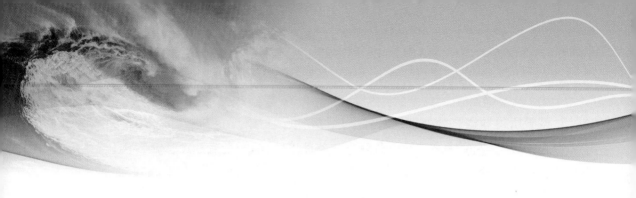

第7章
海底电缆试验

海缆的试验按不同阶段可分为原材料试验、半成品试验和成品试验 3 类。

7.1 原材料试验

原材料试验主要对海缆生产所用到的各种原材料的质量进行检验测试。

7.1.1 电工用铜线坯

电工用铜线坯的检测试验主要包括表面质量检验、化学成分分析、尺寸测量、力学性能检验、扭转试验和电性能试验等。

海缆用铜线坯应圆整,尺寸均匀。测量铜线坯的尺寸,使用游标卡尺在垂直于试样轴线的同一截面上,且相互垂直的方向上测量。至少在试样的两端和中部共测量三处,各测量点之间的距离不小于 200mm。舟山 500kV 海缆所采用的铜线坯的直径及其公差应符合表 7-1 的规定。

表 7-1　　　　　　　　　　　　　　　直 径 及 公 差　　　　　　　　　　　　　　mm

直 径	公 差
8.0	±0.4

铜线坯的室温拉伸试验,采用 200mm 的试样标距,拉伸速度均匀,试样拉伸后记录下拉断力和断裂后标距长度,根据公式算出铜线的断裂伸长率,硬铜线需要计算出抗拉强度,软铜线则不需要计算抗拉强度。舟山 500kV 海缆采用的铜线坯的力学性能应符合表 7-2 的规定。

表 7-2 力　学　性　能

牌号	状态	直径（mm）	抗拉强度不小于（N/mm²）	伸长率（%）
T1	热轧（M20）	8.0	—	≥40
T2			—	≥37

用电子天平称得铜线的质量，测量铜线的长度，根据公式算出该铜线的称重截面积。将试样固定在电桥上，选择合适的电流，为消除接触电势引起的测量误差，使电流正反换一次向，取两次的平均值。同一试样，应重复测量 5 次，取平均值作为最终结果，记录环境温度。根据公式计算出 20℃体积电阻率，应符合表 7-3 的规定。

表 7-3 电　阻　率

牌　号	状　态	质量电阻率ρ_{20}（Ω·g/m²）	体积电阻率ρ_{20}（Ω·mm²/m）
T1	热轧（M20）	≤0.151 76	≤0.017 070
T2		≤0.153 28	≤0.017 241

7.1.2　导体半导电阻水带

导体半导体阻水带的试验项目包括外观检查，宽度、厚度测量，单重测量，膨胀性能试验，热稳定试验，断裂强度和纵向断裂伸长率试验，含水率测试表面电阻试验，体积电阻率试验等。

1. 外观检查

基料分布均匀，表面无皱纹、分层、折痕和破损，幅边无裂口，卷绕紧密，在正常生产过程中，无分层脱粉现象。

2. 宽度、厚度测量

使用千分尺在所取样品上均匀测量 5 个数值取其算术平均值。厚度测量，选取 5 张试样，每张试样沿纵向对折，形成 10 层。然后沿横向切取两叠 1/100m² 的试样，共计 20 片试样。用测厚仪分别测定每片试样的厚度值，每片试样测定一个点，厚度测量的算术平均值为样品厚度。

3. 单重测量

从所取样品上选取至少 3 段试样，量出长度和宽度，保证每段试样面积至少50 000mm²，分别放入电子天平称出质量，根据公式算出相应的单重，取算术平均值得出样品单重。

4. 膨胀性能

按 GB/T 450—2008《纸和纸板试样的采取及试样纵横向、正反面的测定》规定的方法取 5 个试样，测量阻水带的膨胀速率和膨胀高度。将直径为 80mm 圆形试样置于膨胀高度测定仪的容器里，保持盖板对试样的压强为 100Pa。注入蒸馏水，同时开始计时，注水时间为 10s。当试样浸水达 1min 时，记录下盖板的位移读数，即为阻水带的膨胀速率，以 mm/min 表示。当试样浸水达 5min 时，记录下盖板的位移读数，即为阻水带的膨胀高度，以 mm 表示。3 个试样的算术平均值为阻水带膨胀速率和膨胀高度的最终结果。

5. 热稳定试验

将 5 个试样置于 90℃±2℃自然通风老化箱中，恒温 24h，取出冷却至室温，测量膨胀速率。将另外 5 个试样置于 230℃±2℃自然通风老化箱中，恒温 20s 后，取出冷却至室温，测量膨胀速率。

6. 断裂强度和纵向断裂伸长率试验

按 GB/T 12914—2018《纸和纸板 抗张强度的测定 恒速拉伸法（20mm/min）》的规定进行，制取 10 个试样，试样的宽度应为 15mm±0.1mm，试样的长度不小于 250mm。

7. 含水率测试

按 GB/T 462—2008《纸、纸板和纸浆 分析试样水分的测定》规定的试验方法进行含水率试验，试验温度为 105℃±2℃，时间为 1h。

8. 表面电阻试验

按 JB/T 10259—2014《电缆和光缆用阻水带》附录 C 的方法进行阻水带的表面电阻试验。

9. 体积电阻率试验

按 JB/T 10259—2014《电缆和光缆用阻水带》的方法进行阻水带的体积电阻率试验。

导体内半导电阻水带的厚度、单重及膨胀性能标准见表 7-4，其他性能见表 7-5。

表 7-4　　　　　　　　　　　阻水带的厚度、单重及膨胀性能

标称厚度及公差（mm）	单重及公差（g/m²）	膨胀速率（mm/min）		膨胀高度（mm/5min）	
		去离子水	盐水（浓度 3.5%）	去离子水	盐水（浓度 3.5%）
0.30±0.03	130±10	≥10	≥2	≥14	≥3
0.35±0.03	140±12	≥10	≥2	≥14	≥3

表 7-5　　　　　　　　　　　　阻 水 带 性 能 要 求

序号	性能项目	单位	技术指标 半导电阻水带	试验方法
1	断裂力	N/cm	≥32	见 GB/T 12914—2018《纸和纸板　抗张强度的测定　恒速拉伸法（20mm/min）》
2	纵向断裂伸长率	%	≥10	见 GB/T 12914—2018《纸和纸板　抗张强度的测定　恒速拉伸法（20mm/min）》
3	含水率	%	≤7	见 GB/T 462—2008《纸、纸板和纸浆　分析试样水分的测定》
4	表面电阻（23℃±2℃）	Ω	≤1×10⁴	见 GB/T 450—2008《纸和纸板试样的采取及试样纵横向、正反面的测定》
5	体积电阻率（23℃±2℃）	Ω·cm	≤1×10⁶	见 GB/T 450—2008《纸和纸板试样的采取及试样纵横向、正反面的测定》
6	热稳定性	℃	瞬间 230，长期 90	见 GB/T 450—2008《纸和纸板试样的采取及试样纵横向、正反面的测定》
	长期耐温（90℃，24h）膨胀高度	mm	≥初始值	
	瞬时耐温（230℃，20s）膨胀高度	mm	≥初始值	

7.1.3　导体半导电屏蔽包带

半导电阻水包带外形应平整，边幅整齐、干燥，无裂口、霉点、硬杂质等。半导电阻水绑扎带的厚度应采用精度不小于 0.01mm 的测量工具（测厚仪）进行测量，宽度应采用精度不小于 0.1mm 的测量工具（游标卡尺）进行测量。其他试验与半导电阻水带试验项目相似。

半导电阻水绑扎带的主要性能应符合表 7-6 的规定。

表 7-6　　　　　　　　　半导电阻水绑扎带的主要性能

项目	单位	技术指标	试验方法
厚度及偏差	mm	0.27（-0.03，+0.02）	见 GB/T 451—2002 《纸和纸板定量的测定》
带宽及偏差	mm	50±0.3	见 GB/T 451—2002 《纸和纸板定量的测定》
单重及公差	g/m²	200±20	见 GB/T 451—2002 《纸和纸板定量的测定》
抗张强度（纵向）	N/cm	≥200	见 GB/T 12914—2018《纸和纸板　抗张强度的测定　恒速拉伸法（20mm/min）》
断裂伸长率（纵向）	%	≥20	见 GB/T 12914—2018《纸和纸板　抗张强度的测定　恒速拉伸法（20mm/min）》
体积电阻	Ω·cm	≤1×10⁵	见 GB/T 450—2008《纸和纸板试样的采取及试样纵横向、正反面的测定》

续表

项目	单位	技术指标	试验方法
表面电阻	Ω	≤1500	见 GB/T 450—2008《纸和纸板试样的采取及试样纵横向、正反面的测定》
膨胀速率	mm/min	≥4	见 GB/T 450—2008《纸和纸板试样的采取及试样纵横向、正反面的测定》
每 10min 的膨胀高度	mm	≥8	见 GB/T 450—2008《纸和纸板试样的采取及试样纵横向、正反面的测定》
瞬间稳定性	℃	230	见 GB/T 450—2008《纸和纸板试样的采取及试样纵横向、正反面的测定》
长期稳定性	℃	145	
含水率	%	≤6	见 GB/T 462—2008《纸、纸板和纸浆　分析试样水分的测定》

7.1.4　半导电屏蔽料

在自然光条件下，检查半导电屏蔽料外观，应呈黑色颗粒状，大小和色泽均匀，不得有焦烧颗粒，料内不应有粉末物质。

半导电屏蔽料的技术要求应符合表 7-7 的规定。

表 7-7　　　　　　　　　　　　半导电屏蔽料的技术要求

项目		单位	技术要求	试验方法
密度（23℃）		g/cm³	≤1.15	见 GB/T 1033《塑料　非泡沫塑料密度的测定》
抗张强度		MPa	≥12	见 GB/T 1040《塑料　拉伸性能的测定》
断裂伸长率		%	≥200	见 GB/T 1040《塑料　拉伸性能的测定》
空气热老化（135℃±2℃，168h）	拉伸强度最大变化率	%	±30	见 GB/T 2951.12—2008《电缆和光缆绝缘和护套材料通用试验方法　第 12 部分：通用试验方法　热老化试验方法》
	断裂伸长率最大变化率	%	±30	
体积电阻率	23℃	Ω·cm	≤100	见 GB/T 1410—2006《固体绝缘材料体积电阻率和表面电阻率试验方法》
	90℃	Ω·cm	≤350	
空气热老化后体积电阻率（100℃±2℃，168h）90℃体积电阻率		Ω·m	≤3.5	见 GB/T 1410—2006《固体绝缘材料体积电阻率和表面电阻率试验方法》
热延伸试验（200℃±2℃，0.2MPa，15min）	负荷下伸长率	%	≤100	见 GB/T 2951.21—2008《电缆和光缆绝缘和护套材料通用试验方法　第 21 部分：弹性体混合料专用试验方法　耐臭氧试验　热延伸试验　浸矿物油试验》
	永久变形率	%	≤10	

7.1.5　XLPE 绝缘料

绝缘料外观应呈白色颗粒状，大小和色泽均匀，不应有焦烧颗粒、粉末物质。

绝缘料的检测试验包括拉伸试验、电阻率试验、热延伸试验、热老化试验、冲击脆化温度试验、介电强度试验、介电损耗因数和相对介电常数试验、杂质含量试验等。绝缘料的技术要求应符合表 7-8 的规定。

表 7-8　　　　　　　　　　　　XLPE 绝缘料的技术要求

项目		单位	技术要求	试验标准
抗张强度		MPa	≥20	GB/T 1040《塑料　拉伸性能的测定》
断裂伸长率		%	≥500	GB/T 1040《塑料　拉伸性能的测定》
空气烘箱老化后抗张强度最大变化率（135℃±2℃，168h）		%	±20	GB/T 2951.12—2008《电缆和光缆绝缘和护套材料通用试验方法　第 12 部分：通用试验方法　热老化试验方法》
空气烘箱老化后断裂伸长率最大变化率（135℃±2℃，168h）		%	±20	
冲击脆化温度 试验温度 冲击脆化性能		℃ 失效数	−76 ≤15/30	GB/T 5470—2008《塑料　冲击法脆化温度的测定》
短时工频击穿强度（较小的平板电极直径 25mm，升压速率 500V/s）		kV/mm	≥35	GB/T 1408《绝缘材料　电气强度试验方法》
介电常数ε			≤2.35	GB/T 1409—2006《测量电气绝缘材料在工频、音频、高频（包括米波波长在内）下电容率和介质损耗因数的推荐方法》
介质损耗角正切 tanδ			≤5×10⁻⁴	GB/T 1409—2006《测量电气绝缘材料在工频、音频、高频（包括米波波长在内）下电容率和介质损耗因数的推荐方法》
23℃时体积电阻率		Ω·m	≥1×10¹⁴	GB/T 1410—2006　《固体绝缘材料体积电阻率和表面电阻率试验方法》
热延伸试验（200℃±3℃，0.2MPa，15min）	负荷下伸长率	%	≤100	GB/T 2951.21—2008《电缆和光缆绝缘和护套材料通用试验方法　第 21 部分：弹性体混合料专用试验方法　耐臭氧试验　热延伸试验　浸矿物油试验》
	永久变形率	%	≤10	
杂质最大尺寸（1000g 样片中）杂质颗粒尺寸大于 0.075mm		个	0	GB/T 22078《额定电压 500kV（U_m=550kV）交联聚乙烯绝缘电力电缆及其附件》

7.1.6　半导电缓冲阻水带

半导电缓冲阻水带纤维应分布均匀，表面应无皱纹、分层、折痕和破损，幅边无裂口，卷绕紧密，生产过程中应无分层脱粉现象。半导电缓冲阻水带主要技术指标见表 7-9。

表 7-9　　　　　　　　　　半导电缓冲阻水带主要技术指标

项目	单位	ZDBS 100	试验方法
厚度及公差	mm	1.0±0.2	见 GB/T 451—2002　《纸和纸板定量的测定》

续表

项目	单位	ZDBS 100	试验方法
单重及公差	g/m²	240±20	见 GB/T 451—2002 《纸和纸板定量的测定》
抗张强度	N/cm	≥50	见 GB/T 12914—2018《纸和纸板 抗张强度的测定 恒速拉伸法（20mm/min）》
断裂伸长率	%	≥12	见 GB/T 12914—2018《纸和纸板 抗张强度的测定 恒速拉伸法（20mm/min）》
膨胀速率	mm/min	≥8	见 GB/T 450—2008《纸和纸板试样的采取及试样纵横向、正反面的测定》
膨胀高度（每 3min）	mm	≥12	见 GB/T 450—2008《纸和纸板试样的采取及试样纵横向、正反面的测定》
表面电阻	Ω	≤1000	见 GB/T 450—2008《纸和纸板试样的采取及试样纵横向、正反面的测定》
体积电阻	Ω·cm	≤1×10⁵	见 GB/T 450—2008《纸和纸板试样的采取及试样纵横向、正反面的测定》
瞬间稳定性	℃	230	见 GB/T 450—2008《纸和纸板试样的采取及试样纵横向、正反面的测定》
长期稳定性	℃	90	见 GB/T 450—2008《纸和纸板试样的采取及试样纵横向、正反面的测定》
含水率	%	≤7.0	见 GB/T 462—2008《纸、纸板和纸浆 分析试样水分的测定》

7.1.7 合金铅

铅锭的表面质量用目视检验，铅锭表面不得有熔渣、粒状氧化物、夹杂物及外来污染，铅锭不得有冷隔，不得有大于 10mm 的飞边毛刺。铅锭的化学成分应符合表 7–10 的规定。

表 7–10　　　　　　　　　　铅 锭 的 化 学 成 分

牌号	化学成分（%）					
	锑 Sb	铜 Cu	碲 Te	银 Ag	镉 Cd	铅 Pb
PK021S	0.15～0.25	≤0.003	≤0.002	≤0.005	≤0.001	余量
	锡 Sn	铋 Bi	锌 Zn	砷 As	镍 Ni	其他
	0.35～0.45	≤0.03	≤0.000 5	≤0.001	≤0.001	≤0.005

7.1.8 沥青

海缆用沥青检测项目主要有软化点、针入度、闪点、垂度、冷弯、黏附率与热稳定性。沥青的技术要求应符合表 7–11 的规定。

表 7－11　　　　　　　　　沥 青 技 术 要 求

序　号	项　目		单位	技术指标
1	软化点		℃	85～100
2	每 10mm 的针入度（23℃）			＞45
3	闪点（开口）		℃	≥260
4	垂度（70℃，5h）		mm	＜60
5	冷弯（φ20mm，－10℃）			3/3 不开裂
6	黏附率（0℃）		%	≥95
7	热滴流（75℃，4h）			无滴落痕迹
8	冻裂点（－25℃，4h）			3/3 不开裂
9	热稳定性（200℃，24h）	软化点升高	℃	≤15
		针入度比	%	≥80
10	剥离力（产品取样）（200℃，24h）	每 25mm 聚丙烯绳/聚丙烯绳	N	≥20
		聚丙烯绳/钢丝	N	≥20
11	人造海水试验剥离力比（聚丙烯绳/钢丝）		%	≥80
12	大气暴露试验剥离力比（聚丙烯绳/钢丝）		%	≥80
13	海洋挂样试验剥离力比（聚丙烯绳/钢丝）		%	≥75

7.1.9　护套料

主要检测项目包括拉伸强度、拉伸屈服应力、断裂拉伸应变试验，低温冲击脆化温度测试，200℃氧化诱导期试验，A_{120} 法测试维卡软化点温度，空气烘箱热老化试验，低温断裂伸长率试验，耐环境应力开裂试验，介电强度测试，体积电阻率测试等。

PE 护套料的物理机械性能、电性能及试验方法应符合表 7－12 的规定。

表 7－12　　　　　　　物理机械性能、电性能及试验方法

项目	GH	MH	Z－PE	半导电 PE	试验方法
拉伸强度（MPa）	≥20.0	≥17.0	≥12.5	≥12.5	见 GB/T 1040.3—2006《塑料拉伸性能的测定　第 3 部分：薄膜和薄片的试验条件》
断裂拉伸应变（%）	≥650	≥600	≥400	≥200	见 GB/T 1040.3—2006《塑料拉伸性能的测定　第 3 部分：薄膜和薄片的试验条件》

续表

项目	GH	MH	Z-PE	半导电 PE	试验方法
碳黑含量（%）	2.60±0.25	2.60±0.25	2.60±0.25	2.60±0.25	见 GB/T 2951.41—2008《电缆和光缆绝缘和护套材料通用试验方法 第 41 部分：聚乙烯和聚丙烯混合料专用试验方法 耐环境应力开裂试验 熔体指数测量方法 直接燃烧法测量聚乙烯中碳黑和（或）矿物质填料含量 热重分析法（TGA）测量碳黑含量 显微镜法评估聚乙烯中碳黑分散度》
体积电阻率（20℃）（Ω·m）	$\geq 1 \times 10^{14}$	$\geq 1 \times 10^{14}$	$\geq 5 \times 10^{12}$	$\leq 10\,000$	见 GB/T 1410—2006《固体绝缘材料体积电阻率和表面电阻率试验方法》
介电强度（MV/m）	≥ 25	≥ 25	≥ 20	—	见 GB/T 1408.1—2016《绝缘材料 电气强度试验方法 第 1 部分：工频下试验》
介电常数	≤ 2.75	≤ 2.75	≤ 3.0	—	见 GB/T 1409—2006《测量电气绝缘材料在工频、音频、高频（包括米波波长在内）下电容率和介质损耗因数的推荐方法》
介质损耗角正切	≤ 0.005	≤ 0.005	—	—	见 GB/T 1409—2006《测量电气绝缘材料在工频、音频、高频（包括米波波长在内）下电容率和介质损耗因数的推荐方法》

7.1.10 聚丙烯绳

聚丙烯（PP）绳应干燥、无污染、无杂质、轻拉成网，网格应均匀。PP 绳成卷，卷内不允许有断头，允许有接头，且每卷接头数不超过 3 个，接头直径应保持原成型尺寸。

拉断力和延伸值试验：每批抽取 3 个试样，每个试样为每卷外层首端头，在合适的试验机进行测试。

聚丙烯绳的性能指标应符合表 7-13 的规定。

表 7-13　　　　聚 丙 烯 绳 性 能 指 标

序　号	性能项目	单位	性能指标	
			$\phi 2.0$	$\phi 3.0$
1	捻后对应直径	mm	2.0±0.2	3.0±0.2
2	捻向		S	S
3	质量	g/m	2.5±0.3	3.5±0.3

续表

序 号	性能项目	单位	性能指标	
			$\phi2.0$	$\phi3.0$
4	捻度	个/m	>30	>30
5	拉断力	N	≥490	≥550
6	断裂伸长率	%	≤27	≤29

7.1.11 光纤单元

光纤应满足光纤余长、衰减、水密性的要求。

光纤余长的测量需要取 5m 样品，利用卷尺测量光纤和钢管长度，做差除以管的长度。光纤余长应满足 4.5‰～5‰。

后向散射法检验光纤衰减，光纤衰减应符合 B1 光纤在 1310nm 波长光纤衰减常数不大于 0.35dB/km，在 1550nm 波长光纤衰减常数不大于 0.22dB/km；B4 光纤在 1550nm 波长光纤衰减常数不大于 0.22dB/km，在 1625nm 波长光纤衰减常数不大于 0.24dB/km。

水密性要求在 2MPa 水压下持续 336h，纵向渗水长度应不大于 200m。

7.1.12 铠装圆铜丝

铠装圆铜丝表面要求光滑、圆整、无油污，不得有三角、毛刺、裂纹、机械擦伤等；铠装圆铜丝测试项目及方法见表 7-14。

表 7-14　　　　　　　　　　铠装圆铜丝测试项目及方法

序 号	测试项目	测试方法及标准
1	化学成分分析	GB/T 5121（所有部分）《铜及铜合金化学分析方法》
2	尺寸	GB/T 4909.2—2009《裸电线试验方法　第 2 部分：尺寸测量》
3	抗拉强度	GB/T 4909.3—2009《裸电线试验方法　第 3 部分：拉力试验》
4	体积电阻率	GB/T 3048.2—2007《电线电缆电性能试验方法　第 2 部分：金属材料电阻率试验》
5	表面质量	目视检查

7.1.13 硅橡胶材料

对海缆附件采用的硅橡胶材料试样开展抗拉强度、抗撕裂强度、断裂伸长率、体积电阻率及交流耐压破坏场强检测，对硫化后的附件硬度进行检测。硅橡胶技术指标见表 7-15。

表 7-15　　　　　　　　　　　　硅橡胶技术指标

项目	单位	规格值
硬度	邵氏 A	≤50
抗张强度	MPa	≥6.0
抗撕裂强度	N/mm	≥20
断裂伸长率	%	≥450
常温体积电阻率	Ω·cm	$\geq 1.0 \times 10^{15}$
交流耐压破坏场强	kV/mm	≥25

7.2　半成品试验

500kV 交联聚乙烯海缆在大长度生产制造过程中，导体绞制、交联聚乙烯绝缘三层共挤、铅套、聚乙烯护套挤制、成缆、铠装等工序生产时，每道半成品缆芯都应经受相应的项目检测，以保证半成品线芯性能符合标准要求。对 500kV 海缆及工厂接头半成品试验内容要求主要包括电气性能试验与非电气性能试验两种。500kV 海缆半成品试验作为验证产品性能要求的前期关键性试验项目，是产品生产完成及出厂前的重要性能试验，是保证产品合格出厂和施工敷设的前提与基础工作。

7.2.1　半成品电气性能试验

在 500kV 交流海缆铅套或聚乙烯护套挤出工序结束后，一般需要对半成品缆芯进行局部放电（取样）和交流耐压电压试验，如图 7-1 所示，以保证前期交联聚乙烯绝缘缆芯的电气性能符合要求。试验通过后，才可进行后续工序生产。局部放电（取样）和交流耐压电压试验标准依照 Q/GDW 11655.1—2017《额定电压 500kV（U_m=550kV）交联聚乙烯绝缘大长度》执行。

导体焊接完成时，预先对每个工厂接头的导体焊接进行 X 射线检验，以表明焊接质量完好。工厂接头交联绝缘层制作完成后，需接受恢复绝缘 X 射线检验。使用 X 射线检验恢复绝缘界面质量和可能存在的金属杂质的状况，以表明工厂接头质量完好。用 X 光机进行拍照检查接头处是否有偏心、杂质、气孔等缺陷。工厂接头制作完成后进行交流耐压试验，检测合格后继续后续工序生产。所有工厂接头在半成品缆芯接续后也要接受电压试验，试验方法和参考标准与海缆本体一致。

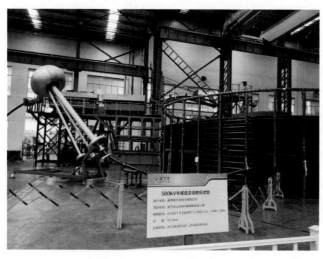

图 7 - 1　半成品耐压试验

7.2.2　生产过程中间检测试验

对海缆生产过程中的拉丝、导体绞制、绝缘挤出、铅套及内护套挤出工序的中间过程进行检查试验，具体检测项目及要求见表 7 - 16。

表 7 - 16　　　　　　　　　　海缆生产工序中间过程检测项目及要求

工序	检验项目	检验要求	判定标准
拉丝	外观检查	铜单丝表面应光洁、无油污、无氧化，不应有毛刺、锐边、断裂的单线或凸起等不良现象	
	外径测量	使用千分尺对铜单丝进行测量，并记录下最小值和最大值	
	铜单丝电阻率测量	取 1.5m 铜单丝样品，放置 20℃恒温室中 1h 以上，将样品固定在测量电阻夹具上，测量 1m 单丝电阻，换算电阻率。 单丝电阻率换算公式为 $$R_{20} = (3.14 \times D^2)/4 \times R_t$$ 式中　R_{20}——20℃时单丝电阻率，$\Omega \cdot mm$； 　　　D——单丝直径，mm； 　　　R_t——实测单丝电阻值，Ω	GB/T 3953—2009《电工圆铜线》
	铜单丝伸长率试验	取 30cm 单丝样品，在样品上标距 20cm 后，在拉力机上进行拉伸，直至单丝拉断，换算单丝伸长率。 单丝伸长率计算公式为 $$\delta = (L_h - 20)/20 \times 100$$ 式中　δ——伸长率，%； 　　　L_h——拉断后最终标距长度	GB/T 3953—2009《电工圆铜线》

续表

工序	检验项目	检验要求	判定标准
导体绞制	外观检查	（1）绞线的表面应光洁、无油污、无氧化，不应有毛刺、锐边、断裂的单线或凸起等不良现象。 （2）单线允许焊接，但相邻两焊接点的距离应不小于 300mm，焊接要牢固，接头处要修光修圆，绞线不允许整根焊线。 （3）绞线各层单线的绞向符合要求。 （4）半导电带、阻水带等要求包覆平整，不得有破损、断裂、折皱和松散等现象	
	尺寸测量	（1）用游标卡尺测量圆形绞线外径。 （2）对绞线的各层节距进行测量，假设此层有 n 根单线，选择一根单线作记号 A，从该点开始沿绞线的轴向在第 $n+1$ 根单线上作记号 B；用卷尺量记号 A 与 B 之间的距离，得到的长度即为该层的节距。 （3）半导电带重叠率。半导电带绕包应平整、重叠均匀。应测量包带宽度 b 和重叠宽度 a，计算绕包重叠率： 重叠率 $= a/b \times 100\%$	

	导体直流电阻测量	对绞线首端，取 1.5m 样品，放置 20℃恒温室中 1h 以上，将样品固定在测量电阻夹具上，测量 1m 电阻，如图 7-2 所示。
		每千米绞线电阻换算公式：
		$$R = R_t \times 1000/L$$
		式中 R——20℃时每千米的电阻，Ω；
		      R_t——实测电阻值，Ω；
		      L——样品长度，mm
			GB/T 3956—2008《电缆的导体》

	导体截面积	取长为 200～300mm 的导体样品，放在电子天平上称重（量程不够时可拆分进行称重），并记录测量数据。
		导体截面积计算公式为
		$$S = W/(L \cdot \rho)$$
		式中 S——导体截面，mm^2；
		      W——样品质量，g；
		      L——样品长度，cm；
		      ρ——铜导体材料密度，g/cm^3，取 8.89	

绝缘工序	外观检查	线芯表面应光滑、平整、色泽均匀，无明显的缺陷；内外屏蔽半导电层应均匀地包覆在导体和绝缘表面上，无明显的尖角、颗粒、焦料或擦伤的痕迹	
	尺寸测量	用直径尺（外径大于 25mm 以上）/游标卡尺测量绝缘线芯的外径。 每根海缆取一片厚度为 0.5mm 的待测试样，用投影仪进行绝缘厚度测量，计算平均厚度。 利用测得的绝缘最小厚度和最大厚度来计算绝缘偏芯度。 偏芯度 =（最大厚度—最小厚度）/最大厚度×100% 利用测得的海缆最小直径和最大直径来计算圆整度	
	绝缘线芯硅油检查	对于高压和超高压 XLPE 绝缘海缆，每根海缆取 1 个长约 6cm 的试样，放入硅油容器并加热，待绝缘呈透明状时取出进行目测检查，如图 7-3 所示。 （1）导体屏蔽光滑，绝缘与屏蔽之间不得有凸起； （2）绝缘中不得有杂质等不良现象； （3）绝缘中若有气泡现象应记录并标识，待绝缘线芯去气结束后再次进行硅油试验，此时绝缘中不得含有气泡	
	绝缘热延伸试验	从被试绝缘层的内中外分别取样进行试验	JB/T 11167—2011《额定电压 10kV（U_m=12kV）至 110kV（U_m=126kV）交联聚乙烯绝缘大长度交流海底电缆及附件》

续表

工序	检验项目	检验要求	判定标准
绝缘工序	绝缘中微孔、杂质和凸起检查	在显微镜下检测并统计样片各项微孔、杂质数量,对半透明棕色物资及凸起测量其尺寸并标识	JB/T 11167—2011《额定电压 10kV(U_m=12kV)至 110kV(U_m=126kV)交联聚乙烯绝缘大长度交流海底电缆及附件》
	过滤网的检查	绝缘工序开工前检查并记录所采用的过滤网目数等,并在交联结束后及时从绝缘机头处取出过滤网,在强光下目测过滤网的颜色、绝缘烧焦物等。必要时可在油浴中加热过滤网,检查绝缘烧焦物颜色及大小	—
铅套工序	外观检查	挤出前的半制品的包带绕包应连续、前后一致,其表面应平整、紧密,不可有撕裂、折皱等不良现象且包带需干燥。挤出的铅套表面应光滑、平整,无目力可见的砂眼、气孔、杂质和明显的纵向挤出纹路等;若金属套外涂敷沥青,要求沥青涂覆均匀,无明显堆积	—
	尺寸测量	(1)使用游标卡尺测量铅套挤出后的海缆外径,卡尺的读数即为所测的数据。 (2)厚度检查。沿垂直于金属套平面切取一段约 20mm 长铅套圆环样品;使用精度不低于±0.01mm 的球面千分尺来测量厚度,该球面的半径约为 3mm;如球面千分尺的测量头不能伸入样品管内自如测量时,需将样品沿着纵向切开;沿着试样四周足够多的点上测量厚度,以确保能测量到最薄点厚度。 (3)使用超声波测厚仪沿着铅护套四周进行测量	JB/T 11167—2011《额定电压 10kV(U_m=12kV)至 110kV(U_m=126kV)交联聚乙烯绝缘大长度交流海底电缆及附件》
	铅护套扩张试验	沿垂直于铅套的平面切取一段约 20cm 长的样品,去除铅套内缆芯、包带等,制成空管试样,在圆锥体上扩张至铅套前海缆直径的 1.3 倍,不破裂	—
内护套	外观检查	(1)内护套应紧密挤包在缆芯金属套上,其表面应光滑、圆整、色泽均匀、断面不得有肉眼可见的气孔或烧焦以及划伤、松套等不良缺陷。 (2)在收线过程中,海缆的内护套应没有受挤压、异物或其他原因造成的机械损伤	—
	尺寸测量	(1)用直径尺(直径 25mm 以上)/游标卡尺测量海缆的外径; (2)沿垂直于内衬层/隔离套和内护套的平面切取薄片,将样品置于投影仪的工作面上,切割面与光轴垂直,按照操作规程使用投影仪或游标卡尺测量;径向测量 6 点,厚度的平均值为 6 次测量值的算术平均值	JB/T 11167—2011《额定电压 10kV(U_m=12kV)至 110kV(U_m=126kV)交联聚乙烯绝缘大长度交流海底电缆及附件》
	工频火花试验	试验电压值按 $6t$ 计算,t 为护套的标称厚度,但试验电压最高不超过 15kV;护套在试验过程中应无击穿	GB/T 3048.10—2007《电线电缆电性能试验方法 第10部分:挤出护套火花试验》

图 7-2 导体绞制过程导体直流电阻测试　　图 7-3 海缆绝缘线芯硅油测试

对于海缆修理接头和终端未规定明确的半成品检验试验。

7.3 成品试验

7.3.1 成品试验条件

交流试验电压频率应为 49～61Hz，波形应基本是正弦形，电压值为有效值。例行试验和安装后电压试验可以采用 10～500Hz 的交流电压。标准雷电冲击电压的波前时间和半波峰值时间要求参照 GB/T 3048.13—2007《电线电缆电性能试验方法　第13 部分：冲击电压试验》的规定。标准操作冲击电压的波前时间和半波峰值时间要求参照 GB/T 16927.1—2011《高电压试验技术　第 1 部分：一般定义及试验要求》的规定。

试验电压为额定电压 U_0 的倍数，试验电压应按表 7-17 的规定。

表 7-17　　　　　　　　　　　试　验　电　压

额定电压 U (kV)	设备最高电压 U_m (kV)	用于确定试验电压的 U_0 (kV)	电压试验 $2U_0$（60min） (kV)	局部放电试验 $1.5U_0$ (kV)	热循环电压试验 $2U_0$ (kV)	雷电冲击电压试验 (kV)	雷电冲击电压试验后的电压试验 $2U_0$ (kV)	操作冲击电压试验 (kV)
500	550	290	580	435	580	1550	580	1175

7.3.2　例行试验

一、制造长度海缆例行试验

1. 局部放电试验

按 GB/T 3048.12—2007《电线电缆电线能试验方法　第 12 部分：局部放电试验》规定的方法，局部放电检测设备灵敏度要求为 10pC 或优于 10pC。试验电压逐步上升至 508kV（$1.75U_0$），保持 10s，然后缓慢地下降至 435kV（$1.5U_0$）。在 435kV 下，制造长度海缆应无超过申明灵敏度的可检出的放电。

假如制造长度海缆相对较短，局部放电测试灵敏度可以达到 5pC 或优于 5pC，则可在每根制造长度海缆上进行局部放电测试。

假如制造长度海缆的长度很长，局部放电脉冲衰减很大而使局部放电测试灵敏度达不到上述要求，制造长度海缆应按海缆抽样试验的局部放电试验程序进行试验。

2. 电压试验

施加频率和波形符合标准的工频试验电压，试验电压逐步升高至 580kV（$2U_0$），保持 60min。如因海缆长度太长而无法采用工频电压试验，可对制造长度海缆采用频率 10～500Hz 交流电压进行例行试验。

二、工厂接头例行试验

1. 局部放电试验

与海缆本体同步试验。如果由于试验现场（例如环境噪声等）实际原因而不能进行工厂接头的局部放电检测，可协商采用如超声波测量等方法或质量管理程序替代局部放电试验。

2. 电压试验

与海缆本体同步试验。

3. X 射线检验

使用 X 射线检验恢复绝缘界面质量和可能存在的金属杂质、气隙的状况，以确认工厂接头质量完好。对每个工厂接头的导体焊接进行 X 射线检验，以确认焊接质量完好。

4. 铅套外径检查

工厂接头恢复后铅套外径宜不超过海缆本体铅套外径的 20%。

三、交货长度海缆例行试验

本项试验为交货长度海缆的工厂验收试验。如果装运前海缆上已安装固定的机械装置（如锚固装置），则工厂验收试验应在安装此固定的机械装置后进行。

1. 电压试验

在交货海缆上施加 580kV（$2U_0$），60min 频率不低于 10Hz 的电压试验，如图 7-4 所示。如果成品交货海缆长度太长而无法进行例行试验，可协商降低试验电压并延长试验时间进行试验。

图 7-4　成品海缆例行试验

2. 局部放电试验

如果交货海缆长度相对较短，可对每根交货海缆进行局部放电试验。

四、修理接头例行试验

如果修理接头的主绝缘为预制绝缘件，预制绝缘件可在接头安装前进行例行试验。

1. 预制绝缘件局部放电试验

局部放电试验灵敏度应为 5pC 或优于 5pC，在试验电压 435kV（$1.5U_0$）下，应无超过申明灵敏度的可检出的放电。

2. 预制绝缘件电压试验

试验电压为 580kV（$2U_0$），保持 60min，预制绝缘件应不发生击穿。

五、终端例行试验

1. 局部放电试验

局部放电试验灵敏度应为 5pC 或优于 5pC，在试验电压 435kV（$1.5U_0$）下，应无超过申明灵敏度的可检出的放电，如图 7-5 所示。

2. 电压试验

试验电压为 580kV（$2U_0$），保持 60min，预制绝缘件应不发生击穿。

图 7-5　终端预制绝缘件电压及局部放电试验

六、光纤单元试验项目及要求

开展光纤色谱识别光纤衰减系数测量。光纤颜色色码应符合 GB/T 6995.2 的规定，光纤衰减测量及衰减系数应符合 GB/T 12357 的规定。

七、倒缆过程的光纤监测

在海缆从工厂转盘倒缆到敷设船过程中，利用海缆结构层中的光纤单元，可对倒缆过程的应力分布及海缆本体的受力情况进行测试，可排除倒缆过程可能出现的弯曲半径过小、局部异常受力等情况。

7.3.3　抽样试验

一、海缆抽样试验

从绝缘线芯或成品海缆上取样进行试验。如果任何一段选做试验的试样未通过抽样试验规定的任何一项试验，以相同工艺条件制作两根与未通过试验的海缆相同的一次挤出的海缆上分别取一个试样对原先未通过的项目进行试验。如果加试的试样都通过试验，则该海缆应认为符合要求。如果任何一个试样未通过试验，则应判该海缆为不合格。

1. 导体检验

检验导体是否符合 GB/T 3956—2008《电缆的导体》的要求。

2. 成品海缆导体电阻和金属套电阻测量

整根海缆或海缆试样在试验前应置于温度适当、稳定的试验室内至少 12h。根据 GB/T 3956—2008《电缆的导体》中公式和系数，将导体或金属套的直流电阻校正到温度为 20℃时 1km 的数值。20℃下导体的直流电阻应不超过 GB/T 3956—2008《电缆的导体》规定的最大值。金属套如铅套的电阻温度系数应按 JB/T 10181.11—2014《电缆载流量计算 第 11 部分：载流量公式（100%负荷因数）和损耗计算一般规定》中表 1 的电阻率和温度系数来确定。

3. 绝缘和内护套厚度测量

从每根选作试验的海缆的一端（如果必需）截除任何可能受到损伤的部分后，切取一段代表被试海缆的试样。试验方法应按 GB/T 2951.11—2008《电缆和光缆绝缘和护套材料通用试验方法 第 11 部分：通用试验方法 厚度和外形尺寸测量 机械性能试验》的规定进行。

（1）绝缘要求。任意点最小厚度应不小于标称厚度的 95%（$t_{min} \geqslant 0.95t_n$），绝缘偏心度应符合式（7－1）规定：

$$\frac{t_{max} - t_{min}}{t_{min}} \leqslant 5\% \qquad (7-1)$$

式中 t_{max} ——最大厚度，mm；

t_{min} ——最小厚度，mm。

t_{max} 和 t_{min} 为绝缘同一截面上的测量值。

（2）护套要求。

内护套厚度的最小测量值加上 0.1mm 后，应不小于标称厚度的 85%，符合式（7－2）规定：

$$t_{min} \geqslant 0.85t_n - 0.1 \qquad (7-2)$$

式中 t_{min} ——最小厚度，mm；

t_n ——标称厚度，mm。

包覆在基本光滑表面上的内护套，其测量值的平均值（mm）应修约至一位小数，不应小于标称厚度。

4. 金属套厚度测量

海缆金属套采用铅和铅合金套，用窄条法和圆环法测量铅和铅合金套厚度测量。铅或铅合金套的最小厚度加上 0.1mm 后，应不小于标称厚度的 95%，符合式（7－3）规定：

$$t_{min} \geqslant 0.95t_n - 0.1 \qquad (7-3)$$

式中 t_{min} ——最小厚度，mm；

t_n ——标称厚度，mm。

5. 铠装金属丝的测量

使用具有两个平面测量头不确定度为±0.01mm 的测微计来测量圆铠装金属丝直

径和扁铠装金属丝的厚度。圆铠装金属丝测量应在同一截面上两个互成直角的位置上各测一次，取两次测量平均值作为金属丝的直径。

铠装金属丝尺寸低于标称尺寸的量值应不超过：

（1）圆金属丝：5%。

（2）扁金属丝：8%。

6. 直径测量

测量绝缘芯和（或）海缆外径。

7. 交联聚乙烯绝缘热延伸试验

取样和试验方法应按照 GB/T 2951.21—2008《电缆和光缆绝缘和护套材料通用试验方法　第 11 部分：通用试验方法　厚度和外形尺寸测量　机械性能试验》的要求，并采用表 7−18 给出的试验条件和要求进行试验。

表 7−18　　　　　　　　　交联聚乙烯绝缘热延伸试验条件和要求

序号	试验项目和试验条件	单位	性能要求
1	热延伸试验（GB/T 2951.21—2008《电缆和光缆绝缘和护套材料通用试验方法　第 11 部分：通用试验方法　厚度和外形尺寸测量　机械性能试验》　第 9 章）		
	处理条件：空气烘箱温度	℃	200
	温度偏差	℃	±3
	负荷时间	min	15
	机械应力	N/cm^2	20
1.1	负荷下最大伸长率	%	125
1.2	冷却后最大永久伸长率	%	10

8. 电容测量

应测量导体和金属屏蔽/金属套间的电容。测量值与标称值的差值应不超过制造方申明标称值的 8%。

9. 局部放电试验

取未经例行试验的试样，从挤出海缆首端和末端取试样进行局部放电试验，不包含附件的试样有效长度不小于 10m，开展局部放电试验。

10. 雷电冲击电压试验

雷电冲击电压试验应在经局部放电试验的同一试样上进行。应在导体温度 95～100℃下对海缆试样进行试验，按 GB/T 3048.13—2007《电线电缆电线能试验方法　第 13 部分：冲击电压试验》规定的方法对试样施加雷电冲击试验电压，海缆应耐受电压值 1550kV 正负极性各 10 次雷电电压冲击而不发生绝缘击穿。雷电冲击电压试验后海缆试样应经受 580kV（$2U_0$），15min 的工频电压试验，可在冷却过程中或在室温下进行。绝缘应不发生击穿。

11. 导体屏蔽、绝缘屏蔽和半导电内护套电阻率测量

从未经处理或运行的海缆绝缘芯取试样进行导体屏蔽、绝缘屏蔽和半导电内护套电阻率测量。

导体屏蔽、绝缘屏蔽的半导电体积电阻率，在（90±2）℃温度范围内测量值应不超过以下值：

（1）导体屏蔽：1000 Ω·m。

（2）绝缘屏蔽：500 Ω·m。

半导电护套体积电阻率，在（80±2）℃温度范围内测量值应不超过 1000 Ω·m。

12. 成品海缆检验

长度大于金属丝铠装节距的成品海缆试样经目测检验以确认制造过程并未造成任何有害的缺陷。海缆绝缘芯无有害的压痕。屏蔽或铠装丝无跳线及灯笼状鼓起的缺陷。计数每层铠装的铠装丝数量并确定符合设计要求。

二、工厂接头抽样试验

对于海缆系统的每个工厂接头进行局部放电例行试验，海缆试样长度至少 10m，并制备工厂接头试样进行试验。如工厂接头未通过上述任何一项试验，应取两个加试的工厂接头试样。均通过试验才认为试验合格。如工厂接头要做型式试验，此抽样试验可以免除。

1. 局部放电试验和电压试验

在恢复外半导电层和金属接地导体或金属套后，进行局部放电试验和电压试验。局部放电测试灵敏度为 5pC 或优于 5pC。

2. 雷电冲击电压试验

与海缆本体方法相同。

3. 交联聚乙烯绝缘热延伸试验

与海缆本体方法相同。

4. 导体焊接接头拉力试验

截取试样长度不小于 500mm，焊接处应靠近试样的中间部位，两端头用低熔合金浇灌。将试件夹持在试验机的钳口内，夹紧后试件的位置应保证试件的纵轴与拉伸的中心线重合，如图 7-6 所示。启动试验机时，加载应平稳，速度均匀，无冲击，当试件被拉伸断裂后，读数并记录最大负荷，试验结果抗拉强度按式（7-4）

计算：

$$\sigma = F/S \tag{7-4}$$

式中　σ——抗拉强度，N/mm^2；

F——最大拉力，N；

S——试样标称截面积，mm^2。

（a）

（b）

图 7-6　工厂接头导体焊接拉断试验

（a）拉断试验；（b）工厂接头导体焊接拉断后图片

5. 偏心度检测

工厂接头绝缘的偏心度不宜大于 15%，对成品可用 X 光检测偏心度。

三、修理接头和终端的抽样试验

海缆系统的修理接头和终端不用做抽样试验。

7.3.4　海缆系统型式试验

型式试验包含成品海缆和附件的机械试验和电气试验。500kV 交联聚乙烯绝缘交流海缆系统包含海缆、终端和各种接头。不包含附件的试样海缆长度至少为 10m。附件间最短的海缆长度应为 5m。海缆系统的海缆和接头必须满足海缆在安装、敷设和修理时预期遭遇到的最高机械负荷的相应机械试验。

一、成品海缆系统的机械试验

（一）海缆和工厂接头

成品海缆和工厂接头电气型式试验的试样应进行卷绕试验和张力弯曲试验。

1. 卷绕试验

卷绕试验应在至少可形成 8 整圈的适当长度的海缆上进行试验。海缆试验段的中间应至少安装 2 个工厂接头，2 个工厂接头的末端之间最小距离应为 2 整圈海缆的长度。卷绕操作过程中，海缆扭转应基本均匀，以预先加上的标志线评估。从海缆试验段中间部分截取样品，要求包括 1 个工厂接头，应进行目测检验。卷绕试验结束后应不产生以下损伤：

（1）海缆绝缘、金属套和内护套破坏。

（2）导体或铠装永久变形。

2. 张力弯曲试验

用以考虑在海缆的敷设和常规的修复操作时施加于海缆上的力。试样长度应至少为 30m。海缆端部至工厂接头的距离至少为 10m 或者是 5 倍的铠装节距，取两者中较大的值。试样卷绕的转轮直径应不大于敷设船上装置的放缆滑轮直径。与此试验转轮相接触的海缆长度至少应为 2 倍的铠装节距且不小于转轮周长的一半。如试样含有若干个工厂接头，则工厂接头间的距离至少应等于试验转轮的周长。

包含有的工厂接头的海缆试样应在转轮上连续地卷绕和退绕三次，不改变弯曲方向，试验设备示意图如图 7-7 所示。

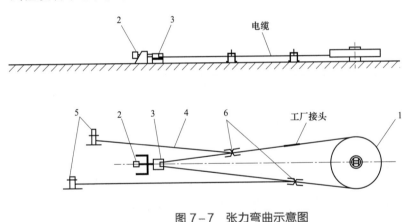

图 7-7　张力弯曲示意图

1—转轮；2—液压拉力柱体；3—牵引滑轮；4—钢丝绳；5—绞车；6—海缆牵引头

（二）修理接头

修理接头张力试验数据可以作为工程参考。

用作张力试验的海缆长度约 50m，海缆段应包含修理接头。海缆末端与接头的距离至少为 10m 或海缆铠装节距的 5 倍，取其中较大值。通过海缆上的牵引头作用在远离海缆两端的海缆的各不同部分上的合力应相当于敷设作业时分布的力。

二、透水试验

海缆的透水试验分为 4 种：① 导体透水试验；② 金属套下透水试验；③ 接头

径向透水试验；④ 金属套与铠装短接点透水试验。

海缆典型的纵向透水距离不超过 30m。导体透水试验距离（d_1）和金属套下透水试验的透水距离（d_2）应不大于 30m。透水试验用水宜采用自来水或相当于海缆应用海域海水盐度的盐水。

1. 导体透水试验

海缆导体透水试验试样取自经受机械试验的海缆，可以在海缆绝缘线芯上进行导体透水试验。试样长度不少于 $1.33d_1$，d_1 为试验的导体纵向透水距离。试样应至少经受三次热循环的预处理，以确保海缆已经受适当的热膨胀。每次热循环包含 8h 加热及随后 16h 冷却。采用电流加热导体，使得导体温度达到 95～100℃。在每次热循环结束前应保持此温度至少为 2h。试样经预处理以后，应剥露出导体约 50mm。剥露的环状部分应包含导体以外的所有各层，使导体暴露在水中。试样的末端应密封。试样置于压力容器中，进行透水试验。试验持续时间为 240h，水温为 5～35℃。到达规定试验时间后，将试样从水中取出。在距离为 d_1 处做一切口。用目测检验切口处是否有水或者将试样末端浸入超过 100℃ 的硅油中，以观察切口处是否有水煮沸时的爆裂声，或采用吸墨纸吸水以观察是否有水。导体透水参考试验装置如图 7-8 所示。

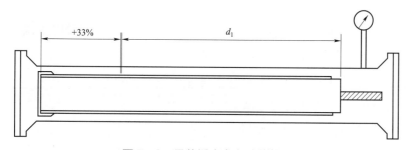

图 7-8 导体透水参考试验装置

2. 金属套下透水试验

为模拟近岸区海缆损坏而造成金属套下透水，试验压力设定为 0.3MPa。试样长度至少应为 (d_2+1) m，d_2 为金属套下纵向透水距离。试验应在成品海缆试样上进行。试样应经三次热循环预处理以确保海缆已经受预期的热膨胀。每次热循环包含 8h 加热和随后 16h 冷却。采用电流加热导体，使导体最高温度达到 95～100℃。在每次热循环结束前应保持此温度至少 2h。经预处理后，在试样中间处或距试样端部 1m 处应切除去 50mm 圆环。此圆环应包含海缆绝缘的半导电屏蔽以外的所有各层，以使半导电屏蔽层暴露在水中。试样置于压力容器中，必须在压力容器中测量导体的温度。海缆试样应经受 10 次热循环同时加上水压。达到试验时间时，应将试样从水中取出。金属套下透水参考试验装置如图 7-9 所示。在距离为图中 d_2 处能看到金属套下情况。目测检验端部是否有水。

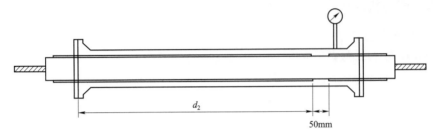

图 7-9　金属套下透水参考试验装置

3. 接头径向透水试验

工厂接头和修理接头的外部水压试验为检验接头在最大水深时阻止径向透水的性能。从已经受机械试验接头中取试样，至少经受 10 次热循环。每次热循环包含 8h 加热和随后 16h 冷却。采用电流加热，达到导体温度为 95～100℃。在每次热循环结束前应保持此温度至少 2h。对接头施加压力的部位进行水压试验。刚性接头不需对整个接头均施加水压。用封帽将接头试样的海缆两端密封。试样置于压力容器内。

试样浸入对应 100m 水深的加压水中，试验应持续 48h，试验时水温为 5～35℃。当到达试验时间后，将试样从水中取出。要求：

（1）接头的阻水隔离结构应无水浸入迹象。

（2）金属套无明显不规则突起缺陷。

4. 金属套与铠装短接点透水试验

金属套与铠装短接点透水试验为检验海缆采用绝缘护套时，为了解决海缆金属套上感应电压而对海缆的金属套和铠装之间进行短接，短接情况下在最大水深时护套和金属套内无水浸入。试样浸入对应 100m 水深的加压水中，试验应持续 48h，试验时水温为 5～35℃。当到达试验时间后，将试样从水中取出。要求：

（1）试样的短接点连续可靠、无断点。

（2）护套和金属套内无水浸入迹象。

7.3.5　成品海缆系统电气型式试验

电气型式试验前应完成机械试验。

一、电气型式试验

1. 局部放电试验

测量灵敏度为 5pC 或优于 5pC。试验电压逐步升高电压至 508kV（$1.75U_0$），保持 10s，然后缓慢地降低至 435kV（$1.5U_0$）。试样在试验电压 435kV 下应无超过申明灵敏度的可检出的放电。

对高温下局部放电试验，组装试样应在导体温度 95～100℃下进行试验，导体温度应在此规定的温度范围内至少保持 2h。

2. tanδ测量

通过导体电流将试样加热至导体温度达到 95～100℃，然后应在工频电压 290kV（U_0）及上述规定温度下测量 tanδ，测量值不应大于 8×10^{-4}。

3. 热循环电压试验

通过导体电流将试样加热至导体温度达到 95～100℃，加热应至少 8h。在每个加热期内，导体温度应保持在上述温度范围内至少 2h。随后应自然冷却至少 16h，直到导体温度冷却至不高于 30℃或者冷却至高于环境温度 15K 以内，取两者之中的较高值，但最高不高于 45℃。应记录每个加热周期最后 2h 的导体电流。加热和冷却循环应进行 20 次。在整个试验期内，试样上应施加 580kV（$2U_0$）电压。试验过程允许中断，只要完成了总共 20 个加电压的完整热循环即可。

4. 局部放电试验

在完成热循环电压试验最后一次热循环后进行，包括：

（1）环境温度下局部放电试验。

（2）高温下局部放电试验。

5. 操作冲击电压试验

在导体温度为 95～100℃，且应在此温度范围内至少保持 2h，对试样试验。施加 1175kV 的操作冲击试验电压。试样应耐受正负极性各 10 次操作冲击电压而不击穿或闪络。

6. 雷电冲击电压试验及随后的工频电压试验

试样应加热至导体温度达到 95～100℃，导体温度应保持在上述试验温度范围至少 2h。施加雷电冲击电压。海缆应耐受施加的 10 次正极性和 10 次负极性雷电冲击电压 1550kV 电压冲击而不发生绝缘击穿或闪络。

雷电冲击电压试验后，应对试样系统进行 580kV（$2U_0$），15min 的工频电压试验。由制造方决定，试验可在冷却过程中或在环境温度下进行。

7. 目测检验海缆和附件

上述试验后，解剖海缆试样和拆开附件（如有可能），以正常视力或经矫正但不放大的视力检验试样，应无可能影响系统运行的劣化迹象（如电气品质下降、泄漏、腐蚀或有害的收缩）。

8. 半导电屏蔽和半导电护套电阻率测量

海缆半导电屏蔽和半导电护套的电阻率应在单独的试样上测量。在（90±2）℃温度范围内测量半导电屏蔽电阻率。半导电护套的电阻率在（80±2）℃下测量。

半导电护套电阻率应不超过 1000Ω·m。老化前后的半导电屏蔽电阻率应不超过以下值：

（1）导体屏蔽：1000Ω·m。

（2）绝缘屏蔽：500Ω·m。

二、海缆组件和成品海缆段的非电气型式试验

1. 海缆结构检验

导体检查、绝缘测量、内护套和金属套厚度测量。

2. 老化前后绝缘材料机械性能试验

老化前后绝缘材料机械性能试验项目和试验条件见表 7-19。

表 7-19　　　　　　　　老化前后绝缘材料的机械性能试验要求

序号	试验项目和试验条件	单位	性能要求
			XLPE
0	正常运行时允许导体最高温度	℃	90
1	老化前（GB/T 2951.11—2008《电缆和光缆绝缘和护套材料通用试验方法 第 11 部分：通用试验方法　厚度和外形尺寸测量　机械性能试验》中 9.1）		
1.1	最小抗张强度	MPa	12.5
1.2	最小断裂伸长率	%	200
2	空气烘箱老化后（GB/T 2951.12—2008《电缆和光缆绝缘和护套材料通用试验方法　第 12 部分：通用试验方法　热老化试验方法》中 8.1）		
2.1	处理条件		
	温度	℃	135
	温度偏差	℃	±3
	持续时间	h	168
2.2	抗张强度		
	老化后最小值	MPa	—
	最大变化率①	%	±25
2.3	断裂伸长率		

续表

序号	试验项目和试验条件	单位	性能要求
			XLPE
	老化后最小值	%	—
	最大变化率①	%	±25

① 变化率为老化后测得中间值与老化前测得中间值的差值除以后者，以百分率表示。

3. 老化前后内护套材料机械性能试验

老化前后内护套材料机械性能试验项目和试验条件见表 7-20。

表 7-20　　　　　老化前后内护套材料机械性能试验要求

序号	试验项目和试验条件	单位	性能要求
			绝缘（ST₇型）
1	老化前（GB/T 2951.11—2008《电缆和光缆绝缘和护套材料通用试验方法 第 11 部分：通用试验方法　厚度和外形尺寸测量　机械性能试验》中 9.2）		
1.1	最小抗张强度	MPa	12.5
1.2	最小断裂伸长率	%	300
2	空气烘箱老化后（GB/T 2951.12—2008《电缆和光缆绝缘和护套材料通用试验方法　第 12 部分：通用试验方法　热老化试验方法》中 8.1）		
2.1	处理条件		
	温度	℃	110
	温度偏差	K	±2
	持续时间	h	240
2.2	抗张强度		
	老化后最小值	MPa	—
	最大变化率	%	—
2.3	断裂伸长率		
	老化后最小值	%	300
	最大变化率	%	—
3	高温压力试验（GB/T 2951.31—2008《电缆和光缆绝缘和护套材料通用试验方法　第 31 部分：聚氯乙烯混合料专用试验方法　高温压力试验　抗开裂试验》中 8.2）		
3.1	试验温度	℃	110
3.2	温度偏差	K	±2

4. 检验材料相容性的成品海缆段老化试验

本试验的目的是检验绝缘和内护套是否由于与海缆中其他组件相接触而过分劣化。

海缆段的老化处理在空气烘箱中按以下条件进行：

（1）温度：（100±2）℃。

（2）时间：（7×24）h。

对取自老化海缆段的绝缘和内护套取样，并进行机械性能试验。

老化后抗张强度和断裂伸长率的中间值与老化前得出的相应值的变化率应不超过适用于绝缘经空气烘箱老化后试验值以及适用于内护套经空气烘箱老化后的试验值。

5. 内护套高温压力试验

内护套的高温压力试验应按 GB/T 2951.31—2008《电缆和光缆绝缘和护套材料通用试验方法　第 31 部分：聚氯乙烯混合料专用试验方法—高温压力试验—抗开裂试验》中 8.2 所述的试验方法进行，试验结果满足 GB/T 2951.31—2008《电缆和光缆绝缘和护套材料通用试验方法　第 31 部分：聚氯乙烯混合料专用试验方法　高温压力试验　抗开裂试验》中 8.2 的要求。

6. 绝缘热延伸试验

应按所采用的交联工艺，在绝缘的最内层、中间及最外层分别取样，最内层、最外层取样点应尽量靠近半导电屏蔽层。绝缘热延伸试验要求见表 7-21。

表 7-21　　　　　　　　　　绝缘热延伸试验要求

试验项目和试验条件	单位	性能要求
空气烘箱温度	℃	200
温度偏差	℃	±3
负荷时间	min	15
机械应力	N/cm²	20
负荷下最大伸长率	%	125
冷却后最大永久伸长率	%	10

7. 绝缘微孔杂质及半导电屏蔽层与绝缘层界面微孔和突起试验

绝缘层杂质、微孔和半导电屏蔽层与绝缘层界面微孔、突起进行测试，试验结果应符合以下要求：

（1）成品海缆绝缘中应无大于 0.02mm 的微孔。

（2）成品海缆绝缘中应无大于 0.075mm 的不透明杂质。

（3）半导电屏蔽层与绝缘层界面应无大于 0.02mm 的微孔。

（4）导体半导电屏蔽层与绝缘层界面应无大于 0.05mm 进入绝缘层的突起以及大于 0.05mm 进入半导电屏蔽层的突起。

（5）绝缘半导电屏蔽层与绝缘层界面应无大于 0.05mm 进入绝缘层的突起以及大于 0.05mm 进入半导电屏蔽层的突起。

三、户外终端型式试验

1. 户外终端无线电干扰试验

户外终端在 319kV（$1.1U_0$）工频电压下，其 1MHz 的无线电干扰电压应不超过 500μV。

2. 终端组装后的密封试验

可根据适用条件任选压力泄漏试验或真空泄漏试验任一种方法进行试验。终端试样应按实际使用的安装要求进行组装，试验装置应将密封金具、瓷套管、复合套管或环氧套管试品两端密封。

（1）压力泄漏试验。在环境温度下对试品施加表压为（250±10）kPa 的气压，保持 1h。试验期间应无漏气或渗水迹象。

（2）真空泄漏试验。在环境温度下将试样抽真空至残压 A 为 10kPa 的气压，关闭试品与真空泵间的真空阀门，保持 1h。测量试品的压力值 B。测量用真空计的分辨率应不超过 2kPa。试验结束时，真空压力漏增值（$B-A$）应不超过 10kPa。

3. 户外终端短时（1min）工频电压试验（湿试）

户外终端试样在淋雨条件下，施加工频电压 680kV，历时 1min。试样应不闪络或击穿。

四、导体压接和机械连接件的热机械性能试验

导体压接和机械连接件应进行电气热循环试验和机械试验。

五、光纤单元试验项目及要求

包括光纤衰减系数测量、光纤色散测量、光纤单元水密性试验。

7.3.6 海缆系统预鉴定试验

一、预鉴定试验

500kV 交联聚乙烯绝缘海缆的预鉴定试验，以证实交联聚乙烯绝缘海缆系统具有满意的长期运行性能。特别着重于海缆和其附件的绝缘特性、海缆绝缘与附件界面和

热机械的长期特性。对于 500kV 海缆系统的预鉴定试验要求同陆缆系统，但因大长度海缆的制造和运行特点，预鉴定试验的海缆系统应包含海缆、工厂接头、修理接头和终端，必要时应含过渡接头。由于海缆预鉴定试验不含海缆机械试验，相同材料、制造工艺、设计电场强度水平的 500kV 海缆和附件试样应先完成电气型式试验合格，然后进行预鉴定试验。

1. 成品海缆系统预鉴定试验

预鉴定试验应包含长约 100m 海缆试样上的电气试验，含每种附件至少一件。附件间海缆最小净长应为 10m。预鉴定试验程序如下：

（1）热循环电压试验。

（2）雷电冲击电压试验。

（3）结束上述试验后海缆系统的检验。

2. 试验布置

海缆和附件应按制造商说明书规定方法进行安装，并布置在可代表敷设设计的状况，例如刚性固定、柔性固定和过渡区敷设、埋地和空气中。考虑海缆系统预鉴定试验布置难以模拟海缆系统在海底下实际敷设状况，推荐采用刚性接头的金属保护盒开展透水试验，作为海缆系统预鉴定的试验的补充试验，并将透水试验持续时间增加至96h。

试验装置间和试验时环境条件会有变化，但不会产生主要影响。预鉴定试验不受环境温度变化限制。

为达到合适的导体温度，试验的主回路和参照回路的导体电流及铠装电流应相同，两个回路的外部热特性应相同。

3. 热循环电压试验

采用导体电流加热组装试样，直到导体温度达到 90~95℃。试验过程中因环境温度变化要调节导体电流。记录海缆表面温度作为试验数据。至少应加热 8h，每个加热周期内应在上述温度范围内至少保持 2h。随后至少应自然冷却 16h。在整个试验期间 8760h 内，应对组装试样施加电压 493kV（$1.7U_0$）和热循环，加热和冷却循环至少应进行 180 次。试验期间应不发生试样击穿。

4. 雷电冲击电压试验

试验应在取自试验系统的总有效长度最少 30m 的一根或多根海缆试样上进行，在导体温度达到 90~95℃下进行雷电冲击电压试验。导体温度应保持在上述温度范围至少 2h。施加雷电冲击电压。海缆回路应耐受 1550kV 试验电压值施加的 10 次正极性和 10 次负极性电压冲击而不发生击穿。

二、预鉴定扩展试验

预鉴定扩展试验主要对更换已通过预鉴定试验的附件。由于附件（通常为接头）的电气部件的电场强度或材料特性改变，即接头的内部设计改变而进行预鉴定扩展试验以确认设计合理。根据海缆系统并不引入相对于陆缆系统的特定预鉴定试验的相同理由，海缆的预鉴定扩展试验也不增加另外的试验要求。当附件的内部设计相同或相似时，陆缆系统的预鉴定扩展试验也可以覆盖海缆系统。假如附件机械设计有改变，在开始电气型式试验前应经机械试验验证其外部设计是否合理。

预鉴定扩展试验应包括成品海缆系统的预鉴定扩展试验电气试验和海缆组件和成品海缆段的非电气型式试验。海缆组件和成品海缆段的非电气型式试验内容见本章 7.3.5 中二、海缆组件和成品海缆段的非电气型式试验。

成品海缆系统预鉴定扩展试验的电气试验内容如下：

对已经过预鉴定试验海缆系统取样进行试验的成品海缆，试样数由所含的附件数量决定，需要预鉴定扩展试验的海缆系统应包含每种附件至少有一个试样。试验可在试验室内进行，而不必模拟真实的敷设条件。附件试样间海缆最短长度为 5m，海缆的总长度最短应为 20m。试验回路应呈 U 形弯曲，对铅或铅合金套海缆，弯曲直径为 $25(d+D)+5\%$，其中，d 为导体标称直径，mm；D 为海缆标称直径，mm。

预鉴定扩展试验的电气试验程序应如下：

（1）弯曲试验：室温下海缆应绕圆柱体至少弯曲一整圈，再复位而轴不转，然后反方向弯曲重复此过程，如此反复弯曲应总共进行三次。随后安装预鉴定扩展试验包含的附件，如果只对附件进行预鉴定扩展试验，此项试验可以免除。

（2）弯曲试验后局部放电试验以检验安装的附件质量。

（3）不施加电压热循环试验。

（4）$\tan\delta$ 试验。

（5）热循环电压试验。

（6）环境温度及高温下局部放电试验。

（7）雷电冲击电压试验及随后的工频电压试验。

（8）完成上述试验后对含海缆和附件的系统进行检验。

（9）半导电屏蔽和半导电护套（如适用）体积电阻率测量。如果只对附件进行预鉴定扩展试验，此项试验可以免除。

应通过导体电流将试样加热到规定的温度。试样应加热至导体温度达到 90～95℃。加热应至少 8h，在每个加热期内，导体温度应保持在上述温度范围内至少 2h。随后应自然冷却至少 16h，直至导体温度冷却至不高于 30℃ 或者冷却至高于环境温度 15K 以内，取两者之中较高值，但最高为 45℃，应记录每个加热周期最后 2h 的导体电流。加热冷却循环应进行 60 次。

7.4 敷设安装后试验

海缆在敷设安装后应开展试验测试，目的是检验敷设安装过程中海缆（包括工厂接头）是否出现损伤，海缆附件安装质量是否满足标准，敷设安装后的试验项目包括：① 主回路绝缘电阻试验；② 时域反射计试验（TDR）；③ 主绝缘交流耐压试验。

一、主回路绝缘电阻试验

海缆主绝缘电阻测量应采用 2500V 及以上电压的绝缘电阻表。耐压试验前后，绝缘电阻应无明显变化。

二、时域反射计试验（TDR）

海缆安装以后宜进行时域反射测试，以获得海缆行波传输特性的特征标志。采用脉冲反射技术，反射仪向海缆发送合适的测试脉冲，脉冲信号在海缆中以一定速度传播。在海缆的任何一个电气特性发生改变的地方部分脉冲信号都会发生反射，传回至反射仪的脉冲信号显示在仪器屏幕上。

三、主绝缘交流耐压试验

在 500kV 海缆及其附件安装完成后应进行电压试验。施加交流试验电压为493kV（$1.7U_0$），频率为 10～500Hz，时间为 1h。

主绝缘交流耐压试验采用变频串联谐振法，试验接线原理图如图 7－10 所示。在 500kV 海缆导体与金属套（地）之间施加试验电压为 493kV（$1.7U_0$），耐压时间为 60min。

对 500kV 海缆主绝缘的推荐加压程序如图 7－11 所示，试验现场如图 7－12 所示。

加压程序如下：

（1）合闸后，零电压状态时进行同步局部放电背景噪声测定。

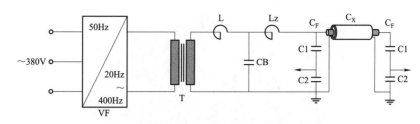

图 7-10　变频谐振耐压试验接线原理图

VF—变频电源；T—励磁变压器；CB—补偿电容器；Lz—阻塞电抗器

L—谐振电抗器组合；C_F—电容分压器；C_X—被试品

（2）上升到 $0.5U_0$（145kV），保持 5min，同步进行局部放电检测。

（3）上升到 $1.0U_0$（290kV），保持 1min，同步进行局部放电检测。

（4）上升到 $1.5U_0$（435kV），保持 1min，同步进行局部放电检测。

（5）升压至 $1.7U_0$（493kV），保持 60min，同步进行局部放电检测。

（6）若在 $1.7U_0$（493kV）电压下检出异常局部放电信号，$1.7U_0$ 电压 60min 结束以后，线性降压至 $1.5U_0$（435kV），在该电压下进行局部放电检测，局部放电检测结束后执行步骤（7）；若在 $1.7U_0$（493kV）电压下未检出异常局部放电信号，直接执行步骤（7）。

（7）线性降压至零电压状态，同步进行局部放电检测。

（8）加压程序完成后，加压侧线挂接地棒后，被试相海缆两端接地，等待充分放电后，试验改接线。

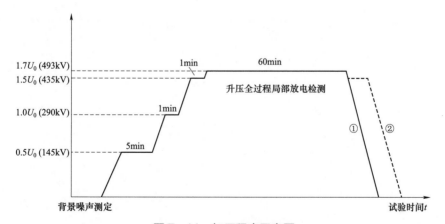

图 7-11　加压程序示意图

①—方案 1；②—方案 2

图 7-12 交接试验电压现场

第8章
海底电缆运维技术

海缆线路通常敷设于海底表面或在海底表层浅埋，运行环境较陆缆更为复杂、恶劣，运维工作难度较大。运维检修工作的主要目的是保障海缆工程投运后的安全稳定运行，内容主要包括智能监测、巡视检查、故障检测和定位、应急处置。

8.1 智能监测

海底电缆的智能监测主要包括海缆运行状态、路由水面船只等运行相关信息的监测，以及一旦海缆发生故障，对海缆故障性质的分析诊断。前者依靠海缆综合在线监测系统实现，对于后者舟联工程根据故障信号特征构建了一套故障诊断分析方法。

8.1.1 海缆综合在线监测系统

一、系统组成和特点

海缆综合在线监测系统平台集成了海缆温度应力监测、海缆扰动监测和船舶自动识别系统 AIS 3 个系统，如图 8-1 所示。

系统特点如下：

（1）系统平台界面可显示各功能模块监测的数据及结果，并根据不同权限实现不同管理功能，对突发事件进行监测预警。

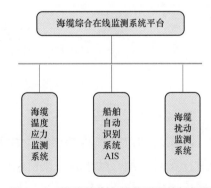

图 8-1 海缆综合在线监测系统框架图

（2）系统具有开放性架构，提供符合国际标准的通信方案，预留同外界通信的通信接口。

（3）后台软件能对系统进行远程访问，能查看所有的监测数据和报警信息，能对系统进行参数设置、远程调试。

（4）系统具备安全记录功能，可储存一年以内的历史数据，并可进行有效审核；可以对历史数据进行查询、统计，可输出报表或曲线。

（5）系统提供强大的数据库，可存储所有监测数据、配置数据、侵害报警数据以及所有报警日志。测量过程中可同步浏览，可通过时间段、事件或标题找到报警日志。报警日志内容应包括报警时间、报警地点、侵害模式及故障状态、当时值班人员情况等详细内容。

二、海缆综合在线监测系统功能及其实现方式

1. 海缆温度应力监测

海缆温度应力监测系统利用布里渊散射效应对海缆的温度、应变分布等信息进行实时监测，评估海缆载流量，并对海缆异常进行报警和定位，保障海缆安全运行，实现海缆动态增容，系统示意图如图 8-2 所示。

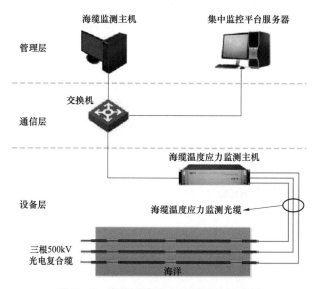

图 8-2　海缆温度应力监测系统示意图

2. 海缆扰动监测

海缆扰动监测系统利用基于激光干涉原理设计的光纤信号反馈系统对海缆的扰动进行实时监测，对洋流冲刷引起的海缆位置移动、砂石剧烈摩擦、船只落锚振动和挂缆拖拽等引起的海缆扰动进行报警和定位。系统内置专家数据库，能有效滤除潮汐、海浪、过往船只、动物游动等自然环境干扰，精确辨别船只拖拽海缆、船只在海缆周围抛锚等事件类型。系统示意图如图 8-3 所示。

3. 船舶自动识别系统（AIS）

船舶自动识别系统结合全球定位系统（GPS）技术，实时收集装有 AIS 设备船舶

的 AIS 信号，获得进入海缆保护区域船舶的标识信息、位置信息、运动参数和航海状态等重要数据，及时掌握附近海面所有船舶之动静态资讯，并能显示和自动储存。具有告警、查询、统计，向通过海缆保护区的船舶发送预警信息，提示不要在海缆保护区域内停留和抛锚的功能。具有监控船舶的航路脱离与否、行进方向、速度等，并向船舶提供其他安全航行信息，系统示意图如图 8-4 所示。

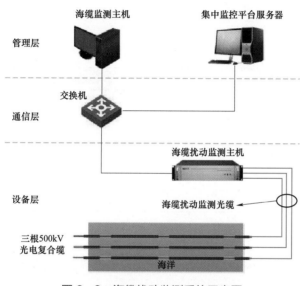

图 8-3　海缆扰动监测系统示意图

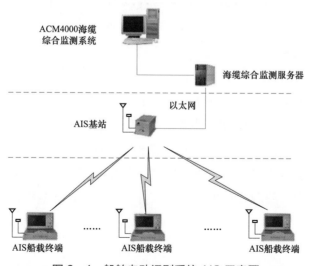

图 8-4　船舶自动识别系统 AIS 示意图

4. 电子海图显示平台

电子海图显示平台是海缆综合在线监测平台的展示窗口，负责电子海图和陆图的调图、拼接、显示，支持海图投影计算功能，动态显示 AIS 物标船舶，包括船舶物标的航速、航向、船艏向等信息。当发生预警和报警时，电子海图平台将突出显示报警和预警信息，包括预报警位置和预报警类型。

三、舟山 500kV 海缆综合在线监测系统

舟山 500kV 海缆综合在线监测系统配置见表 8-1。

表 8-1　　　　　　　　　　舟山 500kV 海缆综合在线监测系统配置

配置地址	监测主机	监测路由	光纤使用数量（芯）
海缆温度应力监测系统	监测主机一台和多通道模块一台	通道一	4
		通道二	2
		通道三	2
海缆扰动监测系统	监测主机一台	宁波至舟山三根海缆做接续环回，一台主机同时监测三根海缆	2
船舶自动识别系统	AIS、视频	宁波至舟山三根海缆	1

1. 海缆温度应变监测系统

海缆温度应变监测系统利用海缆中的 2 芯单模光纤进行海缆温度和应力的实时测量，系统主机设置于海缆终端站，将海缆中相应的 2 芯光纤进行对接，形成一个环路，并将该 2 芯光纤连接至主机。根据用户设置，当温度过高、温度变化过快、应力过大、应力变化过快时，系统会给出相应警告，同时对海缆两端上岸段进行重点温度应力监测。三条海缆每条长度为 17.7km，采用多通道模块，每个通道监测一条海缆，使用 2 芯光纤进行监测。

2. 海缆扰动监测系统

海缆扰动监测系统利用海缆中的 4 芯 G652 单模光纤与前后端传感单元构成光纤振动传感系统，检测船锚或者锚链对海缆的作用，通过海缆扰动监控系统主机的信号采集与处理，根据信号特征滤除自然环境的干扰信号，对可能造成海缆破坏的扰动信号给出报警。海缆扰动监测线路每条长度为 17.7km，总监测长度为 53.1km，系统主机设置于海缆终端站，前端传感单元安装在舟山终端站，末端传感单元安装在宁波终端站。

3. 船舶自动识别系统

船舶自动识别系统的室外发射接收机（VHF）安装在舟山终端站，海缆监测线路

总长 17.7km，一套 AIS 监测距离可达 60km，安装一套 AIS 设备即可完全覆盖整条海缆线路的监测。

8.1.2 海缆故障在线诊断方法

一、故障特征

海缆故障一般可分为机械故障、电气故障、断缆故障 3 类，故障特征如下：

1. 机械故障

（1）锚砸故障发生后，海缆中复合光纤的应变值在短时间内迅速上升；由于锚砸冲击力大，作用时间短，因此应变升高的区间相对较小，在几十米范围内，属于中等空间尺度。

（2）钩挂故障发生时，船速比自由落体的抛锚速度要慢，因此光纤应变增加速度相对较慢；由于海床地质松软，因此应变升高的区间较大，在几百米范围内，属于大空间尺度。

从空间分布上看，锚砸和钩挂故障点的应变最大，向两侧逐渐减少。

2. 电气故障

（1）接地短路故障发生后，瞬间大电流流过故障点与电源之间的导体及整条海缆的铅合金护套和铠装，巨大的损耗引发金属材料释放大量的热能，随着时间的推移，该热能会传导至光纤层，导致光纤温度的大幅上升。故障点一般具有较大的接触电阻和过渡电阻，局部损耗值很高，故障点至电源区间的导体、铅合金护套和铠装都有短路电流，因此同时发热；另一侧只有铅合金护套和铠装中流过短路电流，导体中无电流，因此发热量相对较小；从空间分布上来看，故障点温升最高，靠电源侧的海缆温升大于另一侧海缆的温升。

（2）金属套异常接地故障发生时，海缆仍处于运行状态，因此整体温度分布和时变特性满足稳态和暂态模型。由于金属套异常接地位置存在几瓦至几十瓦的损耗，海缆局部会出现温升，该温升幅度不大，视金属套异常接地严重程度在 10℃ 以内变化，金属套异常接地越严重温升越大；从故障点向两侧呈温度下降趋势；由于金属套异常接地处损耗相对较小，因此温升区间较小，一般只有几米，属于小空间尺度。

3. 断缆故障

当海缆由机械或电气故障导致断缆事故时，除了在断缆前表现出以上特点外，断缆后一般也伴随光纤的断裂，因此在断点后面会表现为光纤传感数据的丢失，以此作为判据即可实现故障检测和诊断。

海缆故障类型及其特点总结见表 8-2。

表 8-2 海缆故障类型及其特点

故障类型		物理量及变化	空间分布	空间尺度	时变特性
机械故障	锚砸	应变增加	中间高，两侧低，对称分布	10m 量级	短时升高
	钩挂	应变增加	中间高，两侧低，对称分布	10^2m 量级	慢速升高
电气故障	接地短路	温度升高	中间高，两侧低，近电源侧温度高于远电源侧	10^3m 级	短时升高
	金属套异常接地	温度升高	中间高，两侧低	m 级	慢速升高
断缆		断裂点后传感数据丢失	一侧数据丢失	10^3m 级	短时

二、故障预警及诊断方法

1. 故障预警方法

未发生故障时，海缆内部复合光纤处于松弛状态，各处应变近似为零，应变曲线呈水平状，因此机械故障可通过应变分布数据的单阈值法进行报警。温度受路由所经环境的影响，温度曲线呈不规律分布，因此不能采用单阈值报警，需要经过归一化处理后再报警。舟山 500kV 海缆采用双阈值报警，其报警策略如下：

（1）故障未发生时，光纤上的应变和温度分布数据相对稳定，根据长期积累的负荷、水温数据和历史监测波形制定出标准应变波形和标准温度波形。

（2）实时检测应变和温度测量数据的长度，当有效数据个数小于正常数据个数时报警，并同时确定为断缆故障，最后一个数据的位置即为故障点。

（3）若无断缆事故发生，则将应变和温度实测数据对标准曲线进行减法归一化，归一化后的数据消除了环境温度的影响。

（4）根据海缆运行的实际情况和故障经验确定海缆的应变报警阈值和温度报警阈值。

（5）将归一化后的数据与报警阈值比较，超过阈值的数据认定为奇异点。

（6）实时监测奇异点数量，当连续 N 次测量数据的奇异点数量都超过 M 时发出报警，记录报警的时刻、位置及应变和温度监测数据，并提交故障诊断。其中，N 和 M 需要根据现场情况制定。

2. 故障诊断方法

检测到故障后，为了实现快速高效的运检安排或抢修需要进行故障诊断，指出故障的类型并给出严重程度，给运维检修人员提供充足的信息。机械和电气故障发生时，应变或温度测量曲线上都会出现突变点，因此需有效地检测突变点，并准确判断其尺度和分布特点，对故障进行诊断。

采用具有奇异点检测及多尺度分析功能的小波变换方法进行故障诊断。为有效地检测出突变点，所选小波基必须具有足够高的消失矩；同时，海缆中光纤的应变和温度曲线是不平滑的，所以应该选择不平滑的小波，如选用二阶 *coif* 小波基，对报警后的归一化曲线进行多尺度分解。具体方法和步骤如下：

（1）机械与电气故障的判别。对应变和温度实时归一化数据分别进行小波分解，如果奇异点出现在应变曲线上，则提示机械故障；如果奇异点出现在温度曲线上，则提示电气故障；如果都出现，则提示同时产生了机械和电气故障。

（2）锚砸与钩挂故障的判别。确认故障发生后，如果提示产生了机械故障，则分别观察比较不同尺度的高频系数。锚砸故障尺度小，一般表现在第五、第六尺度的高频系数上。钩挂故障尺度大，表现在低频系数上。高低频系数的奇异点指出了故障的位置。

（3）接地短路与金属套异常接地故障的判别。确认故障发生后，如果提示产生了电气故障，则重点观察第二、第三尺度上的高频系数和低频系数；因为接地短路和金属套异常接地故障处的突变尺度相当，所以单纯比较高频系数无法区分两种故障，只能定位故障点。还需要根据低频系数，提取故障点至电源间低频系数，如果有 90% 以上的数据超过了接地短路故障阈值，则诊断为接地短路故障，否则诊断为金属套异常接地故障。

（4）误报警排除。如果经过小波分析后第二、第三、第五、第六尺度的高频系数和低频系数上都不存在尖峰，或者未达到系数报警阈值，说明出现了误报警。可以根据最近一周监测的正常数据对标准值进行修订，优化故障检测的阈值，提高故障监测的准确性。

三、故障诊断方法验证

（一）故障仿真模拟

以现场布里渊光时域反射（BOTDR）长期监测数据为基础，根据表 8-2 中的故障特点，对监测数据进行修改，模拟海缆故障数据，以验证故障诊断方法的正确性。

1. 机械故障

机械故障包括锚砸和钩挂。它们的应变分布规律相似，空间尺度不同，变化速度不同。可用开口向下的抛物线模拟故障点附近的应变分布数据，即

$$y = -a \times (x-b)^2 + c \tag{8-1}$$

式中　　x——距离；

　　　　y——应变；

a，b，c——参数。

a 大于 0，b 大于 0，c 大于 0。改变 a 和 b 的取值，可调整抛物线的开口尺寸和顶点坐标。改变 c 可调整故障点的位置。

在 2000m 处构造锚砸和钩挂故障样本数据，如图 8-5 所示。图中，锚砸的空间

尺度是 20m，钩挂的空间尺度是 200m。

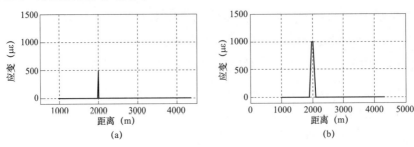

图 8-5　机械故障样本数据

（a）锚砸故障样本数据；（b）钩挂故障样本数据

将故障样本数据叠加到应变监测数据中，得到图 8-6 所示的机械故障模拟数据曲线图。曲线中存在的小幅噪声由测量设备随机误差和光纤残余应变造成。

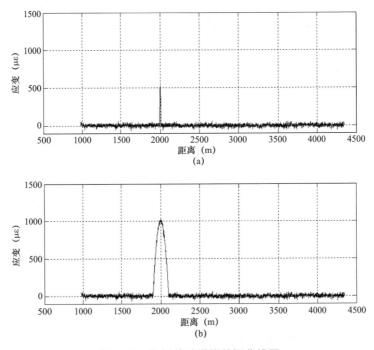

图 8-6　机械故障模拟数据曲线图

（a）锚砸故障模拟数据；（b）钩挂故障模拟数据

2. 电气故障

电气故障包括金属套异常接地故障和接地短路故障。它们的共同点是故障点处温升的空间尺度相近，都是 m 级，都呈中间高、两边低的分布特点；不同点是温升幅度不同，金属套异常接地的幅度小于接地短路。另外，金属套异常接地故障区域以外的光纤温度没有变化，而接地短路故障点两侧的温度都有上升，且近电源侧温升大于远电源侧的温升。因此，同样可用抛物线模拟故障点附近的温度分布数据。

令接地短路故障点两侧的温度具有不同的温升。在 2000m 处构造故障样本数据，如图 8-7 所示。图中，金属套异常接地和接地短路点的空间尺度均为 8m，金属套异常接地点温升 3℃，接地短路点温升 10℃，接地短路点左侧温升 2℃，右侧温升 3℃。

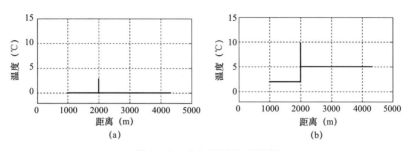

图 8-7　电气故障样本数据

（a）金属套异常接地故障样本数据；（b）接地短路故障样本数据

将样本数据叠加到温度监测数据上，构造电气故障模拟数据，如图 8-8 所示。

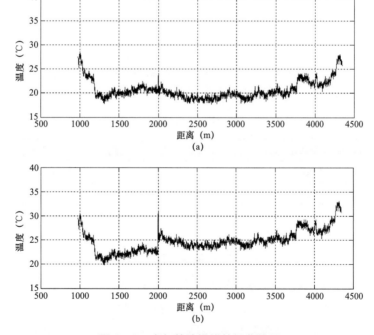

图 8-8　电气故障模拟数据曲线图

（a）金属套异常接地故障模拟数据；（b）接地短路故障模拟数据

（二）方法验证

1. 故障检测

选取海缆正常运行时的应变和温度曲线作为标准曲线，如图 8-9 所示。设置机械和电气故障报警参数。将故障模拟数据对标准数据进行归一化，然后启动故障检测程序，4 种故障模拟数据均发出报警，提交故障诊断程序处理。报警参数设置见表 8-3。

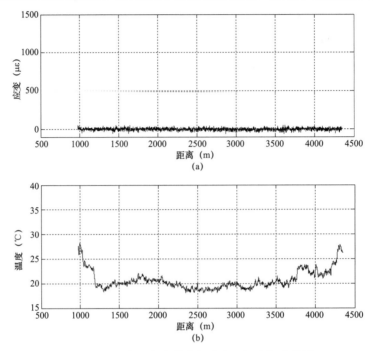

图 8-9　正常运行中的光纤应变和温度标准曲线
（a）应变标准曲线；（b）温度标准曲线

表 8-3　　　　　　　　　　　　　　报　警　参　数　设　置

分类	报警阈值	奇异点数阈值 M	连续检测次数阈值 N
机械故障	$200\mu\varepsilon$	10	10
电气故障	$2℃$	2	20

2. 故障诊断

对产生报警的应变和温度归一化数据分别进行八尺度二阶 coif 小波分解，小波树和分解的高频系数分别如图 8-10 和图 8-11 所示。图 8-11（a）中的高频系数 d_6 可判别和定位锚砸故障；图 8-11（b）中的低频系数 a_8 可判别和定位钩挂故障；图 8-11（c）中的高频系数 d_3 可判别和定位金属套异常接地故障；图 8-11（d）中的高频系数 d_3 和低频系数 a_8 合并考虑可判别和定位锚砸故障。

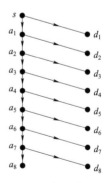

图 8-10　八尺度二阶 coif 小波树

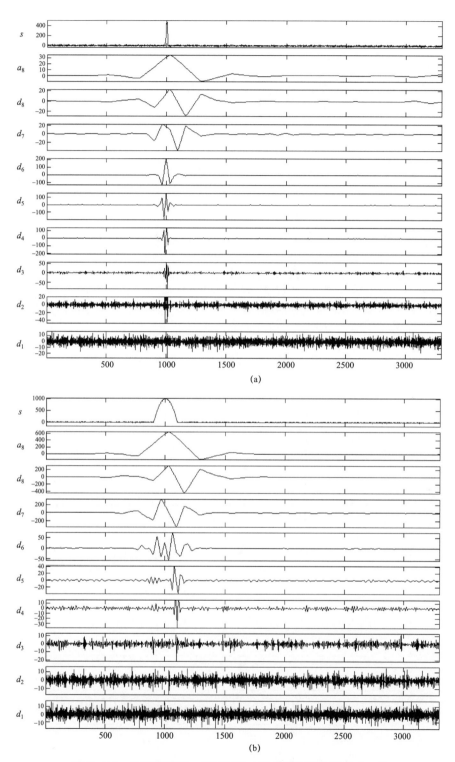

图 8-11　海缆故障归一化数据的小波分解系数曲线图（一）

（a）锚砸故障归一化数据的小波分解系数；（b）钩挂故障归一化数据的小波分解系数

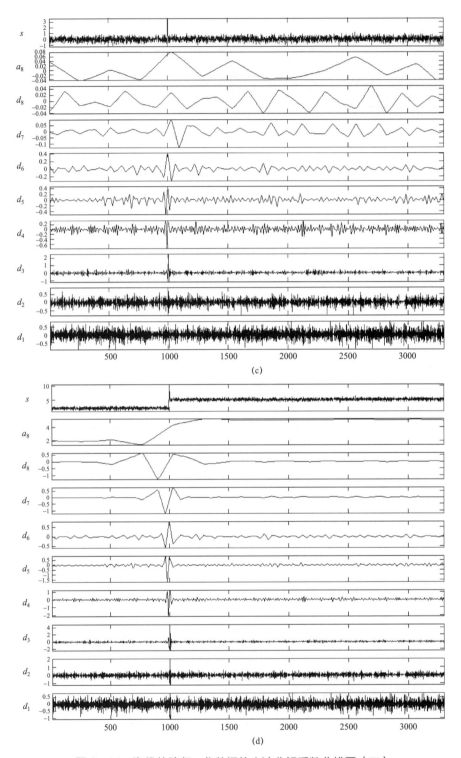

图 8-11　海缆故障归一化数据的小波分解系数曲线图（二）

（c）金属套异常接地故障归一化数据的小波分解系数；（d）接地短路故障归一化数据的小波分解系数

8.2　巡视检查

8.2.1　海缆巡视项目

海缆巡视主要分为定期巡视、故障巡视、特殊巡视和监察巡视。

（1）定期巡视是为保证海缆线路正常运行，及时发现运行中存在的问题所进行的周期性巡视。定期巡视的范围为全部海缆及附属设备。

（2）故障巡视是当海缆发生故障时进行的有目的性的故障点查找和探测。海缆运行管理单位发现海缆故障后应及时查找和探测海缆线路的故障点位置。

（3）特殊巡视是在气候变化明显、自然灾害、外力影响、保供电、大潮汛、系统异常运行和其他特殊情况下安排进行的有针对性的巡视。特殊巡视根据需要及时进行，特殊巡视的范围为全部海缆、海缆部分缆段或某附件。

（4）监察巡视是海缆运行管理单位的领导或技术人员为了解海缆运行情况，检查指导海缆巡线人员的工作而进行的巡视。

8.2.2　海缆巡视周期和内容

一、海缆警示标志的巡视

警示标志应进行定期巡视，周期为每月两次。警示标志部分巡视主要内容如下：

（1）检查警示标志及其他附属设施有无损坏、丢失等情况。

（2）检查警示标志是否醒目，警示标志夜间发光是否正常，瞭望是否清楚。

（3）海缆路由区域设有浮标警示标志的，也应检查其是否完好。警示标志巡视结果应进行记录。

若发现缺陷，应按照海缆运行管理要求及时进行消缺，并做好消缺记录。

二、海缆防雷设施和接地系统的巡视

海缆的接地系统应进行定期巡视，周期为每月二次。高气温、高负荷时应加强对海缆的接地系统的测温监视，周期为每周一次，特殊情况可适当调整。海缆防雷设施和接地系统巡视主要内容如下：

（1）检查线路避雷器及其计数器是否正常，检查并记录放电计数器的计数值，检查金属套接地流是否在正常运行允许范围值之内。

（2）检查接地系统接触是否良好、牢固，有无严重锈蚀现象，接地引下线电流是

否正常。

（3）检查避雷器引下搭头线和连接点有无松动或发热现象，引下线有无散股或断股，形状有无变形。

（4）检查避雷器套管是否完整，表面有无放电痕迹。海缆的接地系统巡视结果应进行记录。

若发现缺陷，应按照海缆运行管理要求及时进行消缺，并做好消缺记录。

三、海缆终端设备的巡视

海缆终端设备应进行定期巡视，周期为每月两次。海缆终端设备巡视的主要内容如下：

（1）检查海缆终端有无损坏、渗水、漏油、积水、放电等情况。

（2）检查海缆终端房内设备发热情况。

（3）检查终端房内电气设备是否有异常放电。

（4）检查终端房周围是否有塑料薄膜等漂移垃圾。

（5）检查终端房内设备清洁情况。

（6）检查海缆终端头有无损伤或锈蚀。

（7）检查海缆终端头密封性能是否良好。

（8）检查海缆终端头的接线端子、地线的连接是否牢固。

（9）检查海缆终端头的引线有无爬电痕迹，对地距离是否充足。

（10）检查海缆终端绝缘套管的盐层。海缆的接地系统巡视结果应进行记录。

若发现缺陷，应按照海缆运行管理要求及时进行消缺，并做好消缺记录。

四、海缆登陆段的巡视

海缆登陆段应进行定期巡视，周期为每周一次。定期巡视一般安排在潮位最低时进行。海缆登陆段有异常时，应增加巡视次数。海缆登陆段巡视的主要内容如下：① 检查登陆段路由周围有无水流冲刷、工程施工、水产养殖等可能危及海缆安全的情况；② 检查登陆段海缆有无裸露、磨损等情况；③ 检查临近海岸海缆是否有潮水冲刷现象，海缆保护套管、盖板是否露出水面或移位等情况；④ 检查海缆登陆段是否有新增海上排污口和倾倒物。海缆登陆段巡视结果应进行记录。若发现缺陷，应按照海缆运行管理要求及时进行消缺，并做好消缺记录。

五、海缆海中段的巡视

海缆海中部分必要时采用出海定期巡视。有条件的海缆运维管理单位在非禁渔期，应对海缆海中部分每周一次出海全线巡视。在禁渔期，应对海缆海中部分每两周一次出海全线巡视。出海巡视海缆时，风力应小于 8 级，能见度应大于 100m。海缆海中部分巡视的主要内容如下：

（1）海缆保护区内及附近是否有挖砂、钻探、打桩、张网、养殖、航道疏通活动和施工作业船只。

（2）海缆保护区内及附近是否有船只停泊、抛锚、拖锚情况。

（3）海缆保护区内及附近海面是否有油面出现。

（4）对海缆保护区外停泊的船舶应密切关注其是否会移锚进入保护区。

（5）密切关注海缆保护区内通航船只、施工船只情况并进行记录和上报。

海缆海中部分巡视结果应进行记录。若发现问题，应按照海缆运行管理要求及时进行处理，并做好记录。

六、海缆监控设备的巡视

海缆监控设备应进行定期检查，周期为每月一次。海缆监控设备主要包含海缆瞭望台设备、海缆视频监视设备、海缆在线监测设备及监视、监测信号传输通道等。海缆监视、监测设备巡视结果应进行记录。若发现缺陷，应按照海缆运行管理要求及时进行消缺，并做好消缺记录。

七、海缆标志牌的巡视

海缆的标志牌应进行定期巡视，周期为每月二次。海缆的标志牌巡视主要内容如下：

（1）检查标志牌及其他附属设施有无损坏、丢失等情况。

（2）检查标志牌是否清晰、规范。海缆标志牌的巡视结果应进行记录。若发现缺陷，应按照海缆运行管理要求及时进行消缺，并做好消缺记录。

8.3　故障检测和定位

8.3.1　海缆故障原因和类型

一、故障原因

造成电缆故障的原因有机械损伤、绝缘老化变质、过电压、材料缺陷、设计和制作工艺不良以及护层腐蚀等。根据历年来海缆故障的统计，引起海缆故障的原因一般如下：

（1）船舶抛锚引发的海缆损伤。

（2）海缆护管和海缆之间的摩擦造成海缆护层及绝缘层逐渐磨损，直至损坏。

（3）海缆交叉点部分经常发生摩擦，久而久之，其海缆护层及绝缘层发生损坏而造成相间短路故障。

（4）地壳变动对海缆形成的强拉力造成海缆损伤。

（5）潮汐能引发的波浪流使海缆移位和摆动。

（6）海洋微小生物和有机体长时间在海缆表面附着对海缆的化学腐蚀。

二、故障类型

海缆故障类型按故障性质可分为低阻故障和高阻故障。

1. 低阻故障

低阻故障指的是故障点绝缘电阻下降至该海缆的特性阻抗（即海缆本身的直流电阻值），甚至直流电阻为零的故障，也称短路故障。

2. 高阻故障

高阻故障指的是故障点的直流电阻大于该海缆的特性阻抗的故障，可分为断路故障、高阻泄漏故障和闪络性故障。其中高阻泄漏故障是指在海缆高压绝缘测试时，当试验电压升高到一定值时，金属套接地流超过允许值的高阻故障。闪络性故障是指试验电压升至某值时，海缆局部出现闪络放电现象，金属套接地流突然波动，而此现象随电压稍降而消失，但海缆绝缘仍然有较高的阻值；由于这种故障点没有形成电阻通道，只有放电间隙或闪络性表面的故障，故称为闪络性故障。

8.3.2　海缆故障检测和定位

一、故障检测方法

（1）故障发生后，一般先用万用表、绝缘电阻表等测量故障海缆的相间和相对地绝缘电阻。绝缘电阻检测一般应按表 8-4 的要求进行。

表 8-4　　　　　　　　　海 缆 绝 缘 电 阻

电压等级及类别	使用绝缘电阻表规格	绝缘电阻内容	换算到长 1km，20℃时的绝缘电阻
500kV	5000～10 000V	相-地	大于 500MΩ

（2）结合故障情况以及绝缘电阻的测量情况初步判断海缆的故障类型，再根据不同的故障类型针对性地选择故障检测方法。

（3）海缆故障修复后，应进行耐压试验。500kV 海缆交流耐压试验电压为 394kV，耐压时间为 1h，试验电压频率为 10～500Hz。

（4）非故障停电超过一个星期但不满一个月的海缆，在重新投入运行前，应用绝缘电阻表测量绝缘电阻。如有疑问时，须做耐压试验，检查绝缘是否良好。停电超过一个月但不满一年的，须做耐压试验，其试验电压为所规定的一半电压，时间为 1min。

二、故障定位步骤

因为海缆具有距离长、信号衰减大的特点，应根据海缆的故障类型、敷设特点等综合考虑，采用合适的方法来进行故障检测。快速准确定位故障点，可大大缩短海缆修复时间，减少因海缆故障停电造成的经济损失。故障定位步骤如下：

（1）确定故障性质。了解故障海缆的有关情况以确定故障性质，判断故障为接地、短路、断线，还是它们的混合；是单相、两相，还是三相故障。

（2）故障测距。故障测距即粗测，是在海缆的一端采用相应的故障测试方法初步确定故障距离，缩小故障点范围，便于更快找到故障点。

（3）精确测定故障点。按照故障测距结果，依据海缆路由资料，找出故障点大致位置，在初步确定的区域内，采用对应的定点仪器，确定故障点的精确位置。

三、故障定位方法

海缆绝缘性能与陆缆一致，因此故障定位技术可参考陆缆。当前，海缆故障测距技术主要有利用海缆阻抗探测海缆故障（即阻抗法）和利用海缆中的行波探测海缆故障（即行波法）两大类。

阻抗法是通过测量和计算故障点到测量端的阻抗，然后根据线路参数，列写求解故障点方程，求得故障距离。

行波法又分为低压脉冲反射法、脉冲电流法和二次脉冲法。具体如下：

（1）低压脉冲反射法适用于海缆的低阻、短路与断路故障，而不能用于高阻与闪络故障。

（2）脉冲电流法通过线性电流耦合器采集海缆中的电流行波信号，以高压击穿海缆故障点，用仪器采集并记录击穿故障点所产生的电流行波信号，通过测量故障点放电脉冲在故障点与测量端之间的运动时间来确定海缆故障距离。

（3）二次脉冲法是最新发展的海缆故障预定位方法，其原理是先发射 1 个低压脉冲，低压脉冲在高阻或间歇性海缆故障点不能被反射，而在海缆末端发生开路反射，仪器将这个显示海缆全长的波形存储起来；之后高压电容器放电，使海缆故障点发生闪络，在故障点起弧的瞬间也会触发 1 个低压脉冲，并叠加在高压信号上从故障点发生短路反射。将前后 2 次低压脉冲波形进行叠加对比，2 条轨迹将有清楚的发散点，该点即为故障点。但是二次脉冲法对起弧后的低压脉冲发射间隔要求比较高，如果故障点受潮严重，故障点击穿过程较长，低压脉冲的发射间隔将相应增加；且故障点维持低阻状态的时间不确定，施加二次脉冲时的控制有难度。

海缆的故障检测和定位流程如图 8−12 所示。

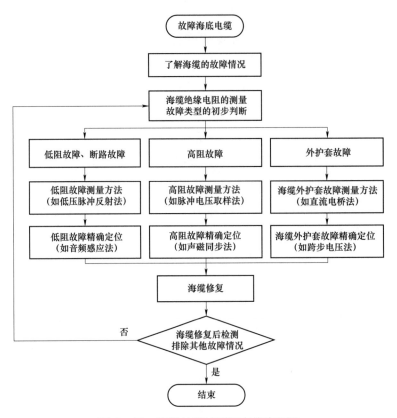

图 8−12　海缆故障检测和定位流程图

四、故障波形分析

1. 测试波形

用线性电流耦合器 LH 采集海缆中的电流行波信号，其原理如图 8−13 所示。

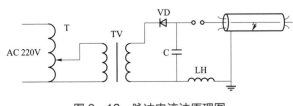

图 8−13　脉冲电流法原理图

　　LH 实际上是一个空心线圈，与地线电流产生的磁场相匝连，即耦合感应地线中的电流变化。当故障点击穿产生的电流行波到达后，线性电流耦合器输出一脉冲信号，因此可以从线性电流耦合器有无脉冲信号输出来判断测量点是否有电流行波出现。

　　图 8-14 给出了故障点的低阻故障脉冲反射波形。由该直流闪络电流行波网格图可以看出，$t=0$ 时，球间隙击穿，注入的高电压波 E 沿海缆前进，相应的电流波为 $i_0=E/Z_0$。时间 τ 后，高电压波到达故障点，故障点开始电离，经放电延时 t_d 后，形成短路电弧，击穿放电，故障点电压由 E 突跳为零。此时产生 1 个与高压脉冲相反的正突跳电压 E_0 以及相应的电流 i_0，$i_0=E/Z_0$，其中 Z_0 为海缆波阻抗。

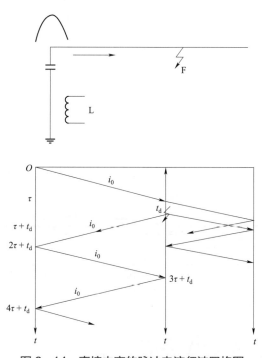

图 8-14　直接击穿的脉冲电流行波网格图

　　2. 放电延时

　　根据分布参数传输线理论，行波信号在海缆中传播，遇到阻抗不匹配点（波阻抗不同的海缆）时，会产生 2 个波，即入射波和反射波，定义入射波 U_i 和反射波 U_f 关系的是反射系数 ρ_u，即

$$\rho_u=U_f/U_i=(Z-Z_0)/(Z+Z_0) \tag{8-2}$$

式中　Z ——阻抗不匹配点的等效阻抗；

　　　Z_0 ——线路波阻抗。

若 $Z \to \infty$ 线路，即海缆开路时，$\rho_u = 1$，反射脉冲与入射脉冲大小相等、方向相同，开路点出现电压加倍现象。

若 $Z = 0$，即海缆短路或击穿时，$\rho_u = 0$，入射脉冲与反射脉冲大小相等、方向相反，短路点出现电流加倍现象。

若 $Z < Z_0$，则 $-1 < \rho_u < 0$，入射脉冲与反射脉冲极性相反，且反射脉冲幅度比入射脉冲幅度小。

脉冲电流波形的第一个脉冲是由球间隙击穿时电容对海缆放电引起的。故障点击穿短路后，$2\tau + t_d$ 时刻，故障点放电电流脉冲到达测量点，并与测量点的反射脉冲叠加，幅值为故障点放电电流脉冲的 2 倍，即 $2E/Z_0$（$Z = 0$ 的情形），以后的脉冲则是由电流行波在故障点与测量点之间来回反射造成的。故障点的第二个反射脉冲在波形上与第一个反射脉冲之间的距离，即故障距离。如图 8-15 所示，Δt 即故障反射波形的反射时间。

$$\Delta t = 2\tau; \quad L = v\Delta t/2 \qquad (8-3)$$

式中　L ——故障点距离；

　　　v ——脉冲波速。

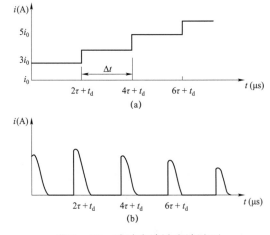

图 8-15　脉冲电流法电流波形

（a）测量点电流（电容对地电流）；（b）线性电流耦合器理想输出波形

需要注意的是，电容对海缆的放电脉冲与故障点放电脉冲的时间差并非脉冲在故障点与测量点间往返一次的时间 2τ，而是比 2τ 多放电延时 t_d，且 t_d 是不

确定的，它与施加到故障点上的电压、故障点破坏程度、海缆绝缘材料等因素
有关。

3. 杂散电感引起的反脉冲

在实际波形中，由于击穿后海缆与电容中储存的能量会不断消耗，海缆中的
电流随时间增加趋近于 0；脉冲在海缆传播过程中会有损耗，因此反射脉冲的幅
度会不断减小，变化逐渐缓慢；电容器本身和测试导线存在的杂散电感 L_s 对高频
行波信号也有影响，阻碍了回路中的电流变化。电感 L_s 引起的反射如图 8 – 16
所示。

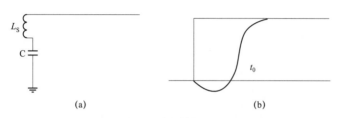

图 8 – 16　杂散电感等效电路及对电流直角波的反射

(a) 杂散电感等效电路；(b) 直角波反射波形

开始时因电感上的电流不能突变，相当于开路，电流行波反射系数为 –1，出现
负反射，波形向负方向变化。随着时间增加，电感上电流进入稳态，电感相当于短路，
电流行波反射系数为 +1，出现正反射，波形再向正方向变化，故波形上会出现小的
负脉冲，即反脉冲（与发射脉冲比较）。考虑到故障点的放电延时和杂散电感，脉冲
电流法测试波形如图 8 – 17 所示，电容对海缆的放电脉冲与故障点脉冲的时间差（即
波形上第一个正脉冲与第二个正脉冲之间的时间），比 2τ 多出了放电延时时间 t_d 和杂
散电感影响的 t_0；而 t_d 不确定，它与施加到故障点上的电压、故障点破坏程度、海缆
绝缘材料等因素有关。故障距离计算时，应该取第二个正脉冲到第三个正脉冲前面的
负脉冲之间的时间差 2τ。

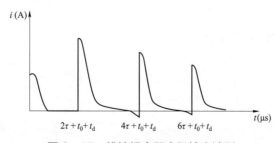

图 8 – 17　线性耦合器实际输出波形

8.4 应急处置

8.4.1 应急响应机制

建立应急响应机制，制定海缆应急报告制度，成立应急指挥机构，确立应急响应的处置原则，编制应急响应保障措施。海缆故障发生后，运维单位应第一时间启动应急响应体系，应急指挥结构即刻运作。应急指挥机构包括应急抢修指挥部、抢修现场指挥部和抢修专业工作组。

8.4.2 联动响应机制

同海上执法部门修订切合舟山 500kV 海缆实际的应急联动机制及管理办法，做到在海缆故障发生后，可在最短时间内完成海上施工工程许可审批。同海缆及附件供货厂家达成海缆备品备件动态储备协议，保证厂家技术人员能及时完成海缆备品备件的发运和现场抢修准备工作。

8.4.3 应急保障措施

建立应急保障措施，包括技术保障、物资保障和人员保障。

（1）技术保障方面。组织有针对性的联合海缆故障抢修演习，定期组织应急抢修及演练；关注研发大截面、高质量的海缆打捞、抢修新工艺、新装备，积极采用新设备、新技术，不断完善海缆在线监测技术和防外破措施。

（2）物资保障方面。保障海缆应急抢修所需的通信设备、交通设备、抢修装备等的配备，建立备品备件和抢修器材的台账，同海缆及附件供货厂家达成备品备件的储备协议。

（3）人员保障方面。建立海缆应急抢险专业工作组档案，加强海缆抢修的队伍建设和人员技能培训，通过模拟演练、技能比武等手段提高抢修人员的应急处理能力。

8.4.4 工器具和备品备件准备

根据海缆抢修需要，配足相应的抢修装备，如抢修车辆、检修船只、各类抢修专用工具和装备、安全工器具、海缆故障检测和定位装置等。实时掌握现场可调用的抢修装备资源，建立信息数据库，明确现场应急抢修装备的类型、数量、性能和存放位置。建立相应的维护、保养和应急调用措施。

8.4.5　应急抢修预案

　　结合该海缆线路设计路由的地质特征信息、海缆保护方案，分登陆段和海域段两部分开展差异化的应急抢修预案编制，涵盖抢修专业队伍建设、抢修船只准备、抢修装备系统集成、抢修作业指导书编制等内容。尤其针对海缆抢修接头的打捞、修复与再敷设保护工艺做详细说明，对应急抢修预案的符合性、适用性和有效性进行评估。

第9章
架空—海底电缆混合线路继电保护

9.1 混合线路保护存在的问题

舟联工程 500kV 线路部分总的范围为自 500kV 镇海变电站起至 500kV 舟山变电站止的 500kV 双回输电线路,包括海缆管线、4 个大跨越及常规线路。线路路径全长 53km,其中海缆 17.5km。架空—海缆混合线路参数不均匀,给继电保护的整定计算、重合闸以及故障测距带来了新的挑战。

9.1.1 混合线路重合闸

目前对于输电线路可靠性管理指标要求越来越高。一方面,大多数架空—海缆混合线路的跳闸故障是由架空线部分引起的,90% 以上的架空线故障是瞬时性的,比如由风雨天气引起的树枝碰线、动物以及树枝等落在传输线上引起的短路、雷电导致的绝缘子闪落等,继电保护装置动作后,随着空气绝缘恢复,这些瞬时性故障将自行消失,此时如未投入重合闸装置,势必造成整条混合线路退出运行,给输电线路运行可靠性带来不利影响。另一方面,海缆线路的故障多由海缆结构破坏、绝缘能力下降引起,其内部缺陷导致海缆本体或附件击穿,故障不能自行恢复,多为永久性故障,一旦重合于海缆上的永久性故障,冲击电流会对海缆的绝缘层造成严重损坏,从而加重故障,使得抢修时间大大延长。

舟联工程 500kV 线路作为极其重要的跨海高压输电走廊,简单地投入或者退出重合闸,或者仅凭海缆比例确定是否投入重合闸已无法满足日益提高的输电线路运行管理要求。因此,需要结合故障区段定位技术研发智能重合闸技术,当线路故障时,能够准确判断故障点是否位于海缆内部。当故障点位于架空线段时,启动重合闸,有效避免架空线瞬时故障导致整条混合线路停运;当故障点位于海缆段时,闭锁重合闸,避免重合于海缆故障造成二次破坏。

9.1.2　混合线路故障测距

舟联工程 500kV 线路全长 53km，海缆区段长度为 17.5km，一旦发生故障，特别是海缆段上发生故障，故障点查找的难度远大于普通架空线路。因此，需要研制新型的行波测距装置，实现故障点的精确定位，有助于快速排除故障，恢复线路运行，这对电力系统的安全可靠运行有着重要的意义。

对于线路参数均匀分布的纯架空线路或海缆线路，现有保护装置内自带的基于阻抗法的故障定位方法基本上能够较准确地实现故障点的点位。镇海—舟山站线路中间具有架空线路、海缆段以及与 220kV 同杆并架的复杂混合线路。对于线路参数分布如此不均匀的线路，线路保护装置内自带的测距系统经过测试发现测量误差极大，已无法指导故障后故障点的查找。传统的行波法进行架空线—海缆混合线路故障定位也存在两大难点：一是海缆参数具有较强的依频特性，行波波头会产生色散而不容易被识别；二是行波在架空线—海缆连接点处容易产生反射，从而连接点的反射波和故障点的反射波不易于区分。上述两个问题给架空—海缆混合线路的故障测距带来了新的难题。

9.1.3　线路参数不均匀

对于架空—海缆混合线路，海缆参数与架空线参数存在明显区别，其沿线线路参数不均匀。与架空线相比，同一电压等级下海缆的导体和外壳界面大、电阻小、电容大、损耗低。表 9-1 为由设计单位提供的 500kV 架空—海缆线路参数，通过对比分析可见，海缆线路的正序和零序参数相同，电抗参数小、对地电容参数大，且零序电阻参数远小于架空线路的零序参数。输电线路的参数不均匀给距离保护的整定带来一定的困难。

表 9-1　　　　　　　　　　　　架空—海缆混合线路参数对比

参数		500kV 架空线	500kV 海缆护套和铠装均接地
正序	电阻（Ω/km）	0.024 0	0.020 5
	电抗（Ω/km）	0.274 9	0.079 8
	电容（μF/km）	0.013 24	0.171 7
零序	电阻（Ω/km）	0.291 4	0.020 5
	电抗（Ω/km）	0.895 2	0.079 8
	电容（μF/km）	0.007 65	0.171 7

9.2　舟山 500kV 混合线路智能重合闸技术

9.2.1　整体技术方案

为了准确区分故障区段,在海缆两端的镇海及舟山终端站分别装设就地化的智能重合闸装置,如图 9-1 所示,该装置可以通过纵联通道单独实现海缆线路的差动电流采集、计算及处理,判断故障点是否位于海缆内部。两侧装置采集电流的参考方向均由装置安装处指向线路内部,如图 9-1 所示。正常运行期间,差动电流为海缆线路的电容电流。在发生内部故障期间,差动电流主要为故障电流。因此,可以根据差动电流的大小判断海缆线路内部是否发生短路故障。

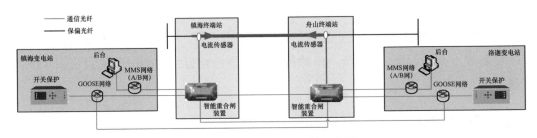

图 9-1　智能重合闸系统示意图

终端站内的智能重合闸系统利用光互感器对就地电流信息进行采集,并利用通信光纤实现海缆两侧电流的通信,以实现海缆差动电流的计算。若智能重合闸系统计算出故障点位于海缆内部,则智能重合闸装置通过通信光纤分别向两侧变电站内的开关保护装置发送闭锁信号,闭锁信号通过站内的 GOOSE 网络进行传输。智能重合闸装置通过光纤分别与本侧变电站内的 MMS 网络相连,以远程实现保护设备状态信息的监视和保护定值的修改。

智能重合闸系统就地安装的保护屏柜及其接线如图 9-2 所示。保护装置利用就地的 220V 交流电源进行取能,同时配置蓄电池及电源管理设备以提升供电可靠性。智能重合闸设备利用三根保偏光纤采集三相电流信号;利用一对通信光纤实现和对侧智能重合闸装置之间的电流信息交互,以实现差动电流的计算;同时利用两对通信光纤实现与两侧变电站内 GOOSE 网络的信息交互,以实现闭锁重合闸信息的发送;利用两对光纤分别与本侧变电站内的 MMS A 网络和 B 网络相连,以实现保护设备状态信息的远程监视和保护定值的远程修改。就地安装的屏柜应具有高防护性能,可以适应海边就地的运行环境。光传感器的装设不应破坏原有一次设备的结构且便于安装。

智能重合闸设备应采用集成化的设计理念,融合实现偏振光信号调制解调、差流判断、闭锁信号送出等功能，以适应就地柜的安装环境。

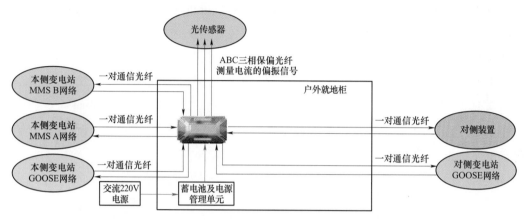

图 9-2　智能重合闸装置屏柜及其接线示意图

9.2.2　关键技术指标

（1）装置的外部光纤接口应包括 2 对 MMS 接口、2 对单模 GOOSE 光口、2 对单模差动光口、3 个保偏光纤传感器输入接口。

（2）智能重合闸装置应采用小型化、集成化的设计理念，应在一台装置内融合实现偏振光信号调制解调、差流判断、闭锁信号送出等功能，且能够适应就地柜的安装环境。

（3）就地柜应具有 IP56 高防护性能，可以适应海边运行环境，且应采用 UPS 设备对保护装置进行供能，具备高供电可靠性。在外部交流电源断电 2h 内，保护装置可在 UPS 的支持下继续工作。

（4）海缆两侧的智能重合闸装置应能获取对侧装置的运行状况，可在对侧装置异常时及时告警并可靠闭锁两侧变电站的重合闸。

（5）在变电站内，可以通过 MMS 网络对本侧智能重合闸装置的运行状态进行监视，并实现保护定值的远程修改。

（6）光传感器的装设不应破坏原有一次设备的结构且便于安装。

（7）新装设的智能重合闸装置应具备相电流差动保护和零序电流差动保护功能，差动保护定值可以整定，整定范围不小于（$0.05 \sim 20$）I_n。

（8）正式投运前应对智能重合闸装置进行负荷电流极性校准试验或采用模拟故障进行校核。

9.2.3 柔性光电流互感器

海缆智能重合闸系统需要采集海缆两端的电流进行差动计算。在海缆出线的终端站内，传统电磁式互感器体积庞大，不便于安装。为此采用柔性光电流互感器技术，柔性光电流互感器具有体积小、质量轻及可在海缆外柔性缠绕安装的优势，施工简单，能够在不破坏原有一次设备结构的前提下，实现互感器的无扰、边界安装，适用于海缆两侧电流的采集。柔性光电流互感器传感环可安装于每相海缆的套管支架中，如图 9-3 所示，可根据现场情况选择位置 1、位置 2、位置 3 中合适的点进行安装，可避免现场拆卸带来的工作量，同时不影响后期检修工作。

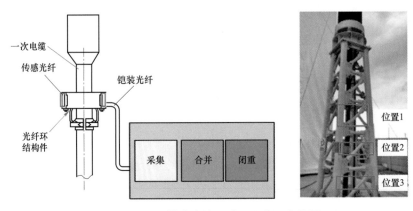

图 9-3 柔性光电流互感器示意及安装图

柔性光电流互感器基于 Faraday 磁光效应和安培环路定理，通过测量由被测电流引起的磁场强度的线积分来间接测量电流。柔性光电流互感器数字闭环系统结构如图 9-4 所示。

柔性光电流互感器数字闭环系统由光学系统、传感光纤元件、信号处理系统 3 部分构成。光学系统实现光信号的产生、转换；传感光纤元件将载流导体中的电流转换为两束相干光的相位差信息，信号处理系统实现对光信号的调制与解调，计算待测电流。由于携带相位信息的两束光在同一个光路中传输，因此温度、振动等外界因素对两束光的影响相同，避免了外界因素对测量结果的影响，最终得到了两束光相位差与被测电流之间严格的对应关系。理想情况下，柔性光电流互感器输出相移与被测电流之间关系为

$$\phi_F = 4VNI \tag{9-1}$$

式中　ϕ_F ——Faraday 磁光效应偏转角；

　　　V ——传感光纤 Verdet 常数；

N——传感光纤匝数；

I——待测电流。

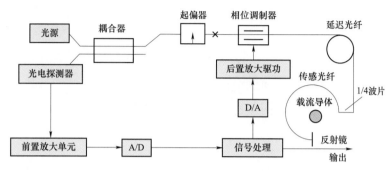

图 9-4　柔性光电流互感器示意及安装图

9.2.4　海缆差动保护

为了实现海缆故障的判断，针对海缆构建了单独的差动保护，包括变化量相差动继电器、稳态相差动继电器和零序差动继电器 3 个差动保护原理。其中，变化量差动保护用于反映较为严重的短路故障，形成高速动作决策；稳态差动保护包括高定值、低延时的 Ⅰ 段和低定值、长延时的 Ⅱ 段，用于反映不同严重程度和切除速度要求的故障；零序差动保护主要用于反映高阻接地故障。在差动元件动作后，智能重合闸装置将发出闭重信号。

一、变化量相差动继电器

动作方程：

$$\begin{cases} \Delta I_{CD\Phi} > 0.75 \times \Delta I_{R\Phi} \\ \Delta I_{CD\Phi} > I_{II} \end{cases} \quad (9-2)$$
$$\Phi = A, B, C$$

式中　$\Delta I_{CD\Phi}$——工频变化量差动电流，即两侧电流变化量矢量和幅值；

$\Delta I_{R\Phi}$——工频变化量制动电流，即两侧电流变化量的标量和；

I_{H}——1.5 倍差动电流定值（整定值）、4 倍实测电容电流的最大值。

实测电容电流由正常运行时未经补偿的差流获得。根据表 9-1 中的参数对比，单位长度的海缆对地电容是架空线路的数十倍。但是由于海缆的总长度较短，为 17.5km，故在正常运行期间，海缆线路的分布电容电流与 230km 的 500kV 架空线路相当，约为 272.37A。

二、稳态 I 段相差动继电器

动作方程：

$$\begin{cases} I_{CD\varPhi} > 0.6I_{R\varPhi} \\ I_{CD\varPhi} > I_{H} \end{cases} \tag{9-3}$$
$$\varPhi = A, B, C$$

式中　$I_{CD\varPhi}$——差动电流，即两侧电流矢量和的幅值；

　　　$I_{R\varPhi}$——制动电流，即两侧电流矢量差的幅值。

三、稳态 II 段相差动继电器

动作方程：

$$\begin{cases} I_{CD\varPhi} > 0.6I_{R\varPhi} \\ I_{CD\varPhi} > I_{M} \end{cases} \tag{9-4}$$
$$\varPhi = A, B, C$$

当电容电流补偿投入时，I_M 为"差动电流定值"（整定值）和 1.25 倍实测电容电流的大值；当电容电流补偿不投入时，I_M 为"差动电流定值"（整定值）、1.5 倍实测电容电流的大值。$I_{CD\varPhi}$、$I_{R\varPhi}$ 定义同式（9-3）。稳态 II 段相差动继电器经 25ms 延时动作。

四、零序差动继电器

对于经高过渡电阻接地故障，采用零序差动继电器具有较高的灵敏度，由零序差动继电器，通过低比率制动系数的稳态差动元件选相，构成零序差动继电器，经 40ms 延时动作。其动作方程：

$$\begin{cases} I_{CD0} > 0.75I_{R0} \\ I_{CD0} > I_{L} \\ I_{CD\varPhi} > 0.15I_{R\varPhi} \\ I_{CD\varPhi} > I_{L} \end{cases} \tag{9-5}$$

式中　I_{CD0}——零序差动电流，即两侧零序电流矢量和的幅值；

　　　$I_{R\varPhi}$——零序制动电流，即两侧零序电流矢量差的幅值；

　　　I_{L}——差动电流定值（整定值）和 1.25 倍实测电容电流的最大值。

9.2.5　保护装置研发

为了满足在终端站内的安装防护需求，研制了小型化和就地安装的智能重合闸装置，对闭重装置的整体硬件进行重新开发，采用无液晶 4U 整层无液晶机箱，具备户外柜长期稳定运行的能力。装置的整体图如图 9-5 所示。保护装置整体为 4U 整层无液晶机箱，具备户外柜长期稳定运行的能力。保护装置正面指示灯能够对保护功能状态以及保偏光纤状态进行监视。

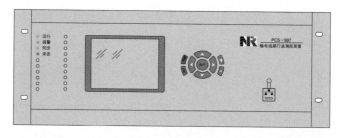

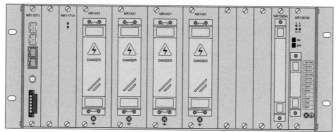

图9-5　海缆区段故障定位装置整体示意图

保护装置安装于就地屏柜内。就地屏柜采用具有 IP55 防护等级的户外柜体，屏柜内部安装有工业空调，可以有效地控制柜内温度及湿度，确保二次设备的正常运行环境。户外柜安装采用预埋螺栓固定方式，落地安装，在屏柜内部安装保护装置、UPS 及整流模块装置。

9.3　舟山 500kV 混合线路保护行波测距技术

9.3.1　基本原理

在线路两侧安装行波传感器以获取故障的初始行波波头，若线路两侧的波头检测装置已进行同步对时，则可以根据波头抵达的时间差计算故障距离。对于均匀传输线路，双端法行波测距存在如下关系：

$$x = \frac{(t_1 - t_2)v + L}{2}$$

（9-6）

式中　x ——计算得到的故障距离；

　　t_1、t_2 ——线路两侧传感器检测到波头的绝对时间；

　　v ——故障行波在线路上的传输速度；

L——线路全长。

对于如图 9-6 所示的非均匀线路，行波在图中所示的 A、B、C 段具有不同的传输速度，且在不同区段的交界处发生了折反射。

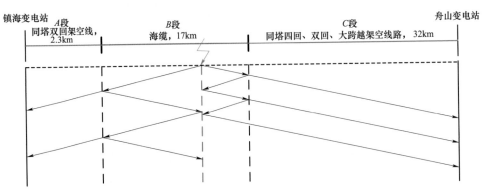

图 9-6 架空—海缆混合线路行波传输示意图

对于架空—海缆混合线路，基于线路两侧行波波头检测的双端法故障测距方程为分段函数，如式（9-7）所示。若已知各分段线路的距离及其对应的行波波速，则可以根据线路两侧故障行波波头的时间差计算实际的故障距离。

$$
\begin{cases}
x = \dfrac{\left[(t_1-t_2)+\dfrac{L_2}{v_2}+\dfrac{L_3}{v_3}\right]v_1+L_1}{2}, & (t_1-t_2)\leqslant \dfrac{L_1}{v_1}-\dfrac{L_2}{v_2}-\dfrac{L_3}{v_3}\\[4mm]
x = \dfrac{\left[(t_1-t_2)-\dfrac{L_1}{v_1}+\dfrac{L_3}{v_3}\right]v_2+2L_1+L_2}{2}, & \dfrac{L_1}{v_1}-\dfrac{L_2}{v_2}-\dfrac{L_3}{v_3}\leqslant(t_1-t_2)\leqslant\dfrac{L_1}{v_1}+\dfrac{L_2}{v_2}-\dfrac{L_3}{v_3}\\[4mm]
x = \dfrac{\left[(t_1-t_2)-\dfrac{L_1}{v_1}-\dfrac{L_2}{v_2}\right]v_3+2L_1+2L_2+L_3}{2}, & \dfrac{L_1}{v_1}+\dfrac{L_2}{v_2}-\dfrac{L_3}{v_3}\leqslant(t_1-t_2)
\end{cases}
$$

$$(9-7)$$

式中　　x——故障点到镇海变电站的距离；

t_1、t_2——镇海变电站和舟山变电站两侧行波传感器检测到首次故障波头的时间；

v_1、v_2、v_3——行波在 A、B、C 段内传输的波速；

L_1、L_2、L_3——A、B、C 段线路的距离。

9.3.2 行波波头检测方法

对于镇海—舟山 500kV 混合线路，相对单一线路的行波测距，具有以下技术难点：

（1）架空线路构成复杂，部分采用同塔双回假设、部分采用同塔混压四回架设，且存在大跨越线路，导线型号及杆塔参数不同，波阻抗存在不连续，透射效应会加速行波传递过程的幅值衰减。

（2）海缆波阻抗显著小于架空线路波阻抗，故障行波经过海缆与架空线路联结点处透射时，行波幅值会产生较大的衰减。

为了准确地检测出行波信号的到达时标，输电线路行波测距装置采用 1MHz 速率对线路行波电流进行高速同步采样。基于行波采样数据，采用小波变换数学分析方法，以 B 样条函数的导函数作为基小波函数，对行波信号进行二进小波变换。因为小波系数的模极大值点与行波信号的奇异点相对应，因此通过分析小波系数模极大值点出现时刻来准确地提取行波浪涌达到的时间，如图 9-7 所示。

输电线路行波测距装置通过站间通信链路实现镇海变电站和舟山变电站两侧的故障行波信息交互，基于故障行波到达两侧的时标，结合线路各段长度及行波波速参数，装置能够准确地定位故障点位置，实现测距。测距相关的定值见表 9-2。

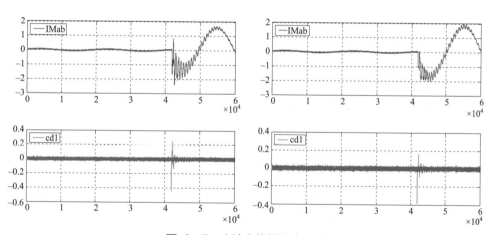

图 9-7 小波变换提取奇异点

表 9-2 　　　　　　　　　　　　混架线路行波测距相关的定值

序号	定值名称	定值范围	单位
1	TV 一次额定值	1~2000	kV
2	TA 一次额定值	1~10 000	A

续表

序号	定值名称	定值范围	单位
3	A 段线路长度	0.00～2000.00	km
4	A 段行波波速	0.00～300.00	km/ms
5	B 段线路长度	0.00～2000.00	km
6	B 段行波波速	0.00～300.00	km/ms
7	C 段线路长度	0.00～2000.00	km
8	C 段行波波速	0.00～300.00	km/ms
9	对端 IP 地址*	000.000.000.000～255.255.255.255	
10	突变量启动电流	0.00～5.00I_n	
11	零序启动电流	0.00～5.00I_n	

- 线路未接入通信网，地址应整定为 0.0.0.0。

9.4 舟山 500kV 混合线路保护装置的动模试验

舟山 500kV 海缆—架空输电线路，由于线路沿线参数不均匀，分为架空线路段和海缆段，相比常规单一架空线路或海缆线路，线路故障特征复杂，对行波测距带来不利影响，同时保护的配置方案与常规线路相比存在一定的差异。因此参照工程参数建立了舟山 500kV 海缆—架空混合线路动模仿真模型，在此基础上，对舟山 500kV 海缆—架空混合线路重合闸闭锁装置、测距装置和线路保护装置进行了动模试验。

9.4.1 重合闸闭锁装置动模试验

一、试验系统

根据 GB/T 26864—2011《电力系统继电保护产品动模试验》的要求和重合闸闭锁装置在海缆线路中的功能，在实时数字仿真（RTDS）系统建立 500kV 舟山超高压海缆—架空混合线路仿真模型，仿真模型如图 9-8 所示。

系统电压等级为 500kV，包括镇海、舟山、句章、北仑、春晓 5 个变电站。句章侧系统等效为电源 S1，舟山侧系统等效为电源 S2，春晓侧等效为电源 S3，北仑侧等效为电源 S4。镇海变电站至镇海终端站为长 2.3km 的 500kV 同塔双回架空线路；舟山变电站至舟山终端站为长 23.1km 的 500kV 同塔双回结构线路及 8.95km 的同塔双回大跨越线路；镇海终端站至舟山终端站为长 17km 双回海缆。被试保护装置安装于镇海至舟山的海缆线路Ⅱ，被试线路两端均通过一个半开关接线方式接入母线。

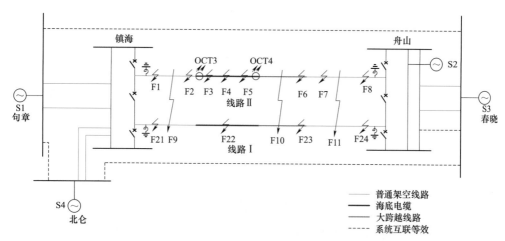

图 9-8 舟山 500kV 海缆—架空混合线路仿真模型

在海缆两端的镇海终端站和舟山终端站分别装设光电流互感器。在架空线两端镇海变电站和舟山变电站均装设常规电流互感器（TA）和电压互感器（TV）。在镇海—镇海终端站普通架空线段的首端和末端设置故障点 F1 和 F2；在海缆段的首端、中点和末端设置故障点 F3、F4 和 F5；在舟山终端站—舟山的大跨越架空线段末端设置故障点 F6，普通架空线首端和末端设置故障点 F7、F8；在相邻线路 I 设置故障点F21、F22、F23、F24；在被试线路的架空线设置与相邻线路的跨线故障点 F9、F10、F11。各故障点均可模拟单相、相间、相间接地及三相短路故障。故障点的过渡电阻及故障持续时间可以根据试验需求进行设置。同时，可模拟不同故障点、不同相别间经不同时间间隔的各种发展性及转换性故障。

图 9-9 为超高压架空—海缆混合线路 RTDS 闭环测试系统接线图。其中，海缆段两端的电流信号为光电流互感器采样，通过模拟光电流互感器输送至智能重合闸装置。架空线两端的电压、电流信号为常规采样，经功率放大器输出至线路保护装置。断路器位置信号经开关量转换装置输送给保护装置，智能重合闸装置的闭重信号和线路保护的跳闸信号经开关量转换装置输出至 RTDS。

二、试验项目

针对 500kV 舟山超高压海缆—架空混合线路中海缆闭重装置和线路保护配合、重合闸方案等功能，考虑电网的实际运行情况，需开展的试验项目如下：

（1）区外金属性故障。

1）模拟本线路的架空线路上 F1、F2、F6、F7、F8 点发生金属性瞬时性故障。

2）模拟相邻线路的架空线路上 F21、F23、F24 点发生金属性瞬时性故障。

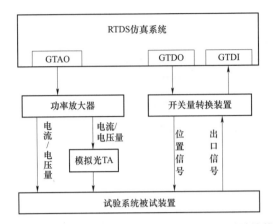

图 9-9 超高压架空—海缆混合线路 RTDS 试验接线图

3）模拟本线路的架空线路段与相邻线路的架空线路段发生跨线故障。

（2）区内、外金属性永久性故障。

1）模拟被保护的海缆线路上区内 F3、F4、F5 点发生金属性永久性故障。

2）模拟本线路的架空线路上 F1、F2、F6、F7、F8 点发生金属性永久性故障。

3）模拟相邻线路的海缆线路段 F22 点发生金属性永久性故障。

（3）发展性故障。

模拟架空线路上同一点由单相接地故障发展成为两相接地或者三相接地故障,两次故障的间隔时间为 20、60、200ms。

（4）转换性故障。

1）模拟本线路架空线路段单相故障转换为海缆线路段单相故障，转换时间分别为 20、60、200ms。

2）模拟本线路海缆线路段单相故障转换为架空线路段单相故障，转换时间分别为 20、60、200ms。

3）模拟相邻线路的架空线路段单相故障转换成本线路架空线路单相瞬时性故障，转换时间分别为 20、60、200ms。

4）模拟本线路架空线路单相故障转换成相邻线路架空线路段单相故障，转换时间分别为 20、60、200ms。

（5）经过渡电阻故障。

1）模拟海缆线路段 F3、F4、F5 点经 300Ω 过渡电阻的单相接地故障。

2）模拟海缆线路段 F3、F4、F5 点经 25Ω 过渡电阻的两相短路故障。

（6）线路空载合闸充电、解合环及手合带故障线路。

1）模拟空充线路。

2）模拟线路解合环。

3）模拟手合架空线路于 F1、F2、F6 点故障。

4）模拟手合海缆线路于 F3、F4、F5 点故障。

（7）频率偏移。

1）模拟系统频率分别为 48Hz 和 52Hz 的情况下，本线路的架空线路段 F1、F2、F6 点发生故障。

2）模拟系统频率分别为 48Hz 和 52Hz 的情况下，海缆线路段 F3、F4、F5 点发生故障。

（8）电流互感器异常。

1）在潮流为轻载和重载情况下，分别模拟海缆段一侧光电流互感器（OCT3）单相数据丢失。

2）模拟海缆段一侧光电流互感器（OCT3）单相数据丢失的情况下，海缆线路上发生故障。

3）模拟海缆段一侧光电流互感器（OCT3）单相数据丢失的情况下，架空线路上发生故障。

（9）装置异常测试。

1）关闭一侧被试装置的直流电源。

2）拔掉光纤单通道任一端口，导致光纤断链。

3）退掉一侧被试装置的差动保护功能。

4）退掉两侧被试装置的差动保护功能。

5）修改一侧被试装置地址码，导致地址码不一致。

6）一侧被试装置检修。

7）两侧被试装置检修。

8）拔掉采集单元至保护装置的光纤，导致电流异常。

参照工程参数建立舟山 500kV 海缆—架空混合线路仿真模型，并利用所建立模型进行重合闸闭锁装置的功能检测。试验中针对海缆线路进行了区外金属性故障，区内、外金属性永久性故障，经过渡电阻故障，发展性故障，转换性故障，线路空载合闸充电，解合环及手合带故障线路，频率偏移，TA 异常，装置异常等项目的模拟试验。动模试验结果表明，闭锁重合闸装置的技术性能指标符合 GB/T 14285—2006《继电保护和安全自动装置技术规程》的要求。

智能重合闸闭锁装置，能够在海缆内部发生不同类型的短路故障后 30ms 内发出闭锁信号，有效闭锁输电线路的重合闸。在一侧智能重合闸装置出现异常的情况下，闭锁两侧线路保护重合闸，满足可靠性的要求。

9.4.2　行波测距装置动模试验

一、试验系统

舟联工程海缆—架空混合输电线路行波测距装置的配置方案为镇海变电站、舟山变电站配置两套不同厂家生产的行波测距装置。根据 GB/T 26864—2011《电力系统继电保护产品动模试验》的要求和 PCS－997W 行波测距装置在海缆线路中的功能，建立 500kV 舟山海缆—架空混合线路仿真模型，仿真系统接线图如图 9－8 所示。使用模型离线仿真输出故障期间波形文件，通过行波测距校验仪控制软件将波形文件下载到行波测试校验仪中。行波校验仪将故障波形以故障前 10 000Hz、故障后 6 000 000Hz 的采样率复现，将舟山变电站、镇海变电站的电流信号通过高精度功率放大器输出给行波测距装置。行波测距装置会在测距装置显示终端上显示测距结果。

二、试验项目及结果

针对超高压海缆—架空混合行波测距装置的测距功能，根据前述技术标准中的要求，考虑电网的实际运行情况，开展的试验项目如下：

1. 金属性瞬时性故障

模拟架空线路上 F1、F5、F6、F7、F8 点，海缆上 F2、F3、F4 点发生不同相别的金属性瞬时性故障。金属性瞬时性故障测距结果见表 9－3。

表 9－3　　　　　　　　　　金属性瞬时性故障测距结果　　　　　　　　　　km

实际故障点距离（距镇海）	装置 1 测距结果		装置 2 测距结果	
	镇海测距	测距误差	镇海测距	测距误差
0.3	0.294～1.044	0.006～0.744	0.697～0.819	0.397～0.519
2.3	2.350～2.730	0.050～0.430	2.346～2.492	0.046～0.192
10.8	10.072～11.094	0.108～0.728	10.862～11.083	0.062～0.283
19.3	19.856～20.006	0.556～0.706	19.324～19.462	0.024～0.162
23.3	27.294～27.744	0.306～0.756	23.217～23.456	0.083～0.156
35.3	35.456～35.906	0.156～0.606	35.273～35.351	0.027～0.355
41.35	41.756～42.056	0.406～0.706	41.381～41.507	0.031～0.410
50.85	49.706～50.756	0.094～1.144	50.793～50.793	0.057～0.260

2. 区外金属性瞬时性故障

模拟镇海变电站、舟山变电站母线上 F9、F10 点的单相接地故障、相间故障。在发生区外故障时,被试行波测距装置正常启动测距,当任一侧测距结果大于全长时,判别为区外故障,测距装置显示终端报"超出测距范围"。

3. 跨线故障

模拟大跨越线路上 F11 点,普通架空线路上 F12 点发生不同相别的金属性瞬时性跨线故障。跨线故障测距结果见表 9-4。

表 9-4　　　　　　　　　跨线故障测距结果　　　　　　　　　km

实际故障点距离 (距镇海)	装置 1 测距结果		装置 2 测距结果	
	镇海测距	测距误差	镇海测距	测距误差
23.3	23.456~23.906	0.156~0.606	23.278~23.470	0.022~0.170
35.3	34.250~36.056	0.444~1.050	34.809~35.560	0.006~0.491

4. 经过渡电阻故障

模拟架空线路上 F1、F5、F7、F8 点,海缆上 F3 点发生经不同大小过渡电阻的单相接地故障。经过渡 100Ω电阻故障测距结果见表 9-5。

表 9-5　　　　　　　　经过渡 100Ω电阻故障测距结果　　　　　　　　km

实际故障点距离 (距镇海)	装置 1 测距结果		装置 2 测距结果	
	镇海测距	测距误差	镇海测距	测距误差
0.3	0.294	0.006	0.782	0.482
10.8	11.001	0.201	11.129	0.329
23.3	23.606	0.306	22.771	0.529
41.35	40.856	0.499	41.249	0.101
50.85	49.556	1.294	50.662	0.188

参照实际系统建立 500kV 舟山海缆—架空混合线路仿真模型,并利用所建立的模型进行行波测距装置检测。试验中针对海缆线路进行了区内金属性故障、区外金属性瞬时性故障、经过渡电阻故障、跨线故障等项目的模拟试验。动模试验结果表明,行波测距装置能够适应 500kV 舟山海缆—架空混合线路对行波测距的要求。在混合线路不同位置发生短路故障时,能够准确测量故障距离,最大误差不超过 1.3km。

9.4.3　线路保护装置动模试验

一、试验系统

500kV 镇海—舟山线路保护装置动模试验模型、保护配置方案及装置连接与500kV 镇海—舟山线路重合闸闭锁装置动模试验相同。

二、试验项目

（1）架空线金属性瞬时性故障测试。检测线路保护装置在被保护区内、外架空线路上发生金属性故障时的动作行为。故障类型为单相接地短路、相间短路、相间接地短路、三相短路故障。

（2）架空线金属性永久性故障测试。检测线路保护装置在区内架空线上发生金属性永久故障时的动作行为。故障类型为单相接地短路。

（3）海缆金属性故障测试。检测线路保护装置在被保护区内、外海缆线路上发生金属性故障时的动作行为。故障类型为单相接地短路、相间短路、相间接地短路、三相短路故障。

（4）发展性故障测试。检测保护装置架空线路段发生同一故障点经不同时间发展为两相接地故障时的动作行为。发展时间分别为 20、60、200ms。

（5）转换性故障测试。检测保护装置分别在发生架空线段单相接地故障转换为海缆段异名相单相接地故障、海缆段单相接地故障转换为架空线故障、区内架空线故障转换为区外故障、区外故障转换为区内架空线故障时的动作行为。转换时间分别为20、60、200ms。

（6）跨线故障测试。检测保护装置在跨线故障情况下的动作行为。故障类型为单相跨单相，单相跨多相，多相跨单相。

（7）经过渡电阻故障测试。检测保护装置在海缆段及架空线路段发生经过渡电阻故障时保护装置的动作行为。故障类型包括架空线路和海缆线路经 300Ω 过渡电阻单相接地故障、经 25Ω 过渡电阻相间接地故障。

（8）线路空载合闸充电、解合环及手合带故障线路。检测保护装置在线路空载合闸充电、解合环及手合带故障线路情况下的动作行为。

（9）频率偏移测试。检测保护装置在 48Hz 和 52Hz 系统频率下发生金属性故障的动作行为。故障类型为单相接地短路、相间短路、相间接地短路、三相短路故障。

（10）TV 断线测试。检测保护装置在 TV 断线及断线后线路发生不同类型的故障时的动作行为。故障类型为单相接地短路、相间短路、相间接地短路、三相短路故障。

（11）TA 断线测试。检测保护装置在一侧 TA 二次发生单相断线及断线情况下发生金属性故障的动作行为。故障类型为单相接地短路、相间短路、相间接地短路、三相短路故障。

（12）TA 饱和测试。检测保护装置在区外故障时架空线段一侧 TA 出现暂态饱和情况的动作行为。

（13）暂态超越测试。检测被试线路保护装置距离 Ⅰ 段的暂态超越性能。

1）距离 Ⅰ 段的 95%处模拟单相接地短路、相间短路、相间短路接地、三相短路故障。

2）距离 Ⅰ 段的 105%处模拟单相接地短路、相间短路、相间短路接地、三相短路故障。

参照工程参数建立舟山 500kV 海缆—架空混合线路仿真模型，并利用所建立模型进行线路保护装置的功能试验。试验中针对海缆—架空混合线路进行了架空线金属性瞬时性故障、架空线金属性永久性故障、海缆金属性故障、发展性故障、转换性故障、跨线故障、经过渡电阻故障、线路空载合闸充电、解合环及手合带故障线路、频率偏移、TA 断线、TA 饱和、暂态超越等项目的模拟试验。动模试验结果表明，线路保护装置的技术性能指标符合 GB/T 14285—2006《继电保护和安全自动装置技术规程》的要求，能够满足舟山 500kV 海缆—架空混合线路要求。距离保护可以根据混架线路全长阻抗的比例进行整定，在距离 Ⅰ 段整定范围的 95%处能够可靠动作，在距离 Ⅰ 段整定范围的 105%处不会出现超越误动。

海缆—架空混合线路的智能重合闸方案采用无损接入的新型传感器技术实现了海缆故障的有效判断，同时利用光纤与现有的智能变电站 GOOSE 网络进行无缝对接，通过传输闭锁信号，能够实现海缆故障期间线路保护重合闸的快速、可靠闭锁，而对于架空线路的瞬时性故障，重合闸可以快速恢复供电。该方案能够推广应用至大量的海缆—架空混合线路，实现智能重合闸功能，从而有效提升电力输送的可靠性，具有较高的可行性和经济效益。

参 考 文 献

[1] 王裕霜. 世界各国海底电缆输电工程发展综述 [J]. 中国电力教育，2012（3）：45-47.

[2] 王裕霜. 国内外海底电缆输电工程综述 [J]. 南方电网技术，2012（2）.

[3] 赵健康，陈铮铮. 国内外海底电缆工程研究综述 [J]. 华东电力，2013，39（9）：1477-1480.

[4] 陈铮铮，赵鹏，赵健康，等. 国内外直流电缆输电发展与展望 [J]. 全球能源互联网，2018，1（4）：487-495.

[5] 宋卫东. 世界跨国互联电网现状及发展趋势 [J]. 电力技术经济，2009，21（5）：62-67.

[6] 兰贞波，赵常威，阮江军. 海底电缆—架空线线路雷击过电压分析与计算 [J]. 电力自动化设备，2014，34（10）：133-137.

[7] 宣耀伟，郑新龙，程斌杰，等. 海底交流电缆暂态过电压仿真计算 [J]. 高压电器，2014，50（9）：58-65.

[8] GUDMUNDSDOTTIR US，GUSTAVSEN B，BAK C L，et al. Field Test and Simulation of a 400-kV Cross-Bonded Cable System [J]. IEEE Transactions on Power Delivery，2011，26（3）：1403-1410.

[9] STEINBRICH K. Influence of semiconducting layers on the attenuation behaviour of single-core power cables [J]. IEE Proceedings-Generation，Transmission and Distribution，2005，152（2）：271-276.

[10] 陈绍东，王孝波，李斌，等. 标准雷电波形的频谱分析及其应用 [J]. 气象，2006，32（10）：11-19.

[11] GUSTAVSEN B，MARTINEZ J A，DURBAK D. Parameter determination for modeling system transients-Part II：Insulated cables [J]. IEEE Transactions on Power Delivery，2005，20（3）：2045-2050.

[12] JUAN A Martinez-Velasco . Power System Transients：Parameter Determination [M]. Boca Raton：Taylor & Francis Group，2010.

[13] 索利利，康莹. 海水电导率测量仪的校准及其测量不确定度分析 [J]. 海洋技术学报，2011，30（4）：132-135.

[14] 王兴国，黄少锋. 过渡电阻对故障暂态分量的影响分析 [J]. 电力系统保护与控制，2010，38（2）：18-21.

[15] 姜宪国，王增平，张执超，等. 基于过渡电阻有功功率的单相高阻接地保护 [J]. 中国电机工程学报，2013，33（13）：187-193.

［16］应启良，徐晓峰，孙建生. 海底电力海缆——设计、安装、修复和环境影响［M］. 北京：机械工业出版社，2011.

［17］陈育平. 国际海缆发展小史［J］. 电信科学，1985（2）：65.

［18］胡广. 电缆船的现状与发展［J］. 广东造船，2007（3）：48 – 53.

［19］肖立华，肖宗斌. 超长度、大截面海缆过缆的研究与实践［J］. 电力建设，2003，24（3）：28 – 31.

［20］张飞飞. 崇明—长兴岛 110kV 海缆敷设工程中的海缆过驳施工［J］. 建筑施工，2006，28（10）：796 – 797.

［21］BI G J，ZHU S H，LIU J，et al. Dynamic simulation and tension compensation research on subsea umbilical cable laying system［J］. Journal of Marine Science and Application，2013，12（4）：452 – 458.

［22］Prpi-Ori J，Nabergoj R. Nonlinear dynamics of an elastic cable during laying operations in rough sea［J］. Applied Ocean Research，2005，27（6）：255 – 264.

［23］DING F，WANG Y，ZHANG A. Research on modeling of plough during cable laying operation［C］// Oceans. IEEE，2011：1 – 7.

［24］LAWTON C S. Apparatus for determining depth of submarine cable trench during cable laying operations［J］US 1939.

［25］ZBINDEN K，BARRAGAN E，PEDERSON R. 150kV and 110kV XLPE submarine cable installations between Morcote and Brusino，Switzerland［J］. Electrical Insulation Magazine IEEE，1988，4（2）：11 – 14.

［26］王文娟. 海洋平台浮托安装数值模拟研究［D］. 青岛：中国海洋大学，2013.

［27］齐月才. FLNG – LNGC 旁靠外输过程的水动力特性分析［D］. 大连：大连理工大学，2016.

［28］刘元丹. FLNG 系统转运卸载系泊特性研究［D］. 武汉：华中科技大学，2013.

［29］田会元. 基于海域环境特征的振荡浮子发电装置系泊设计及捕能预测［D］. 青岛：中国海洋大学，2017.

［30］赵亮. 漂浮式波能发电装置张紧式系泊系统研究［D］. 青岛：中国海洋大学，2017.

［31］李金玉. 起重铺管船水动力性能研究［D］. 上海：上海交通大学，2010.

［32］PAREDES G M，PALM J，ESKILSSON C，et al. Experimental investigation of mooring configurations for wave energy converters. International Journal of Marine Energy. 2016，15：56 – 67.

［33］黄祥鹿，陈小红，范菊. 锚泊浮式结构波浪上运动的频域算法［J］. 上海交通大学学报，2001，35（10）：1470 – 1476.

［34］WANG S M，SHI B F，LIN Z N，et al. A hydrodynamic analysis of offshore platform based on the

AQWA ［J］. Applied Mechanics & Materials，2014，615，301 – 304.

［35］ XU J H，LIU Y Q，CHEN C H. Dynamic response analysis of small oil tanker based on AQWA ［J］. Advanced Materials Research，2013，779 – 780，757 – 762.

［36］ WANG Y H，BIAN X Q，ZHANG X Y，et al. A study on the influence of cable tension on the movement of cable laying ship ［J］. OCEANS 2010 MTS/IEEE Seattle，Washington，2010：1 – 8.

［37］ 陈鹏，马骏，黄进浩，等. 基于 AQWA 的半潜式平台水动力分析及系泊性能研究 ［C］. 船舶与海洋结构学术会议暨中国钢结构协会海洋钢结构分会理事会会议. 西安，2012：16 – 21.

索　引
（按字母排序）